四川数学史话文集

SICHUAN SHUXUE
SHIHUA WENJI

四川省数学会　四川大学数学学院◎主编

白苏华

周德学　杨亚岚◎编著

U0384410

四川大学出版社

责任编辑：毕　潜
责任校对：杨　果
封面设计：墨创文化
责任印制：王　炜

图书在版编目(CIP)数据

四川数学史话文集 / 四川省数学会，四川大学数学
学院主编；白苏华，周德学，杨亚岚编著. —成都：
四川大学出版社，2016.4
ISBN 978-7-5614-9366-3

Ⅰ.①四…　Ⅱ.①四…　②四…　③白…　④周…　⑤杨…
Ⅲ.①数学史-四川省-文集　Ⅳ.①O112-53

中国版本图书馆 CIP 数据核字（2016）第 063218 号

书　名	**四川数学史话文集**	
主　　编	四川省数学会　四川大学数学学院	
编　著	白苏华　周德学　杨亚岚	
出　版	四川大学出版社	
地　址	成都市一环路南一段 24 号（610065）	
发　行	四川大学出版社	
书　号	ISBN 978-7-5614-9366-3	
印　刷	郫县犀浦印刷厂	
成品尺寸	170 mm×240 mm	
印　张	17	
字　数	303 千字	
版　次	2016 年 5 月第 1 版	◆读者邮购本书，请与本社发行科联系。
印　次	2016 年 5 月第 1 次印刷	电话:(028)85408408/(028)85401670/
定　价	66.00 元	(028)85408023　邮政编码:610065

◆本社图书如有印装质量问题，请
　寄回出版社调换。

版权所有◆侵权必究

◆网址:http://www.scupress.net

序　言

《四川数学史话文集》是由四川省数学会倡议编写的，由四川省数学会和四川大学数学学院主编。

《四川数学史话文集》收集了近 30 年来在国内重要出版社正式出版的研究或涉及四川数学史的有代表性的文献，并加以补充，构成了一本系统介绍四川数学事业和川大数学系（学院）历史的文集。书中有丰富的史实，也有数学家的故事。供关心四川数学史和川大数学系（学院）历史的读者使用，也供外界了解四川之用。鉴于川大数学系（学院）在四川数学界的重要影响，四川数学史和川大数学史是密不可分的。所以，这些史料的主线条也就是川大数学系（学院）的历史。

《四川数学史话文集》包括概览篇和人物篇两部分。概览篇的"四川大学数学系（学院）百年源流考"一文概述了四川大学数学学科一百多年来的发展历程，勾画出四川大学近代数学教育发展的全貌。"四川省志·科学技术志·基础科学·数学（一、二）"则系统介绍了四川的数学科学研究的历程和成果。二者结合，就可以从教育与科学研究着眼，全面了解四川省和四川大学数学学科的发展历程。人物篇收集了入选国家"十一五"规划重点图书《二十世纪中国知名科学家学术成就概览：数学卷》的 13 位四川数学家的传稿，以及 1912 年留学法国的何鲁、1920 年留学德国的魏时珍和 1929 年留学美国的胡坤陞三位四川数学界元老的传稿，他们都是享誉国内外的知名数学家。

如果说概览篇宏观地给出了四川数学史的框架的话，人物篇就是这个框架的内涵。因为每位传主的经历都是具体的，它们构成了这个框架的血肉与灵魂。二者结合，这部史书才是完整的、生动的。当然，一卷书毕竟有它的局限，还有不少很有价值的史料未能收入，我们期待着有新的文集问世。

阅读书中史料可以看出，四川数学事业和川大数学系（学院）的今天是来之不易的，它展示的是百年学府的历史积淀，是几代学人锲而不舍的躬耕。尤为庆幸的是，在川大数学系发展的好几个关键时刻，我们总能看到前辈学者的身影，他们总是有远见地尽力按高标准去影响着川大数学系（学院）的建设，川大数学系创建之初，他们就盯着国内先进的标准办学，因而使川大数学系在20世纪三四十年代云集了多位优秀数学家，成为发展四川数学事业的生长点。20世纪五六十年代，逐步形成了数学教育科研的基本格局和特色。20世纪70年代以来，历尽坎坷的学人终于跨过了艰难的蜀道，迎来了四川数学事业的繁荣，迎来了今天的丰硕成果。

四川处于相对落后的西部，四川的数学事业能取得今天的成就尤为不易。几代学人历经的甘苦可想而知，他们锲而不舍的精神更令人敬佩。我们借用一首蜀人的小诗，向为此而做出奉献的人们致以崇高的敬意。

蜀山重重蜀水穷　江涛拍崖关山雄
雾里识得追梦路　逆水行舟也从容

2016年，四川大学数学系（学院）从创建以来已经走过了120年的历程。在这历经了长达两个甲子的时刻，重温这段历史令人感慨不已。我想，四川的数学事业和四川大学数学系（学院）历尽坎坷而发展到今天这样的局面，是令人欣慰的。我相信，明天一定会更好。

中国科学院院士　四川省数学会理事长

刘应明

2015 年 9 月

目　录

第一部分　概览篇：四川数学史料辑要

四川大学数学系（学院）百年源流考……………………………………（3）

　一、开创史话……………………………………………………………（3）

　二、沧桑五十年（1902—1949 年）……………………………………（5）

　三、漫漫追梦路（1950 年—）…………………………………………（9）

四川省志·科学技术志·基础科学·数学（一：1985 年以前）………（15）

　概　论……………………………………………………………………（15）

　一、古代数学……………………………………………………………（15）

　二、现代数学的引进期…………………………………………………（16）

　三、四川现代数学的奠基（20 世纪 30 年代中期—40 年代）………（16）

　四、现代数学发展的转折时期（1950—1977 年）……………………（17）

　五、现代数学的繁荣（1978 年—）……………………………………（18）

　第一节　代数、数论和组合论…………………………………………（20）

　一、代数与群论…………………………………………………………（21）

　二、数论…………………………………………………………………（23）

　三、组合论………………………………………………………………（25）

　第二节　几何与拓扑学…………………………………………………（26）

　一、微分几何……………………………………………………………（27）

　二、经典拓扑学…………………………………………………………（29）

　三、不分明拓扑学………………………………………………………（29）

　第三节　数学分析………………………………………………………（31）

　一、函数论………………………………………………………………（32）

二、微分方程…………………………………………（33）

三、积分方程与变分法………………………………（36）

四、泛函分析…………………………………………（38）

第四节　其他分支学科………………………………（41）

一、计算数学…………………………………………（41）

二、概率论与数理统计………………………………（43）

三、运筹学与规划……………………………………（44）

四、控制论的数学理论………………………………（45）

四川省志·科学技术志·基础科学·数学（二：1985—2005 年）……（48）

基础数学………………………………………………（48）

一、拓扑学……………………………………………（48）

二、微分几何…………………………………………（50）

三、代数与数论………………………………………（51）

四、微分方程与动力系统……………………………（52）

五、泛函分析…………………………………………（53）

应用数学………………………………………………（53）

一、不确定性处理的数学……………………………（53）

二、信息融合与数据处理……………………………（55）

三、密码学与信息安全………………………………（56）

运筹学与控制论………………………………………（56）

一、变分不等式和相补问题…………………………（56）

二、KKM 定理及其应用……………………………（57）

三、概率度量空间理论及其应用……………………（57）

四、分布参数控制理论………………………………（57）

五、算子半群理论及其应用…………………………（57）

六、Banach 空间中的微分方程……………………（58）

七、非光滑分析与优化………………………………（58）

八、向量（多目标）优化……………………………（58）

九、随机（泛函）分析及应用………………………（58）

十、微分方程与控制论………………………………（59）

十一、数学控制论和偏微分方程……………………（59）

计算数学………………………………………………（60）

概率论与数理统计……………………………………（60）

一、可靠性理论与多元统计分析的应用 ……………………………（60）

二、非参数估计理论 ……………………………………………………（61）

三、随机递推估计理论 …………………………………………………（61）

四、随机微分方程理论 …………………………………………………（61）

1986—2005 年期间四川省数学方面的主要事件 ……………………（62）

第二部分　人物篇：四川著名数学家传稿选辑

何　鲁 ……………………………………………………………………（65）

一 ………………………………………………………………………（65）

二 ………………………………………………………………………（67）

三 ………………………………………………………………………（68）

四 ………………………………………………………………………（71）

五 ………………………………………………………………………（72）

魏时珍 ……………………………………………………………………（77）

一、少年时代 …………………………………………………………（77）

二、哥廷根，数学、物理、哲学 ……………………………………（80）

三、成都，办学之路漫漫 ……………………………………………（83）

四、教坛，那一片云是我的天 ………………………………………（87）

五、最爱图书消岁月，尚余肝胆近贤豪 ……………………………（90）

张世勋 ……………………………………………………………………（95）

一、简　历 ……………………………………………………………（95）

二、张世勋在积分方程研究中的贡献 ………………………………（99）

三、奋斗不息的晚年 …………………………………………………（104）

四、心系教育与人才培养 ……………………………………………（106）

五、爱国而又极富个性的一生 ………………………………………（107）

胡坤陞 ……………………………………………………………………（112）

一、简　历 ……………………………………………………………（112）

二、变分学研究的先驱 ………………………………………………（113）

三、一位不求闻达、名誉不及他的成就的纯粹学者 ………………（114）

曾远荣 ……………………………………………………………………（119）

一、学术生涯 …………………………………………………………（119）

二、学术成就 …………………………………………………………（120）

吴大任 ·· (134)

　　一、简　历 ··· (134)

　　二、学术工作 ·· (136)

　　三、行政工作 ·· (140)

　　四、教育、教学思想 ································ (140)

　　五、翻译工作 ·· (141)

　　六、道德风范 ·· (142)

柯　召 ·· (146)

　　一、简　历 ··· (147)

　　二、对不定方程与组合论的贡献 ················· (151)

　　三、对国防应用数学的贡献 ····················· (161)

　　四、对发展四川数学事业的贡献 ················· (162)

　　五、在人才培养方面的贡献 ····················· (163)

　　六、各界对柯召的评价 ··························· (165)

蒲保明 ·· (169)

　　一、简　历 ··· (169)

　　二、蒲保明的主要学术贡献 ····················· (172)

　　三、对川大数学系的贡献 ························· (174)

　　四、既平凡又不平凡的一生 ····················· (175)

李国平 ·· (178)

　　一、人生经历 ·· (178)

　　二、学术成就 ·· (179)

　　三、领导科研工作 ·································· (182)

　　四、教书育人 ·· (183)

杨宗磐 ·· (188)

　　一、学术生涯 ·· (188)

　　二、治学态度与学术研究 ························· (189)

　　三、学术著作 ·· (190)

周学光 ·· (192)

　　一、学术生涯 ·· (192)

　　二、学术成就 ·· (194)

张　同 ·· (201)

　　一、求学之路 ·· (201)

二、黎曼问题　中国初值 ······························ (202)

三、改革开放　中国春天 ······························ (204)

四、二维问题　中国学派 ······························ (205)

五、结束语 ··· (209)

张景中 ·· (212)

一、学术生涯 ······································· (212)

二、学术成就 ······································· (215)

三、学术风格 ······································· (221)

四、教书育人 ······································· (222)

刘应明 ·· (225)

一、简　历 ··· (226)

二、主要研究领域和贡献 ······························ (229)

三、模糊技术的应用及产业化方面 ······················ (234)

四、对川大数学学科建设的贡献 ························· (235)

五、教育与人才培养成果 ······························ (237)

李安民 ·· (240)

一、学术生涯 ······································· (240)

二、主要学术成就 ··································· (242)

马志明 ·· (248)

一、学术成就 ······································· (249)

二、要紧的是执着（求学经历） ························· (251)

三、附　记 ··· (253)

四、2010 年 8 月补记 ································· (253)

后　记 ·· (259)

概览篇：四川数学史料辑要

四川大学数学系（学院）百年源流考

一、开创史话

1896 年（光绪二十二年），四川总督鹿传霖奉旨创办了四川中西学堂，"分课华文、西文、算学"，这是四川新学的萌芽。

新学与旧学的区别，最重要之处在于强调了西文和算学的教育。鹿传霖在四川洋务总局一份呈文的批示中指出："学堂于英法语言文字均能翻译，中西算法，亦能明晰，……数年之后，次第可收得才之效，于时世不无裨益也。"

关于算学，四川中西学堂章程指出："算学为测绘格致之源，富强致用，莫不以此为阶梯。"这也体现了设立算学馆的宗旨。这里需要说明的是，"算学"与"数学"这两个词实同名异，都是 mathematics 一词的中译名。在我国创办新学之初，这两个词较常混用，1939 年才由教育部决定，统一译名为"数学"。所以，当时使用"算学系"和"数学系"的大学都有。

四川中西学堂设算学馆（不久又改称数学科），办学的重要事宜由四川省洋务总局管理。1900 年（光绪二十六年），该局详定了算学馆的《章程》，《章程》中对算学馆的学生选取、人才鼓励办法、奖赏名额及奖钱标准、课程分数（即教学计划与每门课应得学分）以及执照（即毕业文凭）的格式与颁发标准等，均有严格条文规定。在同年该局呈鹿传霖的文札中指出："……况近日讲求西学，而西学之要，首在算法……"，算学馆"延请教习，考取生徒，额设内外两堂，学生共三十名，专习算学。师徒，仆从夫役等人，约共四十余人"，等等。

算学馆创建四年后，曾有一次扩建，由洋务局呈鹿传霖批准："支银二千七百三拾二两三钱二分陆厘捌毫，在成都三圣祠原算学一馆十余间用房的基础上，新修用房五十壹间，当年闰八月十六日完工。"这时，算学馆可以说是初具规模了。

四川中西学堂是四川大学的前身，算学馆是专门培养数学人才的学馆。所以，1896年算学馆设立之际，也是四川大学数学系始建之时。

算学馆对选取学生与培养奖励有严格要求："必须文理明顺资质相近而有恒心者方能从学，不堪造就者不得殉情容留。""奖赏按班次而定也。内外堂学生各以十五名为额，分为三等，每等五名。内堂超等特等壹等，外堂二等三等四等。除四等无奖钱外，三等五名每名奖钱三百文，二等每名六百文，一等每名一千二百文，特等每名二千四百文，超等每名奖钱四千八百文。"并规定奖赏"以按月所作之分数"计发，获奖人不足"任缺勿烂"等。这就相当于将学校每月给学生的生活费（当时称为"膏火"）以奖学金的形式发放，大幅度向优生倾斜。

算学馆开出的课程以数学为主，并包括力学、天文学、地学等近代科学，算学馆的《章程》规定的课程分数如下：

数学：数学启蒙 ···································· 以上六分

几何学：形学备旨、几何原本 ···················· 以上十六分

平等代数学：代数备旨 ···························· 以上十二分

平等三角学：平三角举要、数理精蕴平三角、弧三角举要、

　　　　历象考成弧三角 ························ 以上四十分

平等重学：重学图说 ······························ 以上七分

高等代数学：代数术、代形合参、代微积拾级、代数难题、

　　　　微积溯源、曲线说 ···················· 以上一百六十三分

高等三角学：三角数学、八线备旨 ················ 以上四十八分

高等重学：重学 ·································· 以上三十分

测地学：测地绘图、行军测绘、绘地法原 ·········· 以上四十八分

测天学：历象考成、谈天、天文揭要、行海要求、且白尔司天算全表用法、

　　　　西文每年天文行度并航海通书全部用法 ···· 以上一百一十分

统计各学课程共四百八十分。

关于教师，全校由清廷总理各国事务衙门遴选委派，先后派来由英、法、日等国留学归来的教习近20名。其中，比较突出的算学教习有：内堂教习苏映魁，湖北江夏人；外堂教习徐树熏，浙江乌程人；旗人宝琛。均为总理各国事务衙门遴选派来的留洋进士、有功名的学者。他们当然是数学系最早的负责人和教师。

关于执照（毕业文凭），《章程》第五条规定：在总分四百八十分中，"考得六分之三者拟给三等执照"，"考得六分之四者拟给二等执照"，"考得六分之

五者拟给头等执照"。

不同等级的执照，颁发的规格也不相同，当时规定"二等三等由局（四川洋务总局）给发，头等执照由详院（都察院）给发，以示等差，而励实学"。

算学馆第一个获得执照的学生是周家彦。1901 年（光绪二十七年）7 月，洋务局呈送四川总督奎俊的文札中云："……兹据本馆教习苏映魁呈送内堂高等学生周家彦习算毕业，核计课程实得三百四十分，请给二等执照，前来本局察得周家彦现年二十一岁，系广西省桂林府临桂县监生，身中面白无须，光绪二十四年二月入馆学习，时逾三年，所习数学、几何、平等高等代数学、平等三角学、重学、测量等学，均称娴熟。所有以上各门学业书籍，遵照详定分数，实得三百四十八分，合计在六分之四以上。核与请发二等执照修款相符，自应填缮二等执照给领以符定章，而励实学。除详院立案并分行知照外，合行给照，为此照给该生收执，嗣后遇有各府厅州县设馆习算，聘作教习，务须就其所长，实心教导，以勘后进而开风气。该生学业如能益加精进，堪备任使，再由本馆教习察验呈局，加考详请给发头等执照，或举酌情形并予详请咨明。……外务部听后考验录用可也，切切须至执照者。"

同年 7 月 21 日，洋务局以"局行二等一号"札行文，并于 8 月案奉总督部堂奎俊批后，方才填发执照，由学堂转给周家彦收执。

由以上史料可以看出：

（1）算学馆是实实在在地开办培养数学人才的事业，算学馆的《章程》所列课程都是实际上开出了的，并无虚设。

（2）算学馆至少招有 30 名学生，修满规定的分数即可毕业，但至少要三年才能考得规定的课程分数毕业。

（3）算学馆已有毕业生，且毕业文凭（执照）的核发是相当严格的。洋务局对获得执照的毕业生毕业后的待遇和安排也有明确意见。

（4）算学馆已采用了新学的管理方法。例如，分科立学，有固定的学制年限，实行学分制及学籍管理，招生制度严格，有类似于奖学金的制度，等等。

二、沧桑五十年（1902—1949 年）

1902 年，四川中西学堂与锦江书院和尊经书院合并，成立四川省城高等学堂（1912 年更名为"四川高等学校"）。1906 年，四川省城高等学堂正式开办正科（相当于现在的大学本科），正科二部（即理科）于 1906 年（光绪三十二年）7 月招收了第一班的学生，学制四年，开设了算学、史学、理化生及地质地理等课程。算学课程包括三角、代数、解析几何、微积分、测量等。1913

第一部分 概览篇：四川数学史料辑要

年共有教习 45 人。其中有留学回国者，如教习孔庆睿（华阳人，高等学堂正科二部毕业后，留学比利时陆军工程大学，1913 年归国，回母校担任解析几何教习，曾一度代理校长职务），以及来自美、英、德、日、丹麦的教习（他们大都从事自然科学教学，除来自美国伊利诺伊大学的那爱德（Luther Knight）讲授数学等课外，其他专门教数理课程者不详）。

1905 年，四川大学的另一前身四川省通省师范学堂创立，设初级部、简易部和优级部（即本科，为本校的主体），并规定优级部毕业生按成绩优劣授予相应的功名。"优级部考核列为最优等、优等和中等者，由学校报四川提学司审核，作为'师范科举人'分别按内阁中书、中书科中书、各部司务，补用为初级师范学堂、中学堂正教员；考列下等者，只发给文凭，补用为副教员；最下等者，则仅给修业证明，到高等小学堂任教。"

四川省通省师范学堂的数学教习有林启一（算学），以及日本教习德永（几何）、相田三代冶（代数）、小川正（代数）等。

1912 年，四川省通省师范学堂更名为四川高等师范学校。

1912 年冬，在四川高等师范学校（今四川大学前身）自习的学生

1913 年，四川高等师范学校已设有数理部，分预科和本科，本科学制三年，预科学制一年。所以四川大学数学系本科生教育，至少可上溯到 100 年以前。

四川高等师范学校的数学教师有杨若堃等。杨若堃是四川渠县人，前清附生（初进学的秀才称为附生），四川东文学堂、日本宏文学堂暨东京高师学校本科数理部数学研究科毕业，1915 年 8 月到四川高等师范学校任系科数理部主任，襄办全校教务兼教数学科本科。

1916 年，四川高等学校与四川高等师范学校合并，在此基础上改办为国立成都高等师范学校。此为学校正式冠名国立之始。1920—1922 年曾由段子燮担任数学科科主任兼教授。

1922—1924 年，四川大学的前身之一成都高师设有数学科，科主任为夏峋，据校史记载，1923 年高师的数学教师阵容为：夏峋（微积分、解析几何），段子燮（高等力学、微积分），何邦著（代数），吕焕文（近世几何）。

夏峋（字斧私）：日本东京物理学校高等数学科毕业，1916 年到成都高师任教。

何邦著：四川温江人，日本第五高等学校毕业，东京帝国大学数学科修业，1918 年到成都高师任教。

段子燮（调元，1890—1969 年）：四川江津人，1920 年法国里昂大学数学科硕士。段子燮是四川最早留学取得硕士学位的学者之一，他与熊庆来、何鲁是中国最早留学法国学习数学取得硕士学位的三位学者。熊庆来、何鲁同于 1919 年取得硕士学位。段子燮是我国许多早期大学数学教科书的作者，其中有《微分学》《解析几何》《行列式详论》等。

数学系的正名始于 1924 年，当时正值四川大学的前身之一成都高师筹改校名为国立成都大学之际。校长傅振烈在呈报改大的同时，于暑期招收 143 名预科生，其中约有十余名编入数学系，这是四川大学设系之始，也是我校开始启用"数学系"这个名称的年代。

1926 年，成都大学正式成立后第一次招收本科生，全校招收本科生的系共有十个，数学系是其中之一，全校共招生 96 人。随后，学生迅速增加，到 1930 年，全校的本科生已增至 1344 人。

1926—1931 年期间，成都大学数学系主任和教师阵容如下：

魏时珍（1895—1992 年，德国哥廷根大学博士，1928—1929 年任理学院院长兼系主任），胡少襄（名助，1894—1977 年，留法学者，1929—1933 年任系主任），谢苍璃（兆祥，四川璧山人，1897—？，德国哥廷根大学硕士，1934—1935 年任系主任），何邦著，周润初（步英），张鼎铭，杨世英（兼理预科主任），周子高（兼文预科主任），饶泰让。魏时珍是四川最早留学取得博士学位的学者。

这时成都大学数学教师阵容中，除原有的留日学者外，新增数位留学德法归国的优秀学者。

成都大学实际上是从成都高师分生来的，据教育部 1926 年 11 月 10 日下达的训令，成都高师仍旧办理。1927 年成都高师升格为国立成都师范大学，1929 年起设数学系并招本科生，未任命系主任，教师有魏时珍、郭鸿鎏、胡少襄等，均与成都大学相同。

1931 年，国立四川大学正式成立，上述二校的数学系合并为四川大学数学系。

1935 年，任鸿隽接任校长，数学系与物理系合并为数理系，由魏时珍任数理系教授兼系主任，数学教授有魏时珍、谢苍璃、胡少襄、张鼎铭、周润初、余介石等。这时，数理系计有正、副教授 10 人，助教 6 人，助教兼气象观测员 2 人，助教兼仪器委员会书记 1 人。开出课程 23 种，实验课目 5 种，代其他院系新开课 3 种。

本系开出的专业课程有方程式论、解析几何、微积分、普通物理、物理实验（一）、理论力学、高等微积分、微分方程式、物理实验（二）、数论、近世几何、函数论、近世代数、偏微分方程式、光学、光学实验、近世物理学、热学、电磁学、电磁学实验、变分法、或然算（即概率论）、非欧几何、变形体力学、无线电学、无线电实验、波动力学等。

1937 年，魏时珍任理学院院长，数理系主任暂付阙如。

1938 年，为加强教学和研究，经教育部批准，决定将数理系分为数学系和物理系，由胡少襄就任系主任。同年，柯召、李华宗来校任教。

1939 年暑期，四川大学迁往峨眉，数学系主任由柯召（惠堂）接任，这时的教师除柯召、李华宗外，还有李国平、曾禾生、李修睦（讲师）等，助教有朱福祖、胡鹏、杨从仁、梁绍礼等。开出的专业课包括全部基础课以及群论、数论、黎曼几何、函数论等选修课。

1941 年 8 月，四川大学恢复师范学院，师范学院数学系主任由赵淞担任，并兼数学专修科主任。

1942 年，四川大学由峨眉迁回成都，吴大任接柯召任理学院数学系主任。

1945 年，理学院数学系、师范学院数学系、师范专修科三者合并，由曾远荣出任系主任。

截至 1949 年，数学系教师有曾远荣、杨季固（宗磐）、陈鹗、赵淞，齐植采、余介石、张鸿基、姚志坚、胡鹏、杨从仁、赵进义、陈杰、周学光。

截至 1949 年，四川大学数学系共有 18 届本科毕业生，约 500 余人。

前排左起：魏时珍（2）、胡少襄（3）、张鼎铭（4）、谢苍璃（5）（1936年）

1939年5月，四川大学数学系师生欢送毕业同学。前排为教师，左起：孙炳章、徐荣中、柯召、李华宗、张洪沅、胡少襄、谢苍璃、何子卿。中排左7为杨从仁，左9为在校学生朱福祖。朱福祖是四川大学培养成才的第一位数论专家。同年7月，柯召担任四川大学数学系主任兼教授。

三、漫漫追梦路（1950年—）

1949年年底成都解放，系主任曾远荣被委派为四川大学校管会常委兼理学院院长。次年2月，曾远荣赴南京大学任教。其间，杨季固曾接曾远荣任系

主任，时间是 1950 年 2 月至 8 月。

1950 年，赵淞接任系主任。据 1950 年 3 月的统计数据，当时四川大学数学系有教师 27 人（其中教授 11 人），学生 80 人。不久，教师阵容又有较大变动，离开四川大学和来到四川大学的教师都比较多。原有的教师中，除张鼎铭和赵淞留在四川大学外，大部分学术骨干都离开了。其中，赵进义到北京工业学院，曾远荣到南京大学，杨宗磐先到天津北洋大学，1952 年到南开大学，杨从仁到东北师范大学，陈杰到北京大学，周学光到南开大学，等等。但同时又有柯召、胡坤陞、魏时珍、蒲保明、周雪鸥等优秀学者和一批青年教师来到四川大学数学系，使得四川大学数学系继续保持较强的师资力量。

1951 年，蒲保明由华西大学调任四川大学数学系主任。

1952 年，全国院系调整，重庆大学、华西大学数学系的教师并入四川大学数学系。

前排右 3：张世勋，二排右 5：陆文端，三排右 3：钟玉泉

1953 年全国高等院校院系调整后，四川大学成为教育部部属重点大学。那时候，四川大学数学系的条件虽然还远逊于国外，但比之过去已经好了许多。这时的四川大学数学系共有柯召、胡坤陞、张鼎铭、蒲保明、魏时珍、赵淞、周雪鸥 7 位教授。他们组成了一支学术水平和教学水平均属上乘的学术队伍，而且这支师资队伍保持了较长时期的稳定，没有大的变化。因此，这 7 位

教授的教学科研特色便逐步演变成四川大学数学系的特色。

1954年执行全国性统一教学计划和教学大纲后，数学系开设的专业课有制图学与画法几何概要、普通物理、理论力学、数学分析、解析几何、高等代数、微分几何、数理方程、几何基础、微分方程、复变函数论、实变函数论（泛函分析）、变分法、概率论、数学专题讨论。

1955年，四川大学数学系设有3个教研室：分析数学（胡坤陞任主任）、几何代数（胡鹏任主任）、高等数学（姚志坚任主任）。1958年以后，拥有几何代数、微分方程、函数论、概率统计、计算数学、高等数学6个教研室。

1955年，四川大学数学系开始招收研究生。到1965年，共招收研究生22名。具体情况见下表：

1955年入学6人	三年制研究生	周纪溥、梁经菊、廖宗璜	导师	胡坤陞
		赵光前、曾繁芳、金昭华	导师	张鼎铭
1956年入学4人	四年制副博士研究生	胡师度、熊祥斗	导师	魏时珍
		杨恩浩、徐世龙	导师	周雪鸥
1959年入学2人	三年制研究生	郑德勋	导师	柯召
		张荣柯	导师	张鼎铭
1961年入学3人	三年制研究生	白东华、窦瑞华、吴国民	导师	陆文端
1962年入学2人	三年制研究生	孙顺华、邓跃华	导师	张鼎铭
1963年入学1人	三年制研究生	周浩旋	导师	蒲保明
1964年入学2人	三年制研究生	吴昇义、田光全	导师	周雪鸥
1965年入学2人	三年制研究生	钱忠铿、王志坚	导师	柯召

注：1966年停招研究生，1978年恢复招收研究生。随后，研究生培养逐步进入正规，形成规模。

1956年，四川大学进行学制改革，1956—1965年入学的本科生学制由4年改为5年，数学专业在原有开设课程的基础上增开了较多的专门组课，包括数论、拓扑学、常微分方程、偏微分方程、运筹学等专门组课。1972—1976年招收过5届工农兵学员，学制3年。"文化大革命"后，1977年恢复高考招生，学制为4年制。

1958年，四川大学数学系在多年仅有一个数学专业后增设计算数学专业。

1963年，四川大学数学系的数论、拓扑学、泛函分析和偏微分方程4个学科方向都有很好的发展，列入了国家科学发展规划。

1978年四川大学数学研究所成立。1983年5月17日，教育部以（83）教技字 013 号文批准四川大学设立数学研究所、激光物理与激光化学研究室、植物分类研究室，四川大学数学研究所正式成立，下设数论、拓扑学、偏微分方程、泛函分析 4 个研究室。历任所长：柯召（1978—1984 年），陆文端（1984—1992 年），刘应明（1994 年—）。历任副所长：蒲保明（1978—1988年），唐志远（1978—1984 年），罗懋康（1995 年—）。

1984 年，唐志远任数学系主任（1984—1989 年），蒲保明为名誉系主任。

1989 年，熊华鑫任数学系主任（1989—1998 年，到任时间 1989 年，正式任命时间 1992 年）。

1994 年和 2000 年，成都科技大学、华西医科大学先后与四川大学合并，两校的数学基础课教师相应并入四川大学数学系。

1996 年，四川大学数学系已有数论、拓扑学、泛函分析、几何代数、微分方程、概率统计、计算数学、经济数学、高等数学（一）、高等数学（二）共 10 个教研室。

1998 年，为了适应四川大学并校改革和发展的需要，四川大学数学系、四川大学数学研究所合并组建四川大学数学学院。历任院长：李安民（1998—2005 年），彭联刚（2005 年—）。2013 年增设学术院长，由吕克宁担任（2013 年—）。

从成立四川大学数学研究所到成立四川大学数学学院以来，四川大学的数学教学科研工作和学科建设进入了快速发展的轨道。要点如下：

1982 年，本科设立应用数学专业。

1984 年，本科设立概率论与数理统计专业。

加上已有的数学专业与计算数学专业，至此，数学系本科的全部 4 个专业已设立齐全。

1985 年以前，拥有基础数学博士点，应用数学硕士点，博士导师共 3 人（柯召、蒲保明、刘应明）。

1986 年，新增应用数学博士点与计算数学硕士点。博士导师增至 4 人（增加魏万迪），另新增兼职博导 2 人。

1991 年，建立数学博士后流动站，同时数学专业本科列为首批"国家基础科学研究与教学人才培养基地"。

1992 年，基础数学与应用数学列为四川省级重点学科。

1995 年，新增运筹学与控制论、概率论与数理统计两个硕士点，至此，四川大学数学系拥有数学一级学科的全部硕士点（共 5 个）。

1997 年，四川大学数学系项目"数学与模糊系统"列为 211 工程重点建设学科。

1998年，获得数学一级学科博士点，获得两个教育部长江学者特聘教授岗位。

2000年，四川大学数学学院继北京大学、复旦大学、南开大学之后，成为教育部高校数学研究与人才培养中心的主任单位。

2003年，获得基础数学与应用数学两个国家级重点学科，它们在通讯评议中分别位居全国第四名和第三名。

2004年，获得教育部"985工程"（二期）的平台项目：现代物理与信息科学中数学理论及其应用；数学人才培养基地评为全国优秀理科基地，当年数学方面全国仅评出4个优秀理科基地；运筹学与控制论评为四川省重点学科。

2005年，教育部"985工程"平台项目——四川大学长江数学中心正式启动，刘应明与阮勇斌（密执安大学教授）任首席科学家。

2007年，四川大学数学学科被评为国家首批数学一级重点学科单位。

现在的数学学院学科齐全，师资力量雄厚。据2015年统计，有在职教职工171人，中科院院士2人，教育部长江学者特聘教授4人，教育部长江学者讲座教授2人，国家杰出青年科学基金（A类及B类）获得者10人，教授49人，博士导师29人。

数学学院人才培养规模也逐年扩大，现有在校学生近千人，其中博士、硕士研究生近300人，在站博士后研究人员10余人；办学模式不断拓宽，已与国内外一些名校联合培养研究生。

2006年，四川大学"211工程"数学子项目验收专家组指出："四川大学数学学科已成为我国西部各方面实力都是最强的数学研究与人才培养基地，对我国西部数学事业的发展具有独特的重要辐射作用。该学科在全国也具有明显的优势，在世界范围内正在显示日益增强的影响。"

毫无疑问，四川大学数学学院已成为我国为数不多的专业齐全、层次完整的数学高等教育基地与数学研究基地，成为我国西部的数学学科研究中心。

参考文献

四川大学史稿编审委员会. 四川大学史稿［M］. 成都：四川大学出版社，2006.

撰写人：白苏华（四川大学数学学院），周德学（四川大学数学学院），杨亚岚（四川大学数学学院）

原四川大学第二教学楼。20 世纪 50 年代至 90 年代，四川大学数学系所在地

四川大学数学学院

四川省志·科学技术志·基础科学·数学
（一：1985 年以前）

本文和后面一文是《四川省志·科学技术志·基础科学·数学》刊载的内容。鉴于四川数学事业的发展与四川大学数学学科的发展渊源颇深，不可分割，所以这两份材料对于从更广的角度看四川大学的数学科学研究很有意义。

概　　论

四川数学发展经历以下几个时期。

一、古代数学

四川古代的数学家中，最杰出的是南宋时期的秦九韶。秦九韶出生于鲁郡（今山东曲阜一带），因其父往四川做官，即随父迁徙，也认为是普州安岳（今四川安岳县）人。他于理宗淳祐七年（公元 1247 年）写成了《数书九章》18卷。主要成就是"大衍求一术"（一次同余式解法）和"正负开方术"（高次方程正根求法）。大衍求一术同《孙子算经》中著名的孙子问题一脉相承，世界数学史称之为"中国剩余定理"，西方直到 18 世纪才有欧拉等对此作系统研究。正负开方术今称"秦九韶程序"，与英国数学家霍纳（Horner）的算法几乎完全相同，但后者要晚 500 余年。秦九韶在世界数学史上第一次用十进小数表示开方中无理根的近似值，他还是为零规定了单独的符号〇（圆圈）的第一个中国人。美国科学史家萨顿（G. Sarton）称赞秦九韶是"一切时代的最伟大的数学家之一"。

二、现代数学的引进期

从辛亥革命到 20 世纪 30 年代初期，留学国外的一批川籍数学家陆续回到四川，开创现代数学事业。四川是中国发展现代数学较早的省份之一，杨若坤、夏峋、何邦著、郭坚白、段子燮、何鲁、魏嗣銮（时珍）、谢苍璃等是四川也是全国最早一批出国学习数学的留学生。

1896 年，四川中西学堂（四川大学的前身）成立，下设华文馆、西文馆和算学馆，算学馆是专门培养数学人才的学馆。四川省从此开始数学专门人才的培养。

1926 年，成都大学（四川大学前身）数学系第一次招收本科生，四川省从此开始数学本科人才的培养。1928 年，魏时珍（嗣銮）与胡少襄、谢苍璃等在成都；1932 年，何鲁与郭坚白、段调元等在重庆，分别创建四川大学数学系与重庆大学算学系，从事数学的教学与科研工作。

魏嗣銮是四川最早获博士学位的数学家（1925 年）。他的博士论文是中国最早的偏微分方程研究论文之一，也是迄今所知由四川人完成的最早的现代数学研究论文。魏嗣銮是最早沟通当时作为世界数学中心的哥廷根学派与中国数学界联系的学者，在形成四川数学界的学术环境方面起了重要作用，著有《偏微分方程式理论》（上）等，1928 年出任成都大学（四川大学前身）第一任理学院院长兼数学系主任。

何鲁是重庆大学第一任理学院院长，段调元是重庆大学第一任算学系主任。他们是最早把现代数学引进中国的学者，著述颇丰。何鲁著有《二次方程式详论》《代数》《微分学》《积分学》《变分法》《纯粹数矩阵论》《初等代数倚数变迹》等。段调元著有《解析几何学》等，并与何鲁合著有《行列式详论》《虚数详论》等。郭坚白也许是四川最早留学取得硕士学位的数学家。他于 1916 年获巴黎大学硕士学位，比何鲁早 3 年。

三、四川现代数学的奠基（20 世纪 30 年代中期—40 年代）

20 世纪 30 年代以来，在魏嗣銮、何鲁等的努力下，四川大学和重庆大学的数（算）学系已初具规模，张世勋（鼎铭）、曾远荣、胡坤陞（旭之）、柯召、李华宗等相继来到两校，形成了四川数学研究的中坚力量。抗日战争期间，一大批数学家云集四川，对四川的数学发展有很大的影响和推动。

这段时期，四川的数学研究有较大的发展，在变分法、泛函分析、代数、数论、积分方程等方面都取得了国内外重视的研究成果。

中国关于变分法的研究始于胡坤陞。1938 年，胡坤陞回川，历任中央大学（简称中大）、重庆大学、四川大学教授。熊庆来称他为变分法领域的先驱。

曾远荣是中国研究泛函分析的先驱。他和江泽涵是最早进入普林斯顿研究院的中国数学家。曾远荣回川后，历任四川大学教授、数学系主任、理学院院长等。

张世勋（鼎铭）是国内最早研究积分方程的学者之一。1936 年，出版专著《积分方程式论》，研究成果被誉为积分方程理论的一项奠基性工作，曾任成都大学、四川大学等校教授。

数论是四川省发展最成熟、影响最大的学科分支。柯召是中国著名的数论专家，1938 年来川，历任四川大学、重庆大学教授，及两校的数学研究所所长等。当时，从事数论研究的还有李华宗、朱福祖、王绶旃等。

抗战期间内迁四川的大学中，设数学系或数理系的有中央大学、金陵大学（简称金大）、复旦大学（简称复旦）、同济大学、东北大学、燕京大学（简称燕大）、武汉大学、光华大学等。其中影响较大的是武汉大学。1937—1946年，武汉大学的曾昭安、汤燦真、叶志、肖文灿、肖君绛等都是知名的数学家。函数论专家李国平、积分几何专家吴大任都在武汉大学和四川大学两校任教。当时，《武汉大学理科季刊》是抗战期间四川省内唯一能发表数学论文的杂志。1940—1942 年，在该刊上发表的论文记下了抗战时期四川数学研究中的一些重要成就。

20 世纪 40 年代，云集四川的数学家很多，如孙光远、张鸿基、杨宗磐、赵进义、李锐夫、郑太朴、李修睦、樊怀义、余光琅、余介石等。还有一位在代数上很有成就的数学家曾炯之，1943 年病故于西昌。

四、现代数学发展的转折时期（1950—1977 年）

新中国成立后，四川数学研究的格局和队伍都有很大的变化。原来基础较好的纯粹数学分支中，数论和拓扑等方向的发展最快，变分法、积分方程和泛函分析等方向的研究也有显著进展。而原来基础薄弱但应用背景较强的一些分支，如微分方程、计算数学等的发展也很快。

这段时期的研究工作受到国家扶持，有的纳入了国家规划，研究条件有较大改善，但研究活动受政治运动的影响，起伏较大，"文化大革命"期间有较长时期停顿。

数论研究除柯召的大量研究成果外，陆文端、陈重穆、吴昌玖等均有较好的成果。尹文霖在解析数论方面有很好的成果，还有一批崭露头角的青年，从而形成了一支颇具实力的研究队伍。

四川关于点集拓扑学的研究始于新中国成立初期。蒲保明和李孝传等培养了一批学生，并有若干研究成果，使拓扑学的研究队伍日益扩大，渐具特色。

积分方程和变分法主要是张世勋和胡坤陞的研究工作，虽有较好的成果，但未形成队伍。

应用类学科的发展始于 1954—1956 年。当时，四川大学和重庆大学等校先后派出了一批青年教师到中国科学院等处进修，学习微分方程、概率统计、计算数学等。稍后，四川大学又派人到苏联进修微分方程和力学等。这是有组织地发展数学应用类学科的开始。20 世纪 60 年代，泛函分析、偏微分方程和计算数学的发展较快。

1963 年，四川大学数学系抽调了一批青年教师作为专职科研人员。该系的基础较好，需重点发展的数论、拓扑学、泛函分析和偏微分方程等研究方向被列入国家十年科研规划。

五、现代数学的繁荣（1978 年一）

1978 年以后，四川的数学研究进入繁荣时期。数学研究的规模、发展速度和成果都大大超过了以往。原来基础较差的学科分支也有很大的发展，甚至以往几乎是空白的一些领域，也有很好的成果；省内的大部分大学，特别是成渝两地的大学和有关研究机构都开展了各具特色的研究工作。学术氛围浓厚，国内外学术交流频繁。

学科发展最快的是数论、组合论、拓扑学、群论。这 4 个方面的研究，形成了受到国内外重视的研究中心。柯召和魏万迪、孙琦等在组合论、数论和数论应用等方面进行了系统的研究，取得了多方面的重要成果；拓扑研究以不分明拓扑学为主要特点，蒲保明、刘应明等在该方向的研究中取得重大进展。西南师范大学（简称西师）的陈重穆等在群的构造理论等方面进行的系统研究，独具一格。

泛函分析的研究力量较强，孙顺华、丁协平、张石生、王康宁、黄发伦、徐道义等的成果受到国内外的好评；偏微分方程在国内有一定影响，陆文端等有多项成果。

复变函数、微分几何、计算数学和概率统计等领域也有突出成绩，顾永兴、李安民、祝家麟、吕涛、杨洪苍、朱允民等都做出了国内外评价很高的成绩。

1978 年以来，四川共有 65 项数学研究成果获国家级、部、省级奖励。

四川省内各高等院校和研究机构普遍开展了数学研究。除四川大学、西南师范大学、四川师范大学（简称川师）、中科院成都数理室较集中外，重庆大学与成都科技大学侧重应用数学与规划运筹，重庆建筑工程学院（简称重庆建工学院）、南充师范学院（简称南师）、绵阳师范专科学校（简称绵阳师专）等校都有很好的研究成果。

1978年，四川大学数学系恢复招收研究生，省内许多大学及中科院成都分院（简称成都科分院）数理室也相继招收研究生。截至1985年，全省共招研究生约140名。1981年，中国首批博士点与硕士点公布，四川大学基础数学列为博士点，四川大学、重庆大学和中科院成都数理室被批准为应用数学硕士点。

截至1985年，由省内出版社出版的数学学术著作不足10种，其中由省内数学家撰写的有3种，作者为尹文霖、陈重穆、王嘉谟。省内出版的数学期刊有4种，公开发行的有《应用数学与力学》（1980年创刊，重庆交通学院），内部发行的有：《数学汇刊》（1980年创刊，四川省数学会），《数理科学》（1981年创刊，成都科分院数理室），《研究纪录》（1984年创刊，西南师范大学）。此外，各大学的学报包含有较多的数学论文。

四川省数学研究论著及作者统计情况见表1-1，四川省数学研究获奖项目统计情况见表1-2。

表1-1　四川省数学研究论著及作者统计情况（1925—1985年）

学科方向	1949年前		1950—1977年		1978—1985年		共计	
	论著	作者	论著	作者	论著	作者	论著	作者
数论组合论	20	6	89	18	101	20	210	44
代数	14	5	13	7	48	23	75	35
几何	13	6			47	17	60	23
拓扑及模糊数学			18	9	115	23	133	32
函数论	11	4	45	12	27	19	83	35
泛函分析及控制论	4	1	9	4	241	35	254	40
微分方程	4	2	29	22	153	41	186	65
概率统计			2	7	28	11	30	18
运筹规划			3	1	29	16	32	17
计算数学			3	2	96	36	99	38

续表1-1

学科方向	1949 年前		1950—1977 年		1978—1985 年		共计	
	论著	作者	论著	作者	论著	作者	论著	作者
应用问题			21	36	40	28	61	64
其他					38	14	38	14
共计	66	24	232	118	963	283	1261	425

注：①论著指论文与学术著作；

②1949 年以前，有 10 余种大学数学丛书未记入。

表1-2　四川省数学研究获奖项目统计情况（1978—1985 年）

获奖级别　学科方向	国家级	省级	部、委级	小计
数论组合论	2	5	2	9
代数		1		1
几何			1	1
拓扑及模糊数学	2	4	3	9
函数论		2		2
泛函分析及控制论	2	6		8
微分方程		4	1	5
概率统计	1	1	2	4
运筹规划		2	1	3
计算数学	2	5	3	10
应用问题	6	2	5	13
共计	15	32	18	65

第一节　代数、数论和组合论

四川数论研究从 1936 年起，50 年来研究工作未曾间断。在不定方程、二次型方面最为集中，形成国内的研究中心。1956—1985 年全国发表的这一领域的论文中 90％以上是四川作者完成的，计有 100 多篇。20 世纪 70 年代以来，在数论应用方面有显著进展，在涉及计算机快速算法的数论变换理论以及数论在编码和密码学中的应用方面，都有重要的成果。

四川是国内开展组合论研究最早的地区之一。20 世纪 70 年代以来，柯召和魏万迪等深入开展了一系列的研究，使四川的组合论研究迅速进入国内先进水平。

代数研究在 20 世纪 40—60 年代主要侧重于矩阵代数。60 年代以后，群论研究渐具特色。西南师范大学的陈重穆等对群的构造理论有系统研究成果，形成国内的群论研究中心之一。

一、代数与群论

（一）代数

（1）矩阵。1940 年，四川大学的柯召和李华宗把关于矩阵特征多项式的哈密顿-凯莱（Hamilton-Cayley）定理和关于矩阵最小多项式的弗罗贝纽斯（Frobenius）定理推广到多个可交换矩阵的多项式的情形。1956—1957 年，柯召、周孟庚和陆文端又把它推广到更普遍的情形。1945—1948 年，李华宗得到了埃尔米特（Hermite）矩阵的若干性质，证明了有关非负 H 矩阵存在唯一标准分解的定理和显式公式，他还详细讨论了伪酉矩阵的标准分解问题。1955 年，柯召将整数环上的横方阵填补问题推广到代数整数环。1962 年，魏万迪推广了奥斯特洛夫斯基（A. Ostrowski）关于矩阵 A 的特征值界的问题和阿达玛、米勒（J. Hadamard，Miller）等关于矩阵特征值估计的一个更普遍的结果，还建立了一些比奥氏关于行列式特征值的界估计更精密的结果，并求出这类上界。

（2）环论和其他方面。1960 年，西南师范大学的陈重穆、张昌铨全面研究一般含有单位元的结合环的结构。张昌铨自 1979 年以来先后就多单环、完全幂等环、l 次幂等环、内域环、单小环、单大环等进行了研究。

1945 年，李华宗对克立佛（Clifford）代数的一个结论给出现代方法的证明，当时在芝加哥大学的学者阿尔贝特（Albert）认为该证明是"最优美的现代证明"。1948 年，他又进一步得到克立佛代数的若干抽象性质。

关于模糊代数结构。1980 年，四川师范大学的刘旺金从推广代数的"运算"概念出发，讨论 F 子群胚、F 子群及不变子群、F 子群及理想等基本概念。1982 年以来，刘蓉滨对 F 群、F 矩阵、F 理想、F 模、格上的 F 同余关系、F 子格等进行了一系列讨论。

（二）群论

20 世纪 50 年代起，特别是 70 年代，陈重穆、施武杰、张广祥等对群的构造理论进行了系统的研究，在内外 Σ 群、超可解群、p-幂零群以及有限单群的刻画等方面取得了一系列成果，在国内外有一定影响。这些成果分阶段分别在五次国际群论会议上报告。

（1）群的定义。1958 年，西南师范大学的陈重穆、金民勇提出变换群的另外定义方式，并减弱了群第二定义中的闭合性条件。

（2）内外 Σ 群。1980 年，陈重穆提出内 Σ 群的概念，较系统地讨论了内 Σ 群，特别是他得到的有限内 π/Ω 序可解群就是内幂零群。他进一步又引进了外 Σ 群（即每个真商群是 Σ 群的非 Σ 群），并应用内、外 Σ 群来研究超可解群的各种充分条件。

（3）具有正规 p-补的群和超可解群。1958 年，陈重穆研究了本赛德（Burnside）关于正规 p-补的定理，得到一些相关的结果。

1964 年，陈重穆统一本赛德（Burnside）定理及弗罗贝纽斯（Frobenius）定理，得到了 G 有正规 p-补的一个定理。1982 年，陈重穆精密化本赛德定理，并引入"良子群"概念，得到 G 有正规 p-补的另一结果。

关于超可解群，1982 年陈重穆扩充了伊藤-Mclain 定理。1984 年，陈重穆用内、外超可解群的结构得到了一系列关于超可解群的定理。

1985 年，西南师范大学的施武杰得出了元的阶为连续整数的有限群的元素的阶的"上界"，又进一步与布兰德尔（R. Brandl）合作，完成了这类群的全部分类，定出了它们的结构。

（4）有限单群。1984 年，施武杰着眼于群的固有"数量"，用"群"的阶和"元"的阶的条件刻画单群 $PSL_2(7)$。并用"群的阶"和"元的阶"为条件较系统地刻画了一批有限单群，如零散单群 J_1 和一个无穷系统单群 $PSL_2(2n)$ 等。

（5）无限群。1983 年，陈重穆对周期 Abel 群 G 得出："对 G 的任意子群 S，只要 $\langle S, \varphi(G) \rangle = G$，便有 $S = G$"的充分必要条件是 G 的每一准素分量的方指数为有限。

尔后，张志让把有限 p-群中的本赛德定理推广到一类无限 p-群（满足弱极大条件的 MN 群）；把有限群中的丘尼欣（Chunikhin）定理推广到周期 FC 群。

（6）李代数。1948 年，李华宗对所有实三维李代数进行了分类，并将其每一类都表示为一个适当的线性群的代数，但他不是按全局观点分类的。1982 年，费青云给出了李代数 $K(m)$，$K(m,n)$，$H(m-1)$，$H(m-1,n^1)$ 的齐次自同构形式。

（7）群论中的其他问题。1981 年，陈重穆对群的生成组引入"势""序势"的概念，定义了满势群、全势群、强满势群，证明满势群为胡佩尔特（Huppert）所定义的 Zm-可解群、全势 p-群，并得出强满势群为拟幂零群。

1983 年，陈重穆出版专著《有限群论基础》。

二、数论

（一）解析数论

关于弱型哥德巴赫（Gordbach）问题。1956 年，尹文霖结合密率论与筛法十分简短地证明：每一个充分大的偶数可以表示成 18 个素数之和，而每一个充分大的奇数可以表示成 17 个素数之和。

关于狄黎克来除数问题。1959 年，尹文霖就二维情形得到了很好的估计结果，同年他研究三维除数误差项阶的估计，从而改进和简化了越民义的结果。1964 年尹文霖、1980 年尹文霖和李中夫又两度把此结果改进，得到优化估计为 $a_3 \leqslant \dfrac{127}{286}$。

（二）丢番图（Diophantine）方程

（1）方程 $x^x y^y = z^z$。1940 年，柯召用极其精湛的初等方法证明，当 x, y 互素时此方程无解，否则有无穷多组解，并给出了无穷多组解。国际著名的数学家安道什（Erdös）对此结果及其方法高度评价，认为柯召给出的已是全部解。1957 年，柯召又进一步讨论方程 $x^y \cdot y^x = z^z$ 和其他更换指数位置的方程，得出了类似的结论，并求出 x, y, z 的参数表达式。同年，柯召和陆文端得出了另一些参数表达式。

（2）卡特兰（Catalan）猜想。1840 年，卡特兰（Catalan）提出一个著名的猜想：8 和 9 是仅有的两个大于 1 的连续整数，它们都是正整数的乘幂。1961 年，柯召提出了一个重要的初等方法，解决了与此相关的两个难度很大的公开问题。进而在 1962 年证明了"没有三个连续整数都是正整数的乘幂"，这是研究卡特兰猜想的重大突破。毛达尔（Mordell）的专著 *The Diophantine equations*（丢番图方程）中称之为柯氏定理。柯召在证明这个定理时，提出了用计算雅可比符号来研究不定方程的方法。1977 年特尔加尼（Terjanian）对偶指数费马大定理第一情形的证明和 1983 年罗特凯维奇（Rotkiwicz）在不定方程中所得的一系列结果，均使用柯召的方法。

（3）1960 年，柯召证明了另一著名猜想：不定方程 $x + y + z = xyz = 1$

无有理数解。20 世纪 80 年代以来，此方程已推广到各种代数数域，引出一系列深刻的工作。

（4）柯召等还研究了多种重要的不定方程，得到了重要的结果，包括：

①1958 年，陆文端给出了一类指数型不定方程的一般解，改进了辛侧尔（Schinzel）结果。1964 年，柯召和孙琦就另一类指数型不定方程得到一个重要结果，对著名的安德尔松（Anderson）猜想给出了一个反例。

②1958—1959 年，柯召和陆文端得到了商高数不定方程的若干结果。1963—1964 年，柯召和孙琦研究某些积性函数方程，其重要结果之一是把列默尔（Lehmer）在 1932 年的结果进行了重大改进。

③1979—1983 年，柯召和孙琦得到了某些三次和四次不定方程的一系列结果。

④1984 年，四川大学的孙琦和张明志解决了赛弗里契（Seifridze）提出的一个有关整除的问题，孙琦和万大庆对在有限域上对角方程的研究中起重要作用的一类不定方程进行了一系列研究。

⑤1980 年，柯召和孙琦的著作《谈谈不定方程》出版，这是国内第一本系统和全面介绍不定方程理论的著作。

（三）线性型和二次型

（1）线性型的表数问题。1956—1957 年，柯召、陆文端、陈重穆、吴昌玖相继得到新的结果，1984 年还得到与之有关的新计算法。

（2）关于表二次型为线性型的平方和问题。

①1937—1942 年，1957—1958 年，柯召得到了关于正定二次型、非定二次型和不可分解二次型的若干结果。

②1947—1949 年，李华宗研究了关于二次型的合成的胡尔维茨（Hurwitz）问题，给出了一个构造性的解答。

③关于么模 n 元恒正二次型的类数 C_n。1938 年，1958—1960 年，柯召得到了 $x=9$ 到 15 时 C_x 之值，并证明了 $C_{16} \geq 8$，还给出了各类代数型和它们的自守变换的个数。

（4）其他重要结果。

①关于表数相同的二次型。1978 年，1980—1984 年，柯召和郑德勋，1982 年李德琅，都在这方面做了许多有意义的工作。李德琅运用"从局部到整体"的代数方法，彻底解决了非定二元二次型表数相同的问题，找出了所有表数相同但互不等价的二次型对，从而解决了一个有 200 年历史的重要问题——表数相同的二元二次型是否等价的问题。

②按二次型性质对平方类数有限的域进行分类。1975年，波兰数学家兹米切克（Szmiczek）在研究这个问题时，遗留了两种困难情形不能解决。1980年，李德琅用他提出的方法解决了这个问题。此方法可构造出大量平分类数有限的域，从而成为研究这种域的新工具。

③1963年，柯召和郑德勋得到关于恒定型极小值的一个估计。

三、组合论

（一）偏序集的组合问题

1961年，柯召和安道什（Erdös）、拉多（Rado）一起发表的论文中给出了计算有限集子集的交集个数的定理。此定理成了组合论的一个经典结果，文献上称为安道什-柯-拉多（Erdös-Ko-Rado）定理，迄今已被100多篇论文引用。该文提出的许多问题大大推动了极值集论的发展。国外多位学者评论它"是极值集合论的一个里程碑，开辟了极值集论迅速发展的道路"。

1985年，魏万迪与蔡源之等合作研究了关于能力高低具有偏序关系的人员指派问题，得到了两个重要结果，并给出了有效算法来求出裁至最少人员后的最优指派。

（二）组合计数

1979—1980年，魏万迪把组合论中最基本的原理之一的容斥原理进行了实质性推广，得到了广容斥原理，并给出了它的一些应用。1980年，魏万迪在研究限位排列和积和式的问题中，提出了 K 积和式、全积和式的概念，研究了它们的性质和计算公式，为处理限位排列提供了工具，并应用于研究同任一（0，1）矩阵结合的单纯复形，前人的结果仅是他的一个定理的特例。

魏万迪还给出了某些类限量分配数的计算公式，完全确定了一类星图的拉姆塞（Ramsey）数，并和成都师专的阳本傅、四川大学的高绪洪合作，引进了 Z_r 的子集间等价的概念，给出了计算等价类的公式。

1981年，柯召、魏万迪出版了《组合论》（上），这是国内最早出版的论述组合计数的专著之一。

（三）组合设计

1963—1965年，阳本傅和万哲先合作利用有限域上酉几何的子空间构造了具有多个结合类的结合方案及其上的部分不完全区组（PBIB）设计。阳本傅还利用有限域上酉几何中的极大全迷向子空间进行了进一步研究，并参与撰写了专著《有限几何与不完全区组设计的一些研究》。此书在有限几何的计数理论及利用有限几何构作 PBIB 设计方面进行了一些带有开创性和基础性的工作，被多篇论文引用。

1980 年以后，四川大学的魏万迪、孙琦、沈仲琦、屈明华、吴晓红、沈国祥等相继得到了关于循环差集的一些有用结果。魏万迪利用差集的性质而不借助计算机证明了一种循环差集的唯一性，并构造出了这种差集，考察了多种差集的存在性、等价类及在等价意义下的唯一性。魏万迪和阳本傅等还研究了与平衡不完全区组（BIB）设计密切相关的矩阵类，得到了若干重要结果。

（四）组合矩阵论

以往，国际上关于（0，1）矩阵类的研究长期只限于定性方面。1979 年以来，魏万迪用全链方法研究了它的定量问题，魏万迪和阳本傅、高绪洪得到了某些类（0，1）矩阵的积和式值分布的若干结果。

1987 年，魏万迪出版了《组合论》（下），这是国内出版的全面论述组合设计的专著之一。

（五）其他

假定有 K 个机械师维修若干台机器，每人每天只能修一台机器，且每台机器都有一定的维修周期。魏万迪和刘炯朗（C. L. Liu）（华裔美国人）给出了这些周期应满足的条件，使能选择各台机器的初始维修期，以使任何一天所需的机械师人数都不超过 K。

魏万迪和刘炯朗解决了应用抽屉原理研究可容许和序列问题的一个有意义的问题，还统一了若干类重排不等式，并给出了若干类新的重排不等式。

第二节　几何与拓扑学

四川关于微分几何与拓扑学的研究分别始于 20 世纪 40 年代和 50 年代初期，70 年代以来，有显著进步。拓扑学在 60 年代已形成研究队伍，研究内容集中在点集拓扑与不分明拓扑方面。80 年代形成不分明拓扑学的研究中心，达到国际先进水平。

关于微分几何，在 20 世纪四五十年代，李华宗、蒲保明等有较好的研究成果，80 年代有较显著的进展。李安民的"子流形的高阶平均曲率与刚性、唯一性定理"的研究，获 1987 年国家教委科技进步一等奖。

从 20 世纪 50 年代起，四川就有点集拓扑学的论文发表。1978 年，四川大学的蒲保明、刘应明、蒋继光等的研究项目"拓扑学"获全国科学大会奖，以后的部分成果作为"不分明拓扑与其他拓扑的研究"项目的一部分，曾获得1979年四川省重大科技成果二等奖。周浩旋关于"集论在拓扑学中的应用"的研究成果获得1987年国家教委科技进步二等奖。

不分明拓扑是拓扑学中的一个新兴领域，又称模糊拓扑学。1977年，蒲保明、刘应明的研究项目"不分明拓扑学基础性研究"，除作为"不分明拓扑与其他拓扑"项目的一部分获奖外，还单独获得1982年全国自然科学四等奖。刘应明的研究项目"不分明嵌入理论、代数结构与凸集理论"获1982年四川省重大科技成果三等奖，"不分明拓扑代数问题与模糊集基础理论及其应用"获1985年国家教委科技进步二等奖，"不分明邻近构造公理、度量化问题与序结构"获1986年国家教委科技进步二等奖。刘旺金的研究项目"不分明代数结构与不分明拓扑"获1986年四川省科技进步三等奖。

1982年，法国政府致函中国教育部邀请刘应明赴法讲学，这是四川数学界首次受到官方邀请的对外学术交流活动。

一、微分几何

（1）早期研究。在20世纪40年代，四川大学的李华宗有一系列重要的研究成果：

①一类偶数维微分几何及其对外微分学的应用。1943年，李华宗用斜对称张量代替在微分几何中常用的对称张量，并用古尔萨-卡丹（Goursat-Cartan）外形式和外导数对"平坦空间""保形空间""保形曲率张量"等重要概念给出另一种解释，然后用于寻求偶阶外微分形式的积分因子存在的充要条件，并用类似黎曼几何的方法，得到了一个向量是上述空间的无穷小自同构的向量的充要条件。1945年，他讨论了关于上述空间的三个变换群：其变换由基本张量乘以一个因子而得的形式群、因子为常量的特殊保形群、因子为1的自同构群。他的这些研究的意义在于能建立与经典概念的联系。他还发现，特殊保形变换正好是使哈密顿汇的总数不变的变换。1947年，李华宗又对他得到的这些结果进行了若干推广。

②1942年，李华宗证明，若一个（广义）酉空间是对称的，则其基本张量是（复）坐标的半解析函数的2阶导数。1946年，他给出了用张量分析处理非齐次相切变换的形式上的方式，确定了可由密度向量构造的张量，特别是确定了相切变换的张量。1948年，李华宗讨论一类变换的张量不变量，给出了一类闭微分形式的极大数，证明双侧不变的微分形式是闭的。

（2）1952年，蒲保明在他的博士论文"某些不可定向黎曼流形的不等式"中给出不等式 $A \geqslant KL^2$ 的最佳 K 值。他证明：①对同胚于二维射影平面的黎曼流形，$K = \dfrac{2}{\pi}$，并给出 n 维情形的相应结论；②对同胚于莫比乌斯带的黎曼形，K 由莫比乌斯带对应的矩形二边之长确定。

蒲保明的这项工作，受到学术界的重视，不等式 $A \geqslant \dfrac{2}{\pi} L^2$ 被称为"蒲保明不等式"。1973年，陈省身在"Wilhelm Blaschke 的数学工作"一文中介绍了蒲保明的结果，并提出一个猜测：对同胚于 $2n$ 维实射影空间的黎曼流形，有不等式 $V^{2n-1} \geqslant C_n L^{2n}$，当 $n = 1$ 时，这就是"蒲保明不等式"。

（3）1982年，中科院成都分院的杨洪苍与钟家庆合作证明：设 M 是非负李奇（Ricci）曲率的紧致黎曼流形，则其拉普拉斯（Laplace）算子的第一特征值 λ_1 满足 $\lambda_1 \geqslant \pi^2/d^2$，$d$ 为 M 的直径。这个估计达到了关于第一特征值的最佳估计，是钟家庆获首届（1985—1986年度）陈省身奖的成果之一。

（4）1982年以来，四川大学的李安民研究超曲面主曲率的初等对称函数及在高余维子流形的推广——Killing 不变量以及相应的刚性、唯一性定理。用主曲率的初等对称函数刻画常曲率黎曼流形中的全脐超曲面的特征问题，是国际上很多数学家关心的问题。李安民得到很一般的特征，包括历史上很多重要结果作为特例。关于 S^3 中极小曲面的外在刚性定理，李安民得到关于浸入象与高斯（Gauss）象的范围的一个最佳估计，推广了经典的外在刚性定理。在高余维子流形方面，李安民从积分几何、变分性质、管状面等角度，研究了凯灵（Killing）不变量的性质，并把克里斯多非尔（Christoffel）唯一性定理、希尔伯特-李布曼（Hilbert-Liebmann）定理推广到高余维子流形。

李安民在仿射微分几何方面有比较系统的工作，他证明了一个很一般的仿射魏因加腾（Weingarten）曲面定理；确定了按布拉希克（Blaschke）度量为常曲率空间的所有二维仿射球，并确定了具有平坦 Blaschke 度量的所有高维仿射球；证明了关于高阶仿射平均曲率的一个漂亮的变分公式，推广了 Blaschke 关于仿射体积的变分公式。

仿射伯恩斯坦问题是仿射微分几何中当前最重要的问题之一。在这方面，李安民证明：三维仿射空间中一个局部严格凸的、仿射度量完备的仿射极大曲面必为椭圆抛物面，如果它的仿射法线不取 4 个处于一般位置的方向。

李安民关于仿射微分几何方面的工作得到国内外专家如陈省身、西蒙（U. Simon）、瓦尔特（R. Walter）等的好评。

（5）1980 年以来，中科院成都分院的杨路和张景中在距离几何的研究中引入"度量方程"的新方法，并完整地解决了欧氏空间和伪欧空间的嵌入问题。他们应用度量方程获得了一系列几何不等式，解决了若干问题，包括 Johson 猜想、Alexander 猜想、Sallee 猜想、Stolorsky 问题等。"伪对称集"的研究也在国内外引起重视。他们还解决了平均距离常数研究中的一大类问题，在 Heilbronn 问题的研究中首次给出了求准确值的途径。

二、经典拓扑学

（一）拓扑空间

1953 年，西南师范大学的李孝传证明一个度量空间 E 局部完全的充要条件是 E 在它的补全空间中是开集。1962—1964 年，蒲保明与他人合作，给出了完全仿紧空间、$(m，n)$ 紧性与分离性以及 $(m，n)$ 网方面的一些结果。1977 年，刘应明引进一类新空间——拟仿紧空间，并进行了较系统的研究。

（二）集论拓扑

1965 年，刘应明在连续统假设下解决了怀特黑德（Whitehead）问题，给出 CW 复形可乘的充要条件，得到第三世界科学院院士、中国著名数学家廖山涛的好评。

1980—1984 年，周浩旋研究集论公理（主要是 Martin 公理 MA）对各种拓扑空间问题的影响，解决了拓扑学中多方面的著名问题，主要成果为集论在下述拓扑学领域的应用：度量化理论，紧空间理论，超滤理论，CW 复形理论，广义度量空间。

周浩旋的工作数次获得国际上著名数学家鲁丁（M. Rudin）、库伦（K. Kunen）、托尔（F. Tall）等的好评。

三、不分明拓扑学

（一）不分明集合的研究

1977 年，蒲保明、刘应明初次发表有关不分明拓扑的数篇论文，刘应明在不分明集合中引进了重域的概念，解决了关于不分明点的概念及其邻近构造以及收敛性理论这两个基本问题，国内外专家认为这是不分明拓扑学的奠基性工作。美日数学家查德（Zadeh）、菅野道夫等把它归属于这一学科中最高水平的工作，1981 年被中国百科年鉴列为数学方面的优秀成果之一。

（二）不分明拓扑中代数问题嵌入理论与不分明凸集的研究

模糊性数学的奠基人查德（Zadeh）在其开创性的工作中花了近半的篇幅来讨论不分明凸集问题，刘应明完善了这方面的结果。为此，查德亲笔具函赞赏。

不分明拓扑是一类格上的拓扑。刘应明关于格上保并映射的交运算与逆运算的有关论文被第 12 届多值逻辑国际会议（巴黎）学术委员会书面鉴定为"包含一系列重要而有趣的结果"，收入大会论文集。尔后，刘应明与何明又有更系统的推进，并与经典的伽罗华联络等发生联系，他们的论文被 1985 年在加拿大举行的第 15 届多值逻辑国际会议审定为"优秀工作"，收入会议文选中。

刘应明综合不分明拓扑中"无点化流派"与"有点化流派"的成果，在深一层次的嵌入理论中做了完善的工作，能在相当简单的条件下判定一个不分明拓扑空间为标准空间的子空间，从而继承标准空间许多良好的性质。应用这个嵌入理论，刘应明解决了不分明拓扑中的两个基本问题，即斯通-切赫（Stone-Cech）问题与度量化问题。

以上工作被专家认为是不分明拓扑方面"国内最好的工作之一，在国际上也是第一流的"。在 1985 年中国科技工作会议的文件《基础性研究试行奖金制的情况汇报》中，此项工作被列为 8 项比较有代表性的优秀成果之一。

（三）不分明邻近构造公理、度量化问题与序结构

在邻近构造公理方面，刘应明证明满足若干自然而直观公理的邻属关系是唯一的，即重于关系。这就从集合论这个根基上对不分明拓扑中传统邻域系失效及重域系的合理性进行了透彻的分析。论文在法国马赛的学术会议上宣读，并在美国夏威夷大学和日本明治大学报告后，同行评论这"或许是一个颇具典型的例子，说明不分明集的研究在纯数学方面可以深化我们对传统成果的认识"。

由于不分明拓扑较之通常的拓扑空间多了一个层次结构，使得度量化问题成为不分明拓扑中一项既基本又困难的问题，刘应明利用他在嵌入理论方面的结果给出了此问题的一个解答，得到了著名的乌里松（Urysohn）度量化定理的推广形式。此项工作在夏威夷举行的模糊信息处理首届国际会议上报告后，受到查德的高度评价，并被会议审定为"重要进展"，收入美国 CRC 出版社1985 年出版的《模糊信息分析》一书。

刘应明把美国数学家哥克（Gogueh）关于不分明范畴的一篇影响很大的

长达 30 页的论文结果，用 5～6 页篇幅进行了简化与深化，特别对模糊关系中出现的一类较范畴更广的代数结构—准范畴进行了深入研究；证明序同态构造方法具有良好的局部构造，并解决了几个基本问题。这些代数性工作是对不分明拓扑中代数问题的深化研究，形成不分明拓扑中"代数派"的一支主脉，引起了国内外学者的广泛注意。

（四）紧化问题

刘应明、罗懋康等证明了一般格值的不分明单位区间的良紧性，建立了一般斯通-切赫（Stone-Cech）紧化理论，构造了反例证明这种 Stone-Cech 紧化不再具有最大性（即万有性质）。并对一个不分明拓扑空间的诸紧化间预序（preorder）关系进行了深入研究，证明其最大元存在而且可能非唯一，进而还在空间适当分离性条件下证明最大元的唯一性。他们还提出新的标准空间，完成了一种具有最大性的 Stone-Cech 型紧化理论。这些工作曾多次在国际会议上报告过，受到国内外同行很高的评价。其中相关代数问题的成果在不确定性处理中有不少应用。

（五）不分明代数结构与不分明拓扑

1982—1985 年，四川师范大学的刘旺金在不分明代数结构的研究中，提出并解决了 Fuzzy 对称方阵的可实现问题的条件和若干容度估计公式；提出了 Fuzzy 理想理论的基本概念与运算，证明了主要的性质。他还在不分明拓扑的研究中运用重域概念修正了卡特萨拉斯（Katsaras）关于 Fuzzy 邻近空间的概念，重新得到一系列良好的拓扑性质，并引入了 Fuzzy 拓扑空间的同调群、基本群等概念，证明了其 Fuzzy 拓扑的（同伦）不变性。

第三节　数学分析

四川数学界在数学分析领域中的研究历史早，范围广，成果也较多。发展最好的是泛函分析和偏微分方程，从 20 世纪二三十年代起有重要成果，60 年代有较大发展，70 年代已拥有较多的优秀人才，形成了实力较强的队伍，在国内外有一定影响。其中，泛函分析更为突出。70 年代以来，一批有较好成果的数学家相继涌现，获省级以上成果奖计有 14 项，获奖的为复变函数：顾永兴；泛函分析：孙顺华、丁协平、张石生、黄发伦；微分方程：陆文端、白东华、李才中、孙利祥。

一、函数论

(一) 实变函数

1956 年，四川大学的李子平联系着二级有界变差函数引入了二级绝对连续性的概念，证明二级绝对连续函数 $f(x)$ 的导数 $f'(x)$ 到处存在的充要条件是 $f'(x)$ 绝对连续。四川大学的周雪鸥给出了两个绝对连续函数的例子。1955 年，郭大钧讨论了二级斯梯节积分的一些性质。

1984 年，王挽澜和王鹏飞得到了一些 n 个实变量的对称不等式链和积分不等式链。它们是樊畿不等式及其推广的更进一步的拓广，并包括著名的柯西不等式和马克劳林不等式作为特别情形。

(二) 复变函数

关于半纯函数（又称亚纯函数）。1942 年，蒲保明从某些方面推广了 Nevanlinna 定理，1956 年，证明了两个关于 Borel 点的定理，推广了李国平和瓦里隆（G. Valiron）（法）关于无限级半纯函数 Borel 方向的一个定理。1957 年，蒲保明证明了关于 Borel 方向的一个定理，推广了 Borel 定理和熊庆来定理，比庄圻泰所得的结果更紧密。另外，他还改进了 Valiron 和李国平的结果。

1978 年，南师（南充师院）的顾永兴证明了杨乐、张广厚建立的亚纯函数正规定则在限制较少的条件下仍然成立，由此完全解决了英国数学家海曼（W. K. Heyman）提出的一个关于正规族方面的问题。这项成果获 1982 年四川省重大科技成果三等奖。

1979 年，顾永兴解决了海曼 1967 年提出的另一问题：“整函数的 Miranda 定则对亚纯函数是否成立”，此结果被收入杨乐的专著《值分布及其新研究》中。

亚纯函数的另一重要性质是至少存在一条 Borel 方向，1928 年 Valiron 猜想：“对于 γ 值代数值函数也存在一条 Borel 方向，其例外值不超过 2γ 个”。顾永兴和吕以辇合作，于 1982 年解决了此问题。

上述两项研究均在国外学术活动中作过介绍和报告，受到同行专家的重视。

1983 年，成都气象学院的张庆德与杨乐合作证明：“设 $f(z)$ 在开平面亚纯，级 λ 为有穷正数，则不存在一条方向，使在含此方向的任意小角域内 $f(z)$ 没有有穷 λ 级 Borel 例外值，或者它的每一级导数都没有这样的例外值。"他们的文章引用了顾永兴的结果。

二、微分方程

（一）常微分方程

（1）早期研究。1944—1947 年，李华宗研究了几个有重要物理力学背景的常微分方程，主要是：由薛定格提出的解斯图姆-刘维尔（Sturm-Liouville）特征值问题的因子化方法；讨论量子力学中常微分算子的纯代数特性，并把常微分算子中的 Hermite 项用于识别与其共轭转置或形式自伴简单重合的算子；讨论了力学 H 系（Hamiltion 系）的泛相对积分不变量的存在问题。

（2）动力系统。

①遍历理论与动力系统。1982 年以来，成都电讯工程学院（今电子科技大学）的孙利祥研究了单模动力系统的符号字，其主要结果：推广了允许序列集及其序关系，阐明了相关符号字极大性之间的联系，解决了极大的有限符号字及周期符号序列的计数问题；提出了一个关于符号字是否极大的"判别准则"，并给出了（极大）符号字按转移特征的分类法；推广普列沙柯夫斯基（Presarkovskii）定理为极大符号字的"极小极大"意义的相继序结构；阐明了所有极大符号字以及所有的通过一个确定的极大符号字控制的符号字集合的拓扑序结构。美国洛斯阿拉莫斯（Los Alamos）国家实验室的动力系统专家贝叶（Willliam A. Beyer）称上述判别准则和公式为赫姆贝格-孙（Helmberg-Sun）准则和赫姆贝格-孙公式，1984 年电子工业部授予该成果科技进步一等奖。

②拓扑熵。1982—1983 年，刘旺金研究了线段及 S^1 上连续映射的拓扑熵，讨论线段到自身连续映射有异状点的充分必要条件，给出了这类映射的拓扑熵为零的一个充分条件，还讨论了 S^1 上一类拓扑熵的计算问题。

③迭代根和嵌入流。1981 年以来，张景中、杨路研究了函数迭代根存在问题和离散半动力系统如何嵌入连续流的问题，这些研究包括逐段单调连续自映射迭代根存在的充要条件、线段上连续自映射嵌入半流和拟半流的充要条件、单参数实迭代半群的存在唯一准则等方面的一系列完整结果，这是当时这一领域的主要工作。他们还提出流形上"渐近嵌入"的思想，并和袁晓凤等在 Feigeinbaum 方程、混沌现象、分歧问题等其他动力系统理论的研究中获得了成果。

（3）Banach 空间中的微分方程和泛函微分方程。1977—1978 年，关于 Banach 空间中的微分方程，四川大学的黄发伦建立了有代表性的存在性定理及连续依赖性定理，并对平均力学原理作了本质简化。关于非线性微分方程的稳定性理论，黄发伦对李雅普诺夫方法、线性化方法和扰动方法都进行了研究，得到了很好的判别法则，从而对一致渐近稳定性理论作了本质的改进。关于 Banach 空间中线性微分方程的稳定性理论，他得到了希尔伯特空间中 C_0 半群指数稳定的条件和 C_0 半群渐近稳定性的一般准则，证明了 C_0 等距群的生成在虚轴上必有一个谱点。关于二阶线性微分方程，黄发伦解决了陈巩（Chen G）和鲁塞尔（Russell）的两个猜想，提出了解析阻尼模型。

（4）空间定性理论。1979 年以来，中科院成都分院的刘世泽等在关于空间奇点的拓扑分类、奇点邻域的拓扑结构方面有很好的成果。刘世泽关于具有纯虚特征根的动力系统的研究论文，被 1986 年国际数学家大会收入会议论文集。此外，这个单位的田景黄、丁孙苙等在多项式微分系统的定性研究、里纳德（Lienard）方程的周期解方面有很好的工作成果，1982 年提出了一类极为广泛的条件，保证在一定区域内 Lienard 方程恰有 n 个极限环，并以过去的各条件为特例。

（5）生物数学中的常微分方程。1979 年，刘世泽等开始这方面的研究，以后相继投入这方面研究并取得较好成果的有丁孙苙，四川大学的伍炯宇、代国仁，重庆大学的陈均平，南充师范学院的张洪德，成都科技大学的顾清芳等，研究范围主要是捕食者-食铒系统、种群繁殖、传染病动力学等。1984 年，陈均平和张洪德完成了对具有 Holling Ⅲ 功能性反应的食铒-捕食者两种群微分方程模型的定性分析，得到了非平凡平衡点全局稳定性条件及正平衡点周围存在唯一极限环的条件。1985 年，丁孙苙得到一类捕食者-食铒系统极限环的唯一性，陈均平、张洪德和陈兰荪完成了对两类伏尔泰拉模型的讨论。

（二）偏微分方程

（1）四川大学的魏嗣銮（时珍）是中国最早从事偏微分方程研究的学者之一。1925 年在德国哥廷根大学获得博士学位，著有《偏微分方程式理论》（上）。

1953 年，西南师范大学的张孝礼研究有界近似解析函数的性质，并应用这种性质研究二阶线性椭圆方程的解。他得到的 4 个结论分别推广了法图（Fatou）定理、法图和黎斯（Riesz）结果以及布拉希克（Blaschke）关于有界解析函数零点的定理。1955 年，他对伯尔氏（Bers）关于近似解析函数的一个定理给出了较好的重证。他对苏联维库阿（Vukya）学派关于广义解析函数和欧美学派关于近似解析函数的研究有深入了解，1962 年曾著有专文向国内系统介绍。

（2）索波列夫（Sobolev）空间嵌入定理与椭圆方程。1960—1984 年，陆文端系统地研究了各向异性索波列夫空间及其在各向异性赫德尔（Holder）函数空间及 Lebesque p 幂可积函数空间中的嵌入性质（包括嵌入映象的完全连续性），全面推广了索波列夫空间的重要嵌入定理，从而揭示了索波列夫空间中某些各向异性函数有更高的光滑性及 Lebesque 可积性。他应用这些嵌入性质及临界点理论，证明一类各向异性二阶半线性退化椭圆方程狄里克利（Dirichlet）问题有多重解，推广了阿布罗塞蒂和拉宾洛维奇（Ambrosetti and Rabinowitz）关于半线性椭圆方程的著名结果。此项研究获得 1986 年四川省科技进步三等奖。1980 年，四川大学的唐贤江利用 Fourier 变换把各向异性空间嵌入定理推广到分指数的情形。

1985 年，陆文端研究了一类各向异性散度型二阶拟线性椭圆方程的 Dirichlet 问题，得出了多重解的存在定理，从另一方面把 Ambrosetti 与 Rabinowitz 的结果作了推广。

此外，唐贤江利用拟微分算子的工具建立了椭圆边值问题的 L^p 可解性。

（3）双曲型方程。

①拟线性双曲型方程。四川大学的李才中等在解除以往附加的条件 A5（即不要求初等波相互作用之后其非线性减弱）之下，就某些特殊初值问题得到整体广义解的存在性。其中，李才中和肖玲讨论解的一些性质，发现了新的现象，得到了基本的重要结果。李才中还得到一个整体解的存在定理，这是间断解关于一般初值大范围存在性的少数几个结果之一。关于解的定性问题，李才中和刘太平先对一个方程情形构造出了渐近态，然后对变截面管道中的跨声速流这一实际问题得到了渐近态稳定与否随管道的几何性状而定的结论。

关于高维空间中一阶拟线性双曲方程的柯西问题，1965 年四川大学的白苏华在非凸性条件下证明了解的唯一性。

②二阶双曲型方程。对于二阶双曲型方程具有奇性斜导数的初边值问题，以往仅讨论了边界向量场通过奇点不变号的情形。唐贤江利用拉氏变换和几乎逆映射定理，不仅对奇点可以是低维流形的上述初边值问题建立了更一般的结论，还对某种变号的情形在补充条件下证明了解的存在唯一性。

1981 年，四川师范大学的杜心华研究一类二阶双曲自共轭方程的黎曼函数，使用变换群的方法证明了更广的奥列夫斯基公式。

③三阶双曲型方程。1980—1981 年，杜心华总结并发展了双曲型方程边值问题的适定提法。对于一类三阶全双曲型方程，他给出了 ∞^4 种新的适定区域的提法，提出了适定的充分必要条件，这不仅包含了已有结果作为特例，而

且把闭合与非闭合边界都统一在一个条件之下，并举出了特征边值问题不适定的例子。

（4）自由边值问题。1979 年，四川大学的白东华、孙顺华把底水油田开采问题归结为一个自由边界问题，并得到了解的存在性证明。1985 年，白东华、唐贤江研究水坝中的不稳定渗流的自由边界问题，证明了其相应的抛物拟变分不等式解的存在性。该解也相应于原自由边界问题的弱解。这个结果推进了弗瑞德曼和简生（A. Freidman and R. Jensen）1976 年的结果。唐志远和汉斯·列维（Hans Lewy）研究了自由边界的正则性，推广了肯德勒尔和尼伦伯格（Kinderlehrer and Nirenberg）1977 年的工作。

（5）周期解与概周期解。

①二阶半线性抛物方程（组）。1982 年以来，四川大学的刘宝平采用积分方程法证明耦合半线性抛物方程边值问题的周期解的存在性，并利用平面波方法证明反应扩散方程的概周期平面波解的存在性。

②拟线性双曲方程。1985 年，刘宝平把积分方程法发展为积分算子法，研究半线性波方程的概周期解；唐贤江利用有限维正交投影方法得到了带非线性阻尼项的拟线性双曲方程周期解的存在性。

三、积分方程与变分法

（一）积分方程

四川从事积分方程研究的主要是四川大学的张世勋（张鼎铭），他也是国内最早研究积分方程的学者之一。他于 1936 年出版的《积分方程式论》，为中国第一本积分方程专著。此外，胡坤陞也有较好的研究成果。

（1）关于 L_2 核特征值与奇值的研究。张世勋改变了以往分开研究特征值与奇值的方法，将二者联系起来研究，得到了刻画二者之间关系的重要结论。这被视为线性积分方程特征值理论的奠基性工作。由 Zaanen、Schwartz 等名家撰写的 5 种专著及多篇论文介绍或引用了张氏在这方面的工作。

1952 年，张世勋给出 L_2 核奇值大小的估计，这与希尔、塔马尔金（Hill, Tamarkin）证明的结果相对应。1954 年，张世勋又得到刻画 L_2 核特征值与奇值之间关系的两个不等式。

（2）关于核的研究。1947 年，张世勋将关于核的因子分解的格勒斯哥（Glascow）的结论推广到 L_2 核，并讨论一个 L_2 核 K 有 n 个因子的规范分解的必要充分条件。1954 年，张世勋得到 L_2 核为正规核的充要条件，并得到了正规核的展开式及其积分方程解的表达式。1952—1956 年，张世勋把关于连续核的古萨-海伍德（Goursat-Heywood）定理推广到 L_2 核、希尔伯特空间中的线性变换和正规变换，并证明了任一由希尔伯特空间到自身的双重范数为有限且非零的正规变换的特征值的存在性，且这样变换的特征值的绝对值等于它的奇值。1957 年，张世勋推广布里亚柯夫不等式并用以得到 L_2 核的展开式。他还推广希尔伯特-施密特的展开定理，应用展开式得到一个有趣的不等式。

（3）其他。1951 年，张世勋将伯恩斯坦（Bernstein）定理作了推广，并由此得出线性积分方程弗雷德霍姆（Fredholm）行列式之各系数的性质。1958 年，他修正了查伦（Zaanen）在 1953 年关于 Mercer 定理推广中的错误。1957 年，胡坤陞研究了一类积分微分方程组，他在欧式空间中讨论了其解在局部区域上的存在性和唯一性，改进了拉勒斯柯（Lalesco）关于伏尔泰拉（Volterra）型非线性积分方程的经典结果。他的结果包括第二型 Volterra 线性积分方程的全部理论，还包含了皮亚诺-贝克尔（Peano-Baker）对一阶线性微分方程解的公式和李达（Da Li）对一个高阶线性微分方程组解的公式。

（二）变分法

中国从事变分法研究的主要学者之一是胡坤陞。1932 年，他在美国芝加哥大学获博士学位。胡坤陞的主要工作如下：

（1）Bolza 问题。这是变分学中的一个重要问题。它讨论具有变动端点且呈一般形式的拉格朗日（Lagrange）问题。1932 年，胡坤陞用纯粹微分方程的理论来研究这个边值问题。他得到了一个重要展开定理，从而证明二级变分为恒正（或非负）的必要充分条件是特征数完全为正（或非负），再利用他对哈尔（Haar）引理的一个推广，给出了 Bolza 问题的一个新的充分性定理，削弱了对极小化弧的要求，从而完全解决了 Bolza 问题。

胡坤陞还研究了各种边值系和与它们相应的极小化问题的联系。他的结论包括了 Morse 的结果，还得到一个基本引理，可用于围绕一条极值曲线的场的构造。

（2）1936 年，胡坤陞研究了变分学中的变动端点问题，他把问题化简为 n 个变数的函数 $W(\lambda)$ 的通常极小，从而推广了 Hahn 对 $n = 2$ 得到的定理，同时还推广了席恩伯格（Schienberg）法则。1956 年，胡坤陞给出了由参数形式和通常形式表示的 n 重积分横截条件。

（3）变分学中几个重要结论的推广。1957 年，胡坤陞研究了著名的 Haar 引理，他对 n 维空间给出了一个比 Haar 引理中的充要条件更有用的另一组充要条件，进而把与 Haar 引理密切联系的 Haar 定理推广到 n 维情形，还削弱了定理的条件。1958 年，胡坤陞推广了变分学中两个著名的引理：杜·布

瓦·雷蒙（Du Bois Reymond）引理和久保（Kubota）引理。并给出了对变分法和索波列夫（Sobolev）广义导数的应用。1959 年，他又把这两个引理再加以推广，使之能适用于变分法中的等周问题，并给出了两个在实函数中有用的结论。

四、泛函分析

（一）线性泛函分析

（1）线性算子的谱理论。四川最早从事泛函分析研究的学者是四川大学的曾远荣，他也是中国最早研究泛函分析的学者之一。研究方向侧重 Hilbert 空间中线性算子的谱理论和广义逆算子。1933 年，曾远荣在美国芝加哥大学完成了博士论文，题为"非希尔伯特空间中厄米特泛函算子的特征值问题"，文中最早讨论了算子的广义逆问题。1949 年，曾远荣引进逼真解和广义逆的概念，运用近代算子理论来研究一类广泛的线性方程。他引进矛盾方程的"矛盾度 ρ"的概念和基本概念"极端逼真解"，用这些方法与谱论结合来解决一类二次泛函的简化问题，得出充分必要条件和解的公式。在特别情形，极端逼真解还具有希尔伯特-施密特-卡勒曼（Hilberte-Schmidt-Carleman）型的固有展开。

直到 20 世纪 40 年代，在内积空间中逆算子问题的主要工作是有界无穷矩阵的特普利茨（Toeplitz）分类、尤尼亚（Julia）的改进（只提出 7 类）和穆尔（Moore）的广义逆矩阵，而曾远荣沿着根本不同的思路完成了关于逆算子的一个系统研究（分为 16 类）。他提出广义逆算子存在的充分必要条件，并从一种几何观点把封闭算子分为 4 大类 16 小类，对其中 3 大类得出它们的特征。

曾远荣还提出并应用逼真解和广义逆算子解决 Hesse 标准型问题。

在美国数学家埃斯瑞尔（A. Ben Isreal）和格雷维尼（T. N. E. Greville）的专著《广义逆：理论与应用》一书的第 8 章中，多处介绍曾远荣的工作。

（2）关于 Banach 空间中的线性算子理论。1956 年，郭大钧研究了索波列夫（Sobolev）所引入的一般全连续算子集。他证明，如果全连续算子列 (A_n) 按范数收敛于线性算子 A，则 (A_n) 一致全连续且强收敛于 A。郭大钧还找出了有界算子集为一致连续的充分必要条件。

（3）次正规算子与哈尔莫斯（Halmos）第 5 问题。1970 年，美国著名数学家哈尔莫斯提出了关于希尔伯特空间算子的 10 个问题，它推动了整个 20 世纪 70 年代的算子理论研究，其中第 5 问题是：是否每个次正规算子都必定是解析的或者是正规的？1981—1983 年，孙顺华解决了由美国数学家阿布拉哈塞（Abrahamse）提出的以哈尔莫斯第 5 问题为核心的 3 个问题，他证明了贝格曼（Bergman）位移不酉等价于任一特普里茨（Toeplitz）算子，给出带权数的亚正规算子酉等价于 Toeplitz 算子的充要条件，在此基础上，给出了 Toeplitz 算子属于 θ 类的充要条件，给出了既非正规又非解析的次正规 Toeplitz 算子，从而使 Halmos 第 5 问题的解决成为这些工作的自然结论。

美国数学家柯文（C. C. Cowen）于 1983 年宣布解决了 Halmos 第 5 问题。柯文在他的论文中写道：由阿克斯列尔（Axler）明白易懂地介绍了孙顺华的结果，才使他的工作成为可能。并在他的论文中大量阐述和引用孙顺华的结果。

孙顺华的这项研究工作，还发展了引人注目的 Toeplitz 算子理论。1984 年 7 月，他应邀到英国兰卡斯特（Lancaster）大学召开的"算子与函数理论"国际会议上作了题为"次正规算子与 Halmos 第 5 问题"的报告，受到了 Halmos 本人和其他专家的赞扬。

（4）算子理论的巴拿赫（Banach）技巧。1979—1984 年，孙顺华引进了 G 完全对称 Banach 代数概念，并由此解决了米赫林（Mikhlin）1960 年提出的多维奇积分算子在 $L_p(p \neq 2)$ 中的弗雷德霍姆（Fredholm）充要条件。由同一理论给出了椭圆型拟微分方程组在 $L_p(p \neq 2)$ 中的 Fredholm 充要条件。

（二）非线性泛函分析

（1）不动点理论。1981—1985 年，四川师范大学的丁协平在对压缩型和非扩张型映象不动点的研究中，取得了下述成果：

①对若德斯（Rhoades）1977 年提出的一类广义压缩型映象是否存在不动点的问题给出了肯定的证明。Rhoades 把丁协平的结果收入了他的综述论文中。

②对 1976 年 Rhoades 提出的石川（Ishikawa）迭代法能否被推广到由赛里克（Ciric）定义的拟压缩映象这一问题，在更广泛的映射类上给出了解答。

③对 1977 年 Rhoades 提出的压缩映象对公共不动点的存在性问题，在更广泛的映象类中给出了解答。

与此同时，四川大学的张石生在对 1977 年 Rhoades 提出的问题的研究中引入 C 映象的概念，得出了 C 映象存在不动点的充要条件，作为推论彻底解决了 Rhoades 问题，并在映象类上有进一步的发展，张石生和成都科技大学的康世焜还得到了 2 距离空间中压缩映象的若干结果。

1979—1985 年，四川师范大学的张庆雍研究 1-集压缩和多值 1-集压缩场的满射性，把线性全连续算子的一个 Fredholm 抉择定理推广到 1-集压缩映象，使之和拓扑度的计算联系起来，在边界条件最弱、结果形式更一般的情形下，得到了 Pr 紧算子方程 $x \in Ax$ 关于锥的拉伸与压缩的不动点的存在与近似问题的若干结论，并去掉了序 Banach 空间 (X,P) 中的锥必须正规的条件，证明了更一般的极限紧映射的不动点关于参数的连续性。

（2）非线性算子的特征值和嵌入定理。张庆雍研究某些非线性全连续算子的特征值，证明了在一定的条件下，$\pm 1/\lambda$ 都是 A 的特征值，从而方程 $(I + \lambda A)x = y$ 和 $(I - \lambda A)x = y$ 均在 $B(o, r)$ 中有两个不同的解，证明了 $L_M^{*(l)}$ 嵌入 $L_M^{*(m)}$ 算子的全连续性 $(0 \leqslant m \leqslant l)$。

（3）随机分析。四川的研究主要是从泛函分析对概率论的应用的角度来展开的。

1983—1985 年，张石生系统研究了概率度量空间中压缩型和非扩张型映象的不动点定理，统一发展了国外许多数学家的工作，并把所得理论成果用于研究随机算子方程、Banach 空间和概率度量空间中非线性伏泰拉积分方程解的存在性和唯一性。这些工作收入哈兹克（O. Hadzic）的专著《拓扑向量空间中不动点理论的新发展》中的第 3 章。张石生还引入豪斯道夫（Hausdorff）度量和研究门格（Merger）概率度量空间的性质，得到了概率度量空间中集值映象的两个不动点定理。此后，康世焜推广了张石生的某些成果。

1983—1985 年，丁协平较系统地研究点值和集值随机算子和算子方程组的求解问题。他首先对点值随机算子组及集值随机算子引入随机收缩概念，用以证明点值随机算子方程组解的存在唯一性及一类集值随机算子方程解的存在性，并给出了逼近解的迭代序列。随机收缩方法对求解随机算子积分和微分方程组提供了有力的工具。

此外，西南师范大学的周忠群建立了几乎概率度量（简称 APM）空间的框架，并研究 APM 空间的拓扑性质和完备性、APM 空间的乘积空间及其性质。

1982—1985 年，成都科技大学的陈绍仲和四川大学的刘作述研究抽象度量空间中的随机不动点定理和随机集值映象的不动点定理。刘作述还研究了嵌入定理对统计度量空间的应用。

另外，结合模糊集论的概念，陈绍仲和刘作述还研究模糊概率与模糊测度论中的一些基本概念，建立了模糊概率的公理体系及模糊概率的扩张定理，得到了模糊概率的积分表现定理，阐明了模糊测度与经典测度之间的密切关系。刘作述得到了模糊集值映射的一些性质。

第四节　其他分支学科

其他分支学科包括计算数学、概率统计、运筹与规划、控制论的数学理论等领域。在四川这些学科大都起步较晚，但研究队伍较大，20世纪70年代起有较快发展。

20世纪60年代，四川已有计算数学的研究论文发表。70年代起，从事计算数学研究的人员有较大增加，四川省的主要高等学校和研究机构几乎都有研究计算数学的人。研究范围除差分方法、数值分析、各类方程的数值解之外，还有较新的领域，如有限元法、样条函数等，并且有较多的人从事应用课题的研究。80年代，关于边界元法与有限元外推法的研究成果较为突出。获省级以上理论成果奖2项，应用成果奖7项。

关于概率统计。20世纪70年代有若干应用成果。80年代以来，在随机序列与非参数估计等方面有较好的理论研究成果。获省级以上理论成果奖1项，应用成果奖3项。

关于运筹与规划。在华罗庚的倡议下，1960年有规模较大的推广线性规划的活动，1966—1968年有推广统筹方法的活动，成员主要是四川省内部分大学数学教师。70年代中期，研究队伍迅速发展，在多种经济领域中开展了卓有成效的应用研究。其中，关于电力系统的优化运行和城市交通优化的研究较为系统。

四川关于控制论的研究始于20世纪70年代，主要是用微分方程和泛函分析的理论去研究控制论中产生的理论问题。到1985年，在分布参数控制系统、无限维线性系统、大系统等方面均有较好的研究成果，在国内外有一定影响。获省级以上的理论成果奖4项。

一、计算数学

（一）边界元法

1982年以来，重庆建工学院的祝家麟在边界元方法的理论研究方面做了以下工作：①提出和论证了把偏微分方程的边值问题归化为第一类Fredholm积分方程的求解方式；②讨论了把偏微分方程的边值问题归化为边界积分方程的各种途径及其相互关系，论证了在工程应用中称为直接边界元和间接边界元的这两种公式所对应的积分方程在本质上的一致性；③采用伽辽金边界有限元方式求解边界积分方程，证明了边界元解的精度高于同类有限元解的精度，考虑了边界的几何近似误差与边界函数近似误差，讨论了为达到数值解的最优收敛阶，这两种近似的阶数之间应具有的协调关系；④对带约束条件的边界积分方程的求解，提出了引用拉格朗日（Lagrange）乘子取代约束条件的新技巧；⑤推导了二维和三维数值计算中求几种特殊形式奇异积分方程的解析表达式。

此外，祝家麟还给出了边界元法在不可压粘性流数值计算中的应用，他采用流函数和速度-压力公式两种方式分别用边界元法计算了二维斯托克斯（Stokes）问题，首次用边界元法完成了三维定常 Stokes 流的数值计算，并给出了边界元法在重调和方程的狄氏问题、热传导方程以及弹性平面问题的应用和推广。

祝家麟的研究成果受到国内外学者的好评，中科院学部委员冯康认为他的研究"已达国际前沿水平"。

（二）有限元外推

中科院成都分院吕涛、林群发表的系列结果优先于国内外同行，他们的论文被引用达 100 多次，德国著名数学家拉纳赫为此指出：有限元外推是中国人开创的。吕涛和林群还针对多维问题的难度，提出了分裂外推的概念，它借助单向外推组合，进一步减少了经典外推的工作量。他们的成果获 1984 年中科院重大科技成果二等奖。

（三）并行算法

吕涛基于对称区域上函数奇偶分解提出对称区域偏微分方程的区域分解算法，使一次并行计算子域达到准确解。中科院成都分院朱允民研究了随机递推并行算法。王嘉谟出版了专著《并行算法》。

（四）机械化数学

张景中和杨路首创的数值并行法是机械化证明数学定理的一种新的有效方法，用这一方法发现的欧氏几何和非欧几何的若干新定理，是机器证明方法获得新定理的例证之一。他们与陶懋颀还提出了由计算机辅助进行的证明几何不等式的数值方法，并解决了一个实例。

（五）若干应用课题

（1）管道应力计算方法。1974—1979 年，陆文端研究提出了管道应力计算的数学物理模型和新的计算方法——有限单元法，并编制《DJS-6 机有限单元法多分支热管道应力计算程序》，西南电力设计院、东方汽轮机厂和西北电力设计院在编制程序中协助进行了程序的调试修改与例题试算。作为部分成果并入项目"火电厂汽水管道静力计算的等值刚度法、有限单元法、追赶位移法及电算程序",获 1980 年电力工业部重大科技成果二等奖、1985 年国家科学技术进步三等奖。

（2）加权余量法在结构分析中的应用。加权余量法是求解微分方程的一种数值方法,它在流体力学等方面已有广泛应用,徐文焕、陈礼将此方法用于固体力学。具体解算弹性平面问题以及结构物线性与非线性动力响应问题。在解决三维弹性问题方面是国内首创,获 1983 年四川省重大科技成果三等奖。

二、概率论与数理统计

（一）随机序列的极值

1984 年以来,西南师范大学的谢盛荣在前人工作的基础上讨论弱混合条件下平稳序列的第 γ 个最大值的极限分布,并探讨极值的矩及其顺序统计量的极限律。她还进一步讨论平稳高斯序列的第 γ 个最大值的极限分布,得到了充分必要条件,并把某些结果推广到非平稳的情形。

1985 年,她又将前人关于平稳序列及高斯（Gauss）序列的极值理论作重要推广,讨论较一般的序列（包括同分布序列）以及渐独立序列,并进行了一定的改进和技巧性处理。

（二）非参数估计

1982 年以来,四川大学的柴根象研究经验密度的大样本理论,这是非参数统计的基础理论。1984 年,柴根象解决了变窗宽时核估计的一致强相合问题。他把常窗宽核估计与一般核下最近邻估计这两种方法作为特例统一处理,且在很弱的条件下得到强一致相合性。接着,他进一步讨论一般核下最近邻估计一致相合的充要条件及其收敛速度。同时,他还完满解决了最近邻估计相合的主要条件的必要性问题。

（三）若干应用课题

（1）四川大学的敖硕昌、谭道盛参加了电子工业部抽样标准《电子元器件计数抽样检查程序及表》的研制。他们完成了《转移概率的计算》《复合接收概率的计算》《一次抽样检查与两次抽样检查的匹配原则》3 项研究报告。1978 年,电子工业部批准此标准为部标准颁布施行。这项标准填补了中国抽样标准的一项空白,已在电子工业部所属各厂使用,并获 1978 年全国科学大会奖。

（2）敖硕昌、谭道盛还参加制定《寿命试验和加速寿命试验数据处理方法》标准的工作，完成了其中的《图估计法》。1978 年，电子工业部批准此标准为部标准颁布施行，在部属各工厂使用，并获得 1978—1979 年度国防工业重大技术改进二等奖。

（3）1976 年，北京师范大学的王梓坤利用他在地震预报方面创造的"转移概率""相关区"等方法，成功地预报了 1976 年四川松潘地震。

（4）1985 年，四川大学的秦卫平、成都地震局的洪时中与李贤琅合作研究的课题"南北地震带中段近期地震危险性的初步判定"，获国家地震局科技专项二等奖。他们用 5 种分布分别对南北地震带中、南段所属各带（区）的年最大震级分布进行拟合和对比，在此基础上，采用"极值综合预测法"对南北地震带中段本世纪内的地震危险进行预测。秦卫平用马氏链方法研究定时段最大震级转移，李贤琅用时间序列方法抽出模式，他们分别对近 5 年、10 年可能出现的最大地震做出了估计。

三、运筹学与规划

（一）理论研究

1980 年以来，重庆建工学院的李泽民等对非线性规划与向量极值有若干研究，主要成果如下：

（1）构造了一个集合值映射，证明了它是上半连续的，且其不动点是希尔伯特空间中凸规划的最优解，并建立了这种解与变分不等式的关系。

（2）在序线性拓扑空间中建立了次似凸映射下的择一性定理，由此得出了此空间中向量极值问题的广义库恩-图克尔（Kuhn-Tucker）条件和拉格朗日乘子存在定理。

（3）讨论了乘积 Banach 空间对等式约束问题在两种约束规格下的最优性必要条件，并建立了最优解的若干存在定理，由此导出了解 R^n 中约束最优化问题的一个新方法。

（4）证明了两类动态规划模型最优解的构造性定理，并得出了离散化后的收敛性。

（二）应用研究

（1）电力系统经济运行数学模型。重庆大学的段虞荣、李平渊等结合梯级水电站的经济调度问题，进行了系统的研究。1978 年以来，段虞荣以长寿龙溪河水电站为背景建立此类模型。他将罚函数法和 BFS 法等应用于电力系统经济运行问题，并将数学规划中的移动截位法和罚函数法结合起来探讨梯级水电站的经济调度问题，提出了最优准则为梯级水位能最小。有关论文相继在布达佩斯、布鲁塞尔、柏林、北京、武汉等地的国际会议上宣读并选入会议论文集。1980—1981 年，李平渊针对电力系统经济运行问题研究了开机组合、有功调度优化解，无功优化解，开机组合、有功、无功三者协调优化解。有关论文在"数值优化与应用国际会议"上宣读，并选入会议论文集。四川大学的费培之、陈度等研究了梯级水库最优调节库容及最优组合问题。

（2）城市交通优化问题。1980 年以来，成都科技大学应用数学系系统研究了城市公共交通线路的优化问题，包括优化设计高效率城市公交系统、网络仿真中出行分布模型及交通平衡模型、交通流的发展与预测模型、客流系统研究等。同期，重庆大学的谈骏渝、俞翔华完成了重庆交通客流量分析。

（3）其他规划问题。重庆大学和成都科技大学的应用数学系结合经济数学的应用，开展了多方面的经济规划及其数学模型课题的研究。其中，重庆大学 11 项，成都科技大学 9 项。内容主要是地区经济发展规划、行业或部门管理规划等，涉及成渝等市、地政府以及公交、民航、石油、轻工、农业、运输等部门。

四、控制论的数学理论

（一）分布参数控制系统

中科院成都分院的王康宁和四川大学的孙顺华对此从理论和应用方面进行了一系列研究，主要成果如下。

（1）反馈稳定性问题。王康宁从 1964 年起，系统地研究了弹性振动系统及其与集中参数系统耦合的系统，当控制器与观测器不在同一位置时，以弹性振动的角速度、角度、线加速度作反馈输入时的闭环系统的稳定性问题。他提出线性化的方法，得到了闭环系统稳定的整体结果，这些工作受到国内外的重视和好评。王康宁作为"导弹弹体弹性振动的反馈控制"项目的主要作者之一，和关肇直、宋健共获 1982 年国家自然科学奖二等奖。

（2）极点配置与反馈镇定问题。1978 年，孙顺华给出一类分布参数系统极点配置的充要条件，从理论上指出，和集中参数不同，即使系统完全能控制也不能任意配置极点，必须遵守一定的条件。并为实际应用提供一个判别准则，配置极点，通过反馈使系统稳定。他的工作激发了国内外的一系列研究。

王康宁系统地研究分布参数系统及其与集中参数系统的耦合系统的单输入模型的极点配置问题。王康宁、吕涛、邹振宇对已给控制系统找观测器位置的极点配置问题，在很一般的条件下给出了构造性的解析表达式解答，完全解决了该问题。吕涛、邹振宇还给出了多输入系统构造性的解析表达式。

边界镇定问题的重要性在于，一个分布参数系统设计完成并投入运行后，人们能观察与控制的量往往只有系统边界上的一些物理量，问题在于能否改变和如何改变边界上的物理量才能消除因种种外界因素造成的系统动态过程的改变？特别是能否消除造成系统不稳定的外来干扰？国内外在理论上研究的反馈方案都要求耗散条件和其他一些苛刻条件，这在工程上均无法实现。1982年，孙顺华突破这一困难，得到了"闭环系统不必耗散"的重要结果，从理论上提供了波动方程边界控制的一个反馈控制方案，这项研究成果在理论上属泛函分析线性算子扰动理论及半群理论的成果，并且对分布参数系统的工程控制设计有明显的指导意义。

（3）参数辨识问题。王康宁研究参数的可辨识性，为了计算辨识的参数，他求出泛函对辨识参数的梯度公式（即 Frechet 导数公式），得到泛函对 Frechet 导数用动态系统的状态和伴随系统的状态来表达的公式，提出并用油田的实测资料进行计算的结果表明，用稳定泛函数来克服不适定性有很好的效果。

（4）应用课题。王康宁参与"双重孔隙裂缝储积层系统的参数识别""长江三峡梯级水库调度""引黄入晋"等实际课题的研究。

（二）无限维性系统的稳定性理论

1983年以来，黄发伦发表了下列研究成果：

（1）对小时滞效应问题，揭露了无限维问题与有限维问题的本质差异，建立了线性等价稳定性定理。

（2）对于一般巴拿赫空间中线性系统的渐近稳定性，有别于李雅普诺夫方法，建立了另一类型的渐近稳定的判别准则，这对于一般情形也是最佳的，是有实用价值的。

（3）对于阻尼弹性系统，回答了陈巩和拉塞尔（Rassel）的两个猜想；对于希尔伯特空间中的线性系统的指数稳定问题，彻底解决了普里卡德和赞伯日克提出的一个公开问题；指出了国外 3 篇文章中的错误，给出了被称为"频率域判据"的充要条件。陈巩应用黄发伦关于指数稳定的定理解决了用其他方法未解决的控制理论问题，认为这是证明指数稳定的重要的直接方法。

（三）大系统理论

1982年，绵阳师专的徐道义在控制系统的稳定性，特别是大系统的稳定性分析方面进行了较系统的研究，他的主要成果如下：

（1）在离散系统中建立了广泛的比较定理，导出了研究这类大系统稳定性的向量 V 函数法。从而创造了将高维系统化为低维系统，将复杂系统化为简单系统的条件，并给出了定常离散系统稳定性的若干实用结果。

（2）对时变线性系统，首先从"冻结法"出发，得到了工程界急切需要的几个结果，指出了几类系统的稳定性与"冻结法"的一致性，从而部分地回答了钱学森、宋健提出的问题。引进"矩阵测度与范数"，将其推广到大型复合系统，获得了若干实用判据。

（3）关于区间估计与区间动力系统（也称灰色系统），建立了稳定矩阵的比较关系，给出了区间矩阵稳定性的简捷判据，并给出了大型区间动力系统稳定性的条件。

（4）在泛函微分系统中建立广义的向量 V 函数法及一些有用的差分、微分差分不等式，给出其复合系统稳定性的条件。在普遍情形下建立了该系统在度量空间 C_1 与 C_0 中稳定的等价关系，并导出 Volterra 积分方程稳定性的条件。

（5）分别用 Routh 表与 Hurwitz 判据给出线性定常系统临界情形稳定性的准确判据，并简化了 Routh 表的算法。

原国家科委主任宋健评价徐道义关于冻结法的研究是"科学技术史上一件要事"，国外同行也高度赞扬他的工作。

（四）随机系统的递推估计

（1）朱允民与陈翰馥等合作，对在随机系统的辨识、优化、预报及适应性控制等方面有广泛应用的随机逼近算法进行较全面的研究，在算法的收敛性、收敛速度、渐近分布、稳健性及并行处理等方面获得一系列成果。他们提出的"随机变界截尾"方法，使收敛条件显著简化，特别是去掉了国际上一直未能克服的事先要求算法一致有界或回归函数必须被线性函数控制的限制，受到国外专家的好评。

（2）朱允民还对适应性滤波递推算法进行收敛性分析，证明在某种非平稳和无穷相关的信号下，算法仍具有大范围强收敛性，突破了国际上长期以来要求信号平稳且至多有限相关的限制。

撰写人：白苏华（四川大学数学学院）

四川省志·科学技术志·基础科学·数学
（二：1985—2005 年）

基础数学

主要研究方向是拓扑学、微分几何、代数与数论、微分方程与动力系统、泛函分析，研究进展和取得的突破如下。

一、拓扑学

从层次结构、邻近构造等基本构造入手，有开创性成果，奠定了 Ehresmann 格上拓扑的新方向——Fuzzy 拓扑"有点化流派"的基础。结合范畴论和序结构（主要是格结构）理论及方法，从反射、余反射子范畴等角度，系统深入地研究了格上拓扑与不分明拓扑学中若干分支之间的联系，得到了拓扑空间范畴、格值拓扑空间范畴以及格值一致空间范畴之间深入整齐的结果。

四川大学的刘应明院士是这一方向上的国际学术领军人物，他主要从事拓扑学和不确定性（主要是模糊性）的数学处理方面的研究：在 Fuzzy 拓扑学等方面做出了重要的原创性工作，奠定了 Fuzzy 拓扑"有点化流派"的基础，在格上拓扑与 Domain 理论等方面取得若干在国际上有重要影响的成果。2005 年，因在该领域的杰出贡献，他被国际模糊系统协会（IFSA）授予"IFSA Fellow"称号，该称号是 IFSA 授予在模糊系统及相关领域内做出杰出贡献的学者的最高荣誉。刘应明院士是非发达国家被授予该称号的第一位学者。

在经典拓扑方面，继 Fields 奖得主 Milnor 工作之后，刘应明院士解决了关于 CW 复形可乘的有名的 Whitehead 问题；在仿紧性研究中，统一了几种仿紧空间的基本成果，引起了相当的注意；在 Domain 理论的拓扑结构方面，与四川大学的梁基华合作解决了两个长期未解决的 Lawson-Mislove 问题（见名著 *Open Problems in Topology*）；Domain 是计算机科学大奖 Turing 奖得主 Scott 提出的序结构，在计算机科学中是基本的，其拓扑结构也引人注意。

在 Ehresmann 格上拓扑的新方向——Fuzzy 拓扑学方面，法国著名数学家 Ehresmann 就倡导把具有某种分配性的格当作广义拓扑空间来研究，这导致了 Locale 理论的形成（可更形象地称作格上拓扑学）。以模糊性处理为直观背景，在全体模糊集形成的格上，刘应明院士研究了一种有点式的格上拓扑学——Fuzzy 拓扑学。他有开创性乃至被称作奠基性的工作。邻近结构是拓扑学基本结构，而点属于其邻近构造被认为是天经地义的；但沿用这种思路，Fuzzy 拓扑学早期却步履艰难。刘应明院士证明了决定邻属关系更本质的属性是集合论的"择一原则"：一个点邻属于若干集的并集则必属于其中某个集。由此他推出一种崭新的邻属结构——重域系。正如苏联《数学进展》的综述及伦敦数学会丛书 Vol. 93 *Aspects of Topology*（1985）所说：这克服了学科发展中的"严重障碍"，奠定了这个方面的坚实根基。相关论文引用次数逾二百。刘应明院士与四川大学的罗懋康还对 Fuzzy 拓扑中嵌入理论、紧化问题等困难问题取得突破性的结果，为国际同行所瞩目，把 Ehresmann 倡导的格上拓扑学推向新的阶段。1997 年，在 World Scientific Publ. 出版了该领域世界上第一部专著 *Fuzzy Topology*（与罗懋康合著）。罗懋康 2002 年获得国家杰出青年基金，1998 年成为教育部特聘长江教授。2009 年，继刘应明（1995）之后，罗懋康又当选为国际模糊系统协会（IFSA）副主席。

在不分明拓扑空间范畴上，四川大学的张德学构造并证明该范畴存在大量有重要意义的反射同时余反射的子范畴（其个数至少是第二无穷基数），其中包括经典的拓扑空间范畴本身构成不分明拓扑空间范畴的反射余反射子范畴。而对于经典的拓扑空间范畴而言，其中是否存在反射同时余反射的真子范畴仍是长期悬而未决的公开问题。这些结果表明，在范畴论层面上，不分明拓扑空间与经典拓扑空间有着本质上的差别，这种基于范畴论性质差异的研究发展了经典一般拓扑学，形成了不分明拓扑学自身的特点。评审人认为，这些工作在该方面无疑是非常重要的贡献。由于这方面出色工作，刘应明和张德学应邀在 2005 年第 11 届国际模糊系统协会大会上做 1 小时大会报告。张德学 2006 年起担任中国模糊数学学会秘书长。

在数理逻辑方面，四川大学的张树果证明若一个不可数正则基数上存在弱正规（weakly normal）理想，那么这个基数一定满足某种反射性质。此结果较大改进了 C. A. Johnson 的相关定理，发表于美国著名的杂志 *J.*

Symbolic Logic 上。张树果与 Brendle 合作彻底解决了逆对偶基数不变量与经典不变量之间的关系问题,证明了逆对偶几乎不交数正是由 Wolf 奖得主 Shelah 引入并深入研究的部分函数几乎不交数,并得到了著名公开问题"$p = t$?"的一个等价形式。这些结果曾应邀分别在法国和新加坡的国际学术会议上做大会报告,论文发表在美国著名的杂志 *J. Symbolic Logic* 上。

二、微分几何

在辛几何与辛拓扑方面的研究已形成四川大学基础数学的特色研究方向,特别是关于相对 Gromov-Witten 不变量和量子上同调方面的工作取得具有重要国际影响的成果。四川大学的李安民和阮勇斌率先提出相对 GW 不变量的概念并建立 GW 不变量的理论,证明了 GW 不变量在辛 Cutting 手术下的粘合公式,结果发表在国际顶尖数学刊物 *Invent. Math.* 上。

这是一项基础性工作,国际上的引文已有 80 多篇,其中 30 多篇引用论文的作者曾做国际数学家大会 45 分钟以上报告。2006 年 ICM 会上介绍菲尔兹奖得主 Okounkov 时,所列他的主要工作中有 3 篇论文引用了李安民和阮勇斌的工作,且 2 篇都用专节介绍相对 GW 不变量和粘合公式,因为粘合理论在他们的文章中是十分重要的。

Hurwitz 数的研究有百余年历史,李安民等率先将黎曼面分歧覆盖的 Hurwitz 数与相对 GW 不变量联系起来,导出计算 Hurwitz 数的递推公式和 Cut-Join 方程。国际上的引文已达 20 多篇,其中 10 多篇引用论文的作者曾做国际数学家大会 45 分钟以上报告。

李安民在整体微分几何的工作受到国际同行的重视,Nomizu 等和 Simon 等的 2 本专著分别引用李安民的 13、12 篇论文。李安民等的专著总结了仿射微分几何近几十年的成就及李安民的系列工作,书评认为"该书试图填补 30 年的空白,它以优美的风格做到了这点","该书毫无疑问是仿射微分几何的重要文献,……对仿射微分几何的发展将有很大影响"。李安民对该领域几个基本问题的解决做出重要贡献,包括完备仿射球的分类、用 r 阶仿射平均曲率刻画椭球特征等。李安民等独立解决了 Calabi 关于仿射极大曲面的猜想,还证明了 A^4 中关于 Calabi 度量完备的仿射极大超曲面一定是椭圆抛物面,这是目前仅有的高维仿射伯恩斯坦问题的结果。

李安民等研究了主曲率有下界、完备类空间具常数 G-K 曲率凸超曲面的分类问题。著名数学家 Schoen 等近期的一篇论文多次引用该工作。李安民等较大地改进了陈省身等关于 S^{n+p} 中紧致极小子流形第二基本形式的 Pinching

常数，在内蕴意义下是目前的最好结果，特别是文中建立的矩阵不等式，被广泛地引用。

正是在这些工作基础上，李安民 2009 年当选为中国科学院院士，这是那一年四川省各学科中当选的唯一的中科院院士，也是四川大学数学学科第三位院士。

三、代数与数论

在代数表示论和李理论等方面，四川大学的彭联刚取得了有国际影响的研究成果。他与肖杰合作研究了一般的 2-循环三角范畴，发现了这种范畴中的一种由八面体公理蕴涵的内蕴对称，由此导出了 Jacobi 等式，从而建立了 2-循环的三角范畴上的 Ringel-Hall 李代数。这个李代数以所有的不可分解对象（的同构类）为基，以适当的三角的个数为结构常数，结合相应的 Grothendieck 群作为 "Cartan" 部分。作为应用，他们考虑遗传代数的导出范畴的轨道范畴——根范畴。对它的 Ringel-Hall 李代数作 generic，再考虑它的由所有例外不可分解对象生成的李子代数，证明了它的有理化是合成李子代数。然后利用 "单对象" 之间的关系（由 Ringel-Hall 数确定）和 Kac-Moody 李代数的 "单性"，证明了这个李代数与相应的 Kac-Moody 代数自然同构。以这种方式他们实现了所有可对称化的 Kac-Moody 李代数。这项工作发表在国际顶尖数学杂志 *Invent. Math.* 上。

彭联刚还利用导出范畴根范畴的 Ringel-Hall 李代数理论，建立了 C. M. Ringel 的 tubular 代数与 K. Saito 等的椭圆李代数之间的联系，这又是一项代数表示论与李理论联系方面的重要工作，相关论文于 2005 年发表于国际著名杂志 *Adv. Math.*，并且已被 1 位世界数学家大会 45 分钟报告人的报告引用。

著名代数学家 C. M. Ringel 所在的德国 Bielefeld 大学曾以系列讨论班形式专门讨论这项工作，著名数学家 K. Saito 教授也曾因这项工作以访问教授职位邀请彭联刚访问日本京都大学数学所（RIMS）并系统报告这项工作。彭联刚与谭友军证明了倾斜代数的 Ringel-Hall 代数有到 Drinfeld double 的自然嵌入，从而可在导出范畴的层面上解释量子群的结构和与 Auslander-Reiten 变换相应的自同构。

四川大学的数论研究是已故柯召院士开创的方向，成果累累。四川大学的洪绍方主要研究 p-adic 黎曼猜想问题，在有限域上的指数和与 L 函数方面的研究取得很好的进展，特别是关于 p-adic 牛顿多边形的研究，先后确定了 4～6 次多项式的 p-adic 牛顿多边形，这是国际上继 3 次多项式情形之后的 15 年来首次进展，其结果发表于 *J. Number TheoryActa Arith.* 等著名杂志。

四、微分方程与动力系统

在无穷维动力系统的指数二分性与同宿轨方面，四川大学的张伟年将 J. K. Hale 的重要思想推进到一般非线性振动系统，不仅给出了混沌判据，而且在扰动函数作为参数的 Banach 空间上给出了同宿、次谐分岔的分岔流形存在性及余维数；针对抛物型微分方程的双曲性与同宿轨问题，将退化的同宿轨分岔问题拓展到扰动 Fredholm 算子的零空间问题上，给出了从扰动系统中能够分岔出多个线性无关同（异）宿轨的分岔流形，并证明了时滞微分方程指数二分性的非一致性；在中心及退化向量场判定与计算方面，提出"广义正常区域"的新方法，用它可避开"转折点"来判断"特殊方向"上的轨道状况，使许多难以判定的高阶退化向量场平衡点的定性性质问题得到解决；解决了关于具比率关联的捕食者-食饵系统的异宿轨存在性的一个公开问题；对难以给出显式积分的 Hamilton 系统给出了一个判断混沌的 Melnikov 函数计算方法。其研究成果主要发表在 *Nonlinearity*，*J. Diff. Eqns.*，*SIAM J. Sci. Comput.* 等著名杂志上。张伟年与吕克宁合作于 2004 年度获批国家杰出青年科学基金 B 类。

四川大学的马天与美国的汪守宏长期合作，建立了二维不可压缩流体的拓扑与几何理论以及非线性演化方程的分歧理论。针对大气环流动力学中边界层分离和内部分离问题的研究，一百余年来，一直没有精确的数学理论刻画。马天与合作者首次从 Lagrange 动力学角度给出了解决上述问题的一套完整的数学理论，很好地理解和解决了这一著名问题。在非线性演化方程方面，建立了线性算子谱理论和高阶非退化奇点处定态分歧理论。他们的一系列工作得到国际同行的高度评价，总结在两部专著 *Geometric Theory of Incompressible Flows with Applications to Fluid Dynamics*（Math. Surveys and Monographs，AMS）和 *Bifurcation Theory and Applications*（World Scientific Pub.）中，在偏微分方程和流体力学方面具有重要的理论和应用价值。

四川师范大学的张健提出了"交叉强制变分""用不带势变分特征刻画带势方程解的动力学性质"等研究方法，形成了以现代变分法为依托，把非线性波动系统的适定性与基态孤立子有机联系起来的新工作框架，得到了一系列关于非线性波动系统整体适定的最佳门槛条件及孤立子和爆破解的动力学性质，并实现了在玻色-爱因斯坦（BEC）等量子力学领域中的应用。在 *Comm.*

Math. *Phys*.，*Comm*. *in PDE* 等著名学术刊物上发表了系列论文。研究成果被世界数学家大会一小时报告者 Kenig 等在 *Invent*. *Math*.（2006 年数学发明）上引用，也被国内外著名学者如 Cazenave、郭柏灵院士等多次引用。

五、泛函分析

黄发伦等首次给出了正则半群稳定的生成元谱条件，其主要工具是 Hille-Yosida 空间、Tauber 型定理以及生成元的谱分析。对于高阶强椭圆微分算子提出了低阶项系数具有一定奇异性的生成解析半群的条件，包含了低阶项系数属于 Scheter 位势类的情形，特别地得到低阶项系数属于 L^p 的强椭圆算子的相应半群生成，且 p 还可取到一些临界值；另外，给出了正则半群渐近概周期的一个充要条件的生成元特征，由此可将解轨道作划分；在 A 的 C-谱与虚轴的交可数时，还证明了正则半群是渐近概周期的和它具有一致收敛均值是等价的。

应用数学

应用数学在各主要研究方向保持了良好的发展势头，取得了若干具有国际影响的成果，建设了一支知识和年龄结构合理的、研究水平高的科研队伍。

主要研究方向是不确定性处理的数学、信息融合与数据处理、密码学与信息安全、系统控制与优化。研究进展和取得的突破如下。

一、不确定性处理的数学

模糊数学具有很强的应用背景，是不确定性处理的重要数学分支之一，刘应明是该方向的国际学术带头人。在刘应明院士的领导下，该方向已形成四川大学应用数学特色研究方向之一。

序结构、层次决定映射的方法与 Dieudonne 插入定理：所谓模糊性，就是指概念中存在层次结构，从数学看就是一个序结构问题。经典的 Hahn-Dieudonne 的半连续函数间插入连续函数的问题，本质上是反映了空间的拓扑性质。当函数值是格值时，古典分析方法自然失效，取代了传统的逐点确定函数值的方法，可以逐层地定出函数的层次，然后得出函数的本身。基于对各层次之间拓扑结构关系的深入把握，刘应明院士成功地将 Dieudonne 插入定理这一经典结果格值化。同时，这个工作提供了一个确定映射的方法。刘应明院士就本工作在 1990 年国际数学家大会的卫星会议——日本筑波国际拓扑会议上做 50 分钟报告。1991 年 9 月，俄国科学院举行纪念大数学家维诺格拉托夫百年诞辰国际会议，刘应明院士作为中国唯一受邀代表，也介绍了这项工作。此外，有关序结构成果还引起人工智能、多值逻辑专家的高度兴趣，如早在 1982 年，法国政府致函我教育部，称刘为这方面有世界影响的专家，刘应明因这方面工作，应邀赴巴黎、里昂等地讲学。

多元函数的"简单逼近"问题与模糊性处理：处理模糊性首先要把多因素的复杂问题表示为若干单因素的较简单问题的复合。这是降维问题。美国工程院院士、Purdue 大学讲座教授、世界模式识别权威傅京荪（K. S. Fu）生前对这类问题就很关注。在数学上，就是把多元函数用一元函数的复合来表示的问题，即著名的 Hilbert 第 13 问题。经过大数学家 Kolmogorov 和 Arnold 等的工作，这个表示问题已经解决了，并成为当今神经网络理论的基础。但这种表示式相当复杂，寻求简单表示问题在理论与实际上都十分重要。刘应明院士与四川大学的李中夫的工作是用"简单逼近"的思想来代替"简单表示"，证明了一大类可结合连续函数可用单个的单调函数近似简单表出。这在专家系统的组合证据处理以及模糊隶属函数的确定等重要问题中都有应用。本工作在国家自然科学基金重大项目"模糊信息处理与机器智能"的结题评审会上被评为最好的结果。其应用与数学方面的成果已分别刊于 *Machine Intelligence and Pattern Recognition*（1992）与《中国科学》。

四川大学的罗懋康等对序结构的性质做了大量的研究，解决了该领域国际著名学者 Kubiak 于 1992 年提出的关于分离性、序结构与拓扑结构统一关系的公开问题，建立并证明了格值情形下经典 Hahn-Dieudonne-Tong 插入定理、Tietze 扩张定理及 Urysohn 引理之间关系。通过经典 Hewitt-Marczewski-Pondiczery 定理的格值化，建立了一种证明不确定对象的"不存在性"的方法。罗懋康与四川大学的寇辉合作解决了名著 *Open Problems in Topology* 中 Lawson 与 Mislove 共同提出的 2 个公开问题，为设置递归结构提供了基础并用于解决 Domain 方程问题，对拓扑空间范畴何时收缩为具有 Scott 拓扑的连续 Domain 范畴做出了回答，分别发表于《中国科学》*Topology and Its Applications* 以及《计算中的语义学构造》丛书中的《Domain 与进程》（Kluwer，Academic Publ.，2001）；Kluwer 的审查报告称之为"原创性工作"，"它是充分新颖、有吸引力和原创性的"，"原创的意义重大的贡献"，等等；其结果在该领域国际权威 Lawson 等著 *Continuous Lattices and Domains* 一书中数处作为定理、命题直接引用，且该书的一个章节即以其若干结果为基本内容。上述结果由罗懋康和寇辉应邀在两次 Domain 理论国际大会做大会报告。

刘应明、李中夫、罗懋康、张德学、寇辉等还承担了国家"973"关于复杂工业生产控制项目的子课题，这在数学界是少有的。

二、信息融合与数据处理

多源信息融合是一个在国防和经济等许多高科技领域有广泛应用背景及重要理论意义的课题。四川大学的朱允民及其团队在该领域的研究工作已形成四川大学应用数学的特色之一。

朱允民在分布式多传感器系统信息融合领域获取一系列国际领先的研究成果：在决策融合方面，在最一般条件下给出了多传感器网络决策融合最优传感器律，在国际上首次给出几种基本网络及其构成的所有网络的统一（包含最优）融合律的解析表达式，使网络统计决策融合问题得到系统的解决；给出了多传感器估计融合最优融合解的统一精确表达式，不仅使国际上现有 Y. Bar-Shalom，K. C. Chang 和 H. R. Hashmipour 等著名学者的融合公式都成为特例，而且可以解决更加复杂情况下的最优融合。朱允民在著名出版社出版专著 3 本，包括应邀在 Kluwer 科学出版社出版的专著 *Multisensor Decision and Estimation Fusion*。在国际一流刊物发表 50 余篇论文，其中有 10 篇作为 regular paper 发表于 IEEE 汇刊。引用论文和专著者包括澳大利亚科学院前院长、科学院和工程院院士，英国皇家学会会员，美国和加拿大科学院和工程院院士，中科院外籍院士，两位 IEEE 千年奖获得者等国际顶级学者。国际上著名的信息融合专家 P. Varshney 和应用数学专家 H. Kushner（国际数学家大会特邀报告人、国际随机控制顶级专家、IEEE 控制领域大奖获得者、IEEE Life Fellow）以及 Kluwer 科学出版社计算机科学主编及其组织的同行专家都书面评议朱允民做出了"国际上第一流"的工作，"是世界上该领域一个领头研究者"。多名中科院院士也书面评价朱允民教授"是国际级的重要专家"，其团队"在信息融合领域的研究处于国内领先地位"。

该研究团队主持了 8 项国家自然科学面上项目，参加过 1 项攀登计划项目和 1 项国家自然科学基金重点项目，与国际信息融合学会主席 X. Rong Li 教授合作获 1 项国家自然科学基金杰出青年基金（海外青年学者合作研究基金）资助，有 3 项国家自然科学基金项目完成后被基金委评为"特优"。

朱允民和四川大学的马洪的"有关信息融合与处理的某些数学理论和算法研究"于 2002 年获教育部自然科学一等奖。

三、密码学与信息安全

以四川大学的孙琦为主的研究小组主要研究在国防安全保密通信中有理论意义和应用价值的椭圆曲线密码，"十五"期间共完成了三项有关密码研究的项目："十五"国家密码发展基金一项、国防科技重点实验室基金二项（验收中一项被评为优秀、一项被评为良好）；完成了 5 个 GF 报告（国防科学技术报告），目前正承担国防科技重点实验室基金项目 1 项，主持国防科技保密通信重点实验室基金项目 1 项，有成员入选国家椭圆曲线密码算法标准研究工作组和椭圆曲线密码算法标准专家组，参与制订密码算法的国家标准，为我国的国防安全做出了贡献。该研究组的研究结果与进展突破情况因国家保密规定，故略去具体内容。

该研究组还与国内信息安全著名专家何德全院士、沈昌祥院士、周仲义院士（均为四川大学应用数学兼职博导）合作，为我国国防和金融等相关部门培养了大批信息安全人才。

运筹学与控制论

运筹学与控制论主要研究方向有分布参数系统控制理论、运筹与优化、变分不等式理论及应用、非线性系统控制及应用、微分方程与控制、金融优化、运筹与物流管理等，重要的研究成果如下。

一、变分不等式和相补问题

四川大学的张石生研究了变分不等式和相补问题的理论、算法及其应用等问题，获得了许多结果，弥补了国内空白，并于 1994 年获得四川省科技进步一等奖。张石生于 1991 年出版专著《变分不等式及相补问题理论及应用》，于 2008 年出版专著《变分不等式及其相关问题》。四川大学的黄南京、四川师范大学的丁协平等在变分不等式理论及其应用方面获得了许多新的结果，受到国内外同行的好评。黄南京与他的研究生一起，在有限维空间和 Hilbert 空间中分别引入连续映象的新的例外簇定义，利用拓扑度理论，研究了非线性相补问题的可行性问题，解决了加拿大著名学者 Isac 教授提出的一个公开问题。黄南京等首次在 Hilbert 空间中研究了一类可微变分不等式，获得了一些有意义的新结果。

二、KKM 定理及其应用

1991 年，张石生等获得了广义 KKM 定理，并将其用于无穷维空间中一些变分不等式等问题的研究。随后，张石生、丁协平、黄南京等在若干无穷维空间中建立了许多类型的广义 KKM 定理，并将它们应用到对变分不等式、不动点定理、抽象经济均衡等问题的研究。黄南京和他的研究生首次在微分流形中建立了 KKM 定理，并给出了对微分流形上变分不等式和不动点定理等问题的应用。

三、概率度量空间理论及其应用

概率度量空间的概念首先由 Menger 于 20 世纪 40 年代提出，它用一个分布函数表示空间中两点的距离。国内外有大量的数学工作者从事过这一领域的研究工作，取得了许多重要的研究成果。1983—1985 年，张石生研究了概率度量空间中压缩型和非扩张型映象的不动点定理，并把所得结果用于研究各类随机方程。这些工作收入哈兹克（Hadzic）的专著《拓扑向量空间中不动点理论的新发展》的第三章。随后，张石生、丁协平、黄南京等得到了概率度量空间中非线性映象的若干新的不动点定理和重合点定理。同时，张石生和四川大学的陈玉清等引入并研究了概率赋范空间、概率内积空间，建立了微分理论，获得了线性和非线性算子的性质刻画，研究了算子方程解的存在性等问题。

四、分布参数控制理论

无限维线性系统是分布参数控制理论、无限维系统理论和无限维空间微分方程理论三者交汇的重要分支，目的是建立一套理论，以判断一个无限维系统采用什么稳定形式和怎样实现稳定。四川大学的黄发伦在无限维线性系统的稳定性理论方面做了大量的研究，有关工作得到同行的好评。美国航空和宇宙航行局研究所（ICASE）顾问陈巩利用黄发伦的结论解决了用其他方法未能解决的控制论问题，认为这是证明指数稳定性的重要的直接方法。

五、算子半群理论及其应用

黄发伦率先在国内展开算子半群理论及其应用研究，有系统深入的国际先进水平的研究成果，特别是给出以 C_0 算子半群指数稳定的新的便于检验的特征刻画，并由此解决了若干有重要应用背景的分布参数系统的指数稳定理论。他给出了 Lakshmicantham 问题的解答，解决了 Pritchard 和 Zabczyk 的一个

公开问题，建立了 Hilbert 空间中的线性动力系统指数稳定的频域准则，证明了国际著名控制论专家 Russell 等的两个猜想，他对无限维线性系统的强渐进稳定性问题的工作被广泛应用。

六、Banach 空间中的微分方程

1977 年以来黄发伦建立了 Banach 空间中的微分方程的有代表性的存在性定理及连续依赖性定理，并对平均力学原理作了本质简化。他还得到关于非线性方程稳定性的一个很好的判别法则，从而对一致渐进稳定性理论作了本质改进。尔后他又得到关于 Banach 空间中线性方程的稳定性理论方面的系列结果：证明了关于二阶线性微分方程的两个猜想，提出了解析阻尼模型。另外，黄南京等对 Banach 空间中的一些非线性微分方程和 Fuzzy 微分方程也进行了研究。

七、非光滑分析与优化

黄南京等首次把上下解方法引入椭圆型与发展型涉及非光滑非凸能量函数的半变分不等式的研究，讨论了解的存在性、比较性结果及其端解性质。将 Browder-Tikhonov 正则化算法推广到一类二阶发展型半变分不等式，利用其正则化问题的可解性构造了其解的近似序列，并证明了近似序列的收敛性结果。首次将最优化问题及变分不等式中的一类适定性概念引入半变分不等式及变分半变分不等式，讨论了具有适定性的半变分不等式及变分半变分不等式的度量性质及其与相应包含问题适定性的等价性关系，获得了一些有意义的结果。

八、向量（多目标）优化

张石生、丁协平、黄南京、方亚平等在向量优化、向量变分不等式、向量均衡和抽象经济均衡等方面做了大量的工作，获得了关于刻画解的存在性、稳定性、适定性等问题的许多重要的研究成果。黄南京等研究了一类向量相补问题，解决了匈牙利科学院 Rapcsak 教授提出的一个公开问题。黄南京和方亚平率先研究 Banach 空间中强向量变分不等式的可解性，解决了一个公开问题。

九、随机（泛函）分析及应用

四川大学的张石生、黄南京、唐亚勇等在随机积分不等式、随机不动点、随机变分不等式和随机相补问题、随机过程和随机时滞微分方程方面得到了结果。作为应用，黄南京等讨论了金融资产定价和期权定价等问题。对具有交易

费用和资本结构因子的投资组合以及不确定性环境下投资组合问题也进行了相关研究，获得了一些结果。另外，黄南京等对带有随机无形成本的非线性生产前沿问题也有好的研究结果。

十、微分方程与控制论

四川大学的徐道义在微分方程与控制理论及应用的研究方面做出了突出贡献，解决了 C. S. Berger，G. Ladas 及钱学森、宋健等提出的公开问题。由于其学术地位与影响，两度获"国际自动控制联合会"资助，其到世界大会（匈牙利 1984，旧金山 1996）报告研究结果，第 12 届国际科学计算大会（巴黎 1988）还资助他到会作"泛函微分系统稳定性分析"分会的主席。1999 年应邀在美国奥兰多召开的"微分方程与非线性力学国际学术会"作 45 分钟邀请报告。同时，他还应邀到美国、加拿大、日本、德国、法国、瑞典、匈牙利、南斯拉夫、新加坡、泰国、罗马尼亚等国的著名高校进行合作研究，出席国际会议或学术访问。他的工作被美国学者 K. Loparo、华南理工大学的刘永清及博士生们分别作为引理在区间动力系统与随机微分方程领域获得新的结果。他于 2001 年获四川省科学技术进步一等奖，担任《数学研究与评论》和《微分方程年刊》编委，成都市应用数学学会理事长。

十一、数学控制论和偏微分方程

近年来，四川大学的张旭在数学控制论、偏微分方程方面的研究成绩卓著。该工作是四川数学发展最蓬勃的一个方向，为国内外学界所瞩目。张旭现任其研究领域国际期刊 *SIAM J. Control Optim.*，*Acta Appl. Math.*，*ESAIM Control Optim. Calc. Var.* 等的编委、副主编。他发展了一套关于无限维系统能观性估计的显式方法并给出其应用，特别是对非线性能控性问题，发现一个关于非线性函数 $f(x)$ 的" $\frac{3}{2}$ 对数增长"现象，即问题能否线性化与 $f(x)$ 在 x 趋于无穷大时的增长是慢于还是快于 $|x| \ln^{\frac{3}{2}}(1+|x|)$ 有关。在随机与确定性偏微分方程的能控性问题的统一处理方面也取得了较大进展，发现从同一类随机的"类抛物"微分算子的逐点估计出发，可以同时得到随机和确定性二阶偏微分方程的能控能观性。张旭还发现偏微分方程整体唯一延拓性质的一个奇异现象，首次系统地研究了随机偏微分方程的唯一延拓性质。因其在控制理论方面的优秀工作，他被邀请在 2010 年印度举行的国际数

学家大会上作 45 分钟特邀报告。他曾独立获教育部自然科学一等奖、中国自动化学会关肇直奖。

计算数学

在偏微分方程数值方法研究方面，四川大学的谢小平等在统一的框架下对工程力学中得到广泛应用的杂交应力、应变有限元方法给出了严格的理论分析，成功地解决了杂交应力方法的应力模式优化问题，设计出了最佳应力模式和最优的四节点四边形杂交元；从力学几何观点的角度，研究了组合杂交变分原理，增强低阶有限元格式粗网格精度和稳定性的内在机制，接受了控制离散模型的能量误差可增强有限元格式精度的数值规律性；利用其能量调准机制研究了组合杂交方法的低阶平板元的改进；建立了四阶薄板问题的组合杂交有限元法的理论框架，并利用能量调整机制，研究了组合杂交法对薄板弯曲元的改进，获得计算简单的高精度元。谢小平获得德国洪堡基金。

在计算数学和大型科学工程问题算法研究方面，吕涛最早研究有限元外推法与分裂外推法两大新算法。出版专著三部：《区域分解算法》，科学出版社，1992 年；《分裂外推与组合技巧》，科学出版社，1998 年；英文专著 *The Splitting Extrapolation Method*，World Scientific Publishing，Singapore，1995 年。其中，*The Splitting Extrapolation Method* 在美国核心期刊 SIAM Reviews vol. 39（1）上有长篇评述，认为：分裂外推法是由中国人所开创的新算法，一切受维数效应困扰者皆可从中受益。

概率论与数理统计

一、可靠性理论与多元统计分析的应用

20 世纪 70 年代，四川大学的敖硕昌作为中国电子学会可靠性分会的理事长，他所率领的科研团队长期与中国科学院系统所、四机部 4 所和 5 所、七机部 708 所等合作，在中国电子产品元器件可靠性理论研究与中国电子产品元器件可靠性标准制定方面所做的工作，首开了中国可靠性理论及应用研究之先河，并荣获第一届中国科技进步奖（集体奖）。

四川大学的温启愚的科研团队与四川省石油局长期合作，将多元回归分析等统计学理论成功应用于地震勘探数字信号处理，受到省内、国内石油、地质学界的好评。

二、非参数估计理论

柴根象的科研团队在非参数统计理论方面有一系列很好的研究工作。四川大学的柴根象与张文杨、秦更生等的研究成果，以论文形式发表在《中国科学》《数学物理学报》《应用数学学报》《系统科学与数学》等核心期刊上。其科研成果"经验密度估计大样本理论"荣获四川省科技进步三等奖（1986）、科研成果"非参数分布估计"荣获国家教委科技进步三等奖（1995）。

此外，四川大学的林华珍在非参数统计理论方面也得到了若干很好的研究成果。林华珍与国外学者合作的研究成果以论文形式发表在 *Annals of Statistics* 等统计学界国际权威核心期刊上。

三、随机递推估计理论

朱允民及其科研团队在随机递推估计和信息融合等方面做出了很好的研究工作。四川大学的周杰在随机系统状态估计、分布式多传感器信息融合等研究中获得一些重要的成果，主要包括：首次获得严格初始化的多种最小二乘问题的统一形式的递推算法，彻底解决了瑞典皇家工程科学院院士 P. Stoica 部分完成的精确计算问题；给出了分布式多传感器最优估计融合的统一精确表达式及其高效算法，完全克服了信息融合领域国际权威 Y. Bar-Shalom 所给融合公式的各种限制给实际应用带来的困难。

四、随机微分方程理论

四川大学的马洪在无穷维随机微分方程理论方面取得若干较好的研究成果。马洪研究和比较了日本著名随机分析学家 Ito（伊藤清）给出的"核空间对偶空间上的随机积分"和美国北卡罗来纳州立大学的 Kalliaunp 和 Perez-Abren 提出的"广义函数空间上随机积分"这两种看似不同的积分，指出 Kalliaunp 和 Perez-Abren 的强积分实质上就是一种特殊的 Ito 意义下的积分，并利用积分算子的泛函性质，证明了广义函数空间上随机积分的 Ito 公式。此外，还利用停止过程的 Ito 公式，找到了 Hilbert 空间上随机微分方程解具有稳定性的一组充分条件等。

1986—2005 年期间四川省数学方面的主要事件

· 1987 年四川省第一个应用数学博士点在四川大学数学系设立。

· 1991 年四川大学基础数学获批成为首批国家理科基础科学（数学）人才培养基地。

· 1991 年四川大学数学与应用数学被评定为四川省重点学科。

· 1992 年四川大学设立数学一级学科博士后流动。

· 1995 年四川大学的刘应明入选中国科学院院士。

· 1995 年中国科学院成都计算机应用研究所张景中入选中国科学院院士。

· 1998 年四川省首个计算数学博士点、首个概率论与数理统计博士点及首个运筹学与控制论博士点在四川大学设立。

· 1999 年四川大学柯召院士获"何梁何利"科技进步奖。

· 2002 年四川大学基础数学及应用数学被评定为国家重点学科（2007 年四川大学数学学科被评定为一级学科国家重点学科）。

· 2002 年四川大学数学学科成为国家"211 工程"二期重点建设项目（2007 年四川大学数学学科成为国家"211 工程"三期重点建设项目）。

· 2003 年四川大学的柯召院士逝世。

· 2004 年四川大学运筹学与控制论被评为四川省重点学科。

· 2005 年四川大学的刘应明获"何梁何利"科技进步奖。

· 2005 年国际模糊系统协会（IFSA）授予四川大学的刘应明院士"IFSA Fellow"称号，该称号是 IFSA 授予在模糊系统及相关领域内做出杰出贡献学者的最高荣誉，刘应明院士是非发达国家被授予该称号的第一位学者。

· 2005 年教育部"985 工程"科技创新平台——长江数学中心建立，刘应明、阮勇斌任中心首席科学家。

审　校：刘应明（四川大学数学学院）
撰写人：张树果（四川大学数学学院）——基础数学及应用数学
　　　　黄南京（四川大学数学学院）——运筹学与控制论
　　　　马洪（四川大学数学学院）——概率论与数理统计
　　　　胡兵（四川大学数学学院）——计算数学

第二部分

人物篇：四川著名数学家传稿选辑

何　鲁

何鲁，1894年诞生于四川省广安县，1973年9月13日在北京病逝。中央大学、安徽大学、重庆大学、北京师范大学教授，科学出版社编辑，数学教育家。

一

1912年11月，中华民国刚刚成立不久，北京留法俭学会预备学堂赴法留学的60来位同学，告别了仍处于风雨飘摇中的祖国，踏上了寻求前途的征程。其中，有一位年方18岁的四川学生，他姓何名鲁，字奎垣，1894年出生于四川华蓥山北麓的广安县。父亲粗通文墨，母亲是位贤惠的农家妇女。四川号称"天府之国"，但对这个贫寒的农家却无幸福可言。为了节省灯油，每当夜幕降临全家便沉浸在黑暗之中。只有神龛上的油灯发出惨淡的荧荧之火。这时未尝人生艰辛的孩子正在夜色中追逐嬉戏。年幼好学的何鲁却已爬上供桌前摆的椅子，借着神龛前微弱的灯光全神贯注地读起书来。

1904年，10岁的何鲁投考初创的成都机器学堂。考试点名时漏掉了他的名字，何鲁挤出人群，当众质问为何点名无他。主考官见此少年器宇不凡，便问道："能成篇乎?"何鲁答道："请示以题!"接过试题略加思索，便提起笔来一气呵成。主考官见文，暗暗称奇，又问："曾读何书?""《诗》《书》《左传》……""试为吾诵《左传》。"何鲁不慌不忙，朗朗背诵起"郑伯克段于鄢"。接着主考官又出对，曰："童子鸿不因人热"，他用"梁鸿传"之典试探这位少年的涉猎广度和应变能力。何鲁立即对道："学生鲁当以扬名。"主考官禁不住赞道："此神童也。"何鲁以第一名的成绩考上了成都机器学堂。

三年后毕业时，何鲁因品学兼优被保送入南洋公学（上海交通大学前身），后又转入清华学堂（清华大学前身）就读，因参加学潮遭校方开除。

1912 年初，李石曾、吴玉章、吴稚晖、张继等在北京发起组织"留法俭学会"，鼓励青年人以低廉的费用赴法留学，从而"输世界文明于国内"。他们希望青年人通过俭学努力掌握欧洲的先进科学技术和文化知识，归国后以"科学救国""实业救国""教育救国"等办法，改良中国社会，使中国富强起来。他们认为在当时的世界上"法国是民气民智先进一国"，因此"欲造成新社会新国民"，以留学法国为最宜。当时的教育部长蔡元培先生对此亦极为支持。这一年春天，留法俭学会在北京安定门内方家胡同创办了留法俭学会预备学堂（校），何鲁是该校第一批学生之一。在这个学校学习的学生不但"专攻法文，乃欲养成勤俭之习惯，故校中同学皆轮班值日，自操工作，除疱人外，则无佣工"。自 5 月底开学，经过近半年的学习，首批留法学生便离开北京。何鲁和其妻弟朱广儒、朱广湘和朱广才同时成为我国第一批赴法勤工俭学的留学生。

里昂是法国第二大城市，位于索恩河与罗纳河的汇合处，欧洲著名古城之一。1896 年，里昂的法律、医药、理工和文科学校合并，成立了一所综合大学——里昂大学。何鲁至法不久，便进入里昂大学学习。

中法两国中等教育体制和教学内容不同造成的数理基础方面的差距，加上语言上的障碍，使初到法国的何鲁和其他中国留学生遇到了重重困难。课堂上常常有中国和日本留学生因回答不出教师的提问而被"挂起"（站立）。为了促使中日留学生赶上功课，有一次春假时，相对论课程的教授要求他们不去春游，留下补习功课。这件事深深刺伤了何鲁的自尊心，他决心要争这口气。整个春假期间，他拼命补法语，查资料，赶功课。春假过后，何鲁对教授在课堂上的提问对答如流，使教授暗暗吃惊，怀疑他过去是不是假装不懂。何鲁只好以实相告，教授知道其中原委后，改变了对中国留学生的印象，多次当众称赞这位中国留学生。

何鲁在法留学期间，学习刻苦，一丝不苟地演算每一道数学题。在何鲁的遗物中，有一本 1915 年在里昂大学的"微积分学理解"笔记本，共 142 页，从头至尾用整齐流利的法文抄写，一字未改，如刻似印。

何鲁在大学期间，用三年时间便完成规定的学分。1919 年他以优异成绩成为第一个获得科学硕士学位的中国人。这对中国留学生来讲确非一件容易的事情。

恰在这时祖国发生了"五四运动"，远在异国他乡的何鲁深受震撼。他按捺不住自己的爱国激情，毅然决定放弃国外优裕的工作条件，返回灾难深重的祖国。踏进国门，面对伤痕累累、满目疮痍的故土，何鲁思索着何以报效祖国。他是抱着"科学救国"的理想前往法国求学，学习理工的。但是通过对法国及欧洲列强文明的回顾，对中国历史的反思，他感到人毕竟是第一位的，只有培养出众多的人才，才能挽救中华于水深火热之中。他选择了"教育救国"之路，走上了南京高等师范学校的讲台，开始了长达五十余年的教书生涯。

二

"辛亥革命"胜利后，1912年元旦成立了以孙中山为临时大总统的南京临时政府，建立了中华民国。1912年教育部令（第28号）宣布将学堂正式改为学校，中国教育开始进入一个新时期。1912年在蔡元培的主持下，北京政府又制定了《教育宗旨》《学校系统》《中学校令》《大学令》等一系列法令，对旧的教育宗旨和教育制度提出了比较全面的改革方案。《大学令》和《专门学校令》规定："专门学校以教授高等学术、养成专门人才为宗旨"，"大学以教授高深学术、养成硕学闳材、应国家需要为宗旨"。"五四运动"以后，我国教育从学制入手又进行了一次较大的改革，由仿效日本转向仿效美国。1922年《学校系统改革案》规定中小学实行"六三三"制，大学修业年限为四至六年，大学采用选科制。在这一时期，我国的高等学校渐具规模，健全建置。不少大学相继创办了数学系，开始了我国近代高等数学的专业教育。1912年北京大学成立了算学系，1913年京都大学堂设立算学系，1919年南开大学筹建数学系，1921年南京东南大学数学系开办。此后清华大学、武汉大学、齐鲁大学、浙江大学、中山大学也陆续设立数学系。从20世纪20年代起我国开始能够自己培养高水平的数学人才。

何鲁正是在这一教育大变革时期踏上故土，走上教育战线，并为之奋斗终生的。他在南京高等师范学校的讲台上开始了自己的教学生涯。南京高师是1915年在三江师范原址上成立的高等师范学校。学校初创时期，教育水平还很低。学生年龄相差悬殊，程度参差不齐，教学难度很大。血气方刚的何鲁，年轻气盛，急盼学生早成大器，便照搬法国的教授方式，严厉要求学生。部分年龄较大的学生自尊心受挫，教学效果大受影响。一年后何鲁只好拂袖而去。离宁赴沪后，何鲁先后在上海中法通惠工商学院、大同大学、中国公学等任教，逐渐成为一个成熟的教育工作者。"北伐战争"胜利后，南京国民政府委派杨杏佛、何鲁等接收东南大学。这所东南大学创建于1921年，1923年南京高师并入该校，1928年又改名为中央大学。该校数学系是我国高校较早设立的数学系之一，第一任系主任为熊庆来。何鲁到校后便接任中央大学数学系主任。经过熊庆来、何鲁的努力，中央大学数学系规模已堪称全国第一。当时共有 5 名教授（何鲁、段子燮、周君适等），副教授以下 20 余人。每班学生人数已超过 10 名（当时全国各大学数学系学生人数都很少，有的一个年级仅有两三名学生）。何鲁还亲自主讲微积分、高等代数以及预科数学基础课等。教学中何鲁对学生要求十分严格，亦很重视数学系学生外语、物理等学科的学习。何鲁对中央大学数学系的建设有着不可低估的贡献。

1929 年，四川军阀刘湘根据四川省善后会议议案，组建了重庆大学，校址在重庆南区菜园坝（后迁巴县沙坪坝）。大学由三院十系一科组成，刘湘自任校长。理学院院长一席虚悬无人，经人推荐刘湘便填写"委任状"和"训令"，委任何鲁为理学院院长，态度十分傲慢。何鲁接令后立即原件退回，并回函刘湘："吝先生而不语，炫高官其何为？"（其意曰：你对我何鲁称一声先生都如此吝啬，只夸你官大么？）后刘湘多方赔礼道歉，何鲁才于 1932 年离开安庆（当时何鲁任安徽大学校长）赴重庆，担任重庆大学理学院院长。自此至新中国成立十余年间，除 1937 年应熊庆来之邀任云南大学理学院院长约一年光景外，何鲁一直在重庆度过了抗日战争和解放战争时期的艰苦岁月。曾担任重庆大学校长、部聘教授（国民党政府共聘任 6 位部聘教授）。

新中国成立后，何鲁曾任西南行政公署文委主任。1956 年高等院校院系调整时调北京师范大学数学系任教，后又调中国科学院科学出版社工作。"文化大革命"中，何鲁和千百万知识分子、革命干部一样，难逃厄运，惨遭迫害。1973 年 9 月 13 日病逝于北京，享年 80 岁。

三

1919 年夏，何鲁回到灾难深重的祖国，他认为只有培养出众多人才，才能拯救中华。从 25 岁任南京高师教授起，到 80 岁过世，几十年来不少知名学者、专家都曾受业于他，如物理学家严济慈、物理学家吴有训、核物理学家钱三强、原子物理学家赵忠尧、化学家柳大纲、数学家吴文俊和吴新谋、数学教育家余介石以及北大哲学教授何兆清、四川大学中文系教授林如稷、美国纽约大学地理学教授伍承祖等。

何鲁初在南京高师任教，完全按照法国的教材讲授，能听懂的学生为数甚少，因而去听课的学生也就寥寥无几。可他发现有一个学生堂堂都到，专心听讲，还与教师讨论。他就是严济慈。发现人才，何鲁就把平生所学，倾力相授。若交谈学术为时已晚，便留其在家食宿。何鲁离开南京高师后，每逢暑假都邀请严济慈到其上海家中度假。严济慈在何鲁的指导下，很快就通晓了法文，阅读了不少何鲁珍藏的法文原版书籍，还演算了大量习题。有严师指导，加上天资和勤奋，严济慈的学业水平远远超过了其他同学。严济慈在大学学习期间就以善解难题而闻名于宁沪，连大学教授也常拿校外送来求教的难题请严济慈代为解答。1923年严济慈在何鲁的指导和资助下赴法留学。果不负老师厚望，像老师一样，三年修完四年课程；1925年以优异成绩获巴黎大学数理硕士学位，1927年获法国国家科学博士学位；终于成为科学家。

何鲁不仅着力于现代数学的介绍、传播，对于我国中学数学教学改革和课程建设也做出过重要贡献。

我国现代中小学校教育兴起于19世纪后半叶。起初大中学堂教科书多直接用外文教科书或外国教科书的中译本。20世纪初，我国上海等地的一些书局开始自编教科书。"辛亥革命"后，南京临时政府颁行《普通教育暂行办法》，规定小学实行七年制，中学四年制。此后，商务印书馆开始出版成套的中学教科书，当时翻译的外国教科书仍很流行，全国实际上并没有一致的教学大纲。20年代初我国普教事业又有一次较大规模的改革。1922年11月1日北京政府教育部公布《学校系统改革令》，中小学学制为"六三三"制。为适应新学制的实行，又成立了"新学制课程标准起草委员会"，拟订各科教学纲要。1923年6月颁行新学制各科课程纲要。这一次改革结束了"辛亥革命"后教育上的混乱状态。由于新学制比较简明，也较适合当时中国国情，除以后在学分制、课程设置等方面有些变更外，新学制一直沿用到新中国成立后。

在新学制教育改革中，何鲁是一位积极参与者，并做出了重要贡献。新学制课程标准起草委员会请托各专家分科拟订各科教学纲要，再征求各方意见，最后由委员会加以复订刊布。其中高中几何课程纲要是由何鲁起草的。这一课程纲要共分三部分，包括平面几何（主要内容为直线形、圆、比与比例、多边形）、立体几何（直线和平面、多面体、旋转体）和二次曲线。这部纲要十分重视基础理论，提出"几何最重原理，原理有异，几何可分；故特列总纲一部以讨论之，并辨明原理与定理之区别"。又说"几何重逻辑之次序"，"高中应加重注意之"。这部纲要也很注意以较现代化观点指导教学，提出"初中几何，大抵为欧派，与他派异点，在平行原理。与此原理不同，则得新几何；故高中几何应当有弹性，令学者不只有一种几何之观点"。这部教学纲要是我国现代学校教育早期较为成熟的几何教学大纲，对中学数学教育质量的提高有着重要作用。

何鲁还亲自参加中学数学教科书的撰写工作。1923年编著出版了《新学制高级中学教科书代数学》（商务印书馆），其主要内容为代数之基本运算、代数推广之方法、分析之基本概念和代数之本身问题四个篇章。1924年又经中国科学社出版《高中代数学》。这些教科书是我国数学教育由仿效日本转向仿效美国后，由中国学者自编教材的尝试。

除编纂教科书以外，何鲁还撰写各种数学书籍，介绍西方数学知识，主要著作有收入"算学丛书"的《行列式详论》《虚数详论》《二次方程式详论》《初等代数倚数变迹》以及《变分法》《微分学》等。何鲁的著作内容翔实，论理严谨，深入浅出，为数学读物中不可多得之珍品。其《虚数详论》序曰："纯粹数学入室之功，在能逐处推广。虚数者，推广代数运算符号之一也。"该书"读例"曰："一是书凡分五章。一二章为虚数索原及其运算。用别形所得慕氏公式。致用最广。其论形数则为图解杂数运算张本。第三章推广三角公式。第四章论三次方程式。末章论二项方程式。于 n 次单位根演论极详。为近修大代数三角学所不及。"这本 90 余年前的作品，至今读起来仍使读者兴趣盎然。何鲁的著作为西方近代数学在中国的传播起过重要作用。他晚年还曾撰写一部《数学自学丛书》，内容涉及从初等数学到高等数学的众多内容，可惜未能终篇，便与世长辞了。

何鲁还是我国早期科学社团的重要组织者和活动家。在法留学期间，他创办"学群"团体，后来"学群"并入中国科学社，成为我国早期重要的科学技术学术团体。1920 年中国科学社呈准财政部拨南京成贤街文德里官产为社所，3 月迁入，8 月 15 日成立图书馆。这个图书馆是由何鲁与胡刚复、竺可桢等名教授筹办的，图书均是由教授们私人藏书凑起来的，数量虽少却多精品，对普及科学知识，培育科技人才起了积极作用。1935 年 7 月中国数学会于上海交通大学图书馆成立，何鲁被选为董事会 9 位董事之一。大会还通过教育部关于审订数学名词的交议，并拟请陈建功、胡敦复、何鲁、熊庆来、姜立夫、江泽涵等 15 人组成委员会。中国数学会还决定出版《中国数学会学报》和《数学杂志》。前者由苏步青任总编辑，后者由顾澄任总编辑，何鲁、钱宝琮、傅种孙等 13 人组成编委会。

20 世纪前期，我国数学名词术语由于翻译各异，非常混乱，急需统一。1934 年教育部决定审订数学名词，陈建功、何鲁等 15 人组成委员会。经过近四年的努力，终于于 1938 年出版了我国第一部《算学名词汇编》，为我国数学的发展创造了条件。

何鲁是新中国成立前部聘教授之一，十分注意发现和选拔数学人才。1938 年华罗庚任教西南联大，在极其艰苦的条件下完成了巨著《堆垒素数论》。这部 20 世纪数论经典著作原稿送到中央研究院，无人能审，连原稿亦丢失了。后送教育部，交由何鲁主审。正值盛夏，何鲁冒着酷暑，躲在重庆一幢小楼上挥汗审勘。审阅中不时拍案叫绝，一再对人说："此天才也！"阅后不仅长篇作序，还利用部聘教授之声誉，坚持给华罗庚授予数学奖。1941 年华罗庚终于成为国民党政府第一次数学奖的获得者。

四

何鲁早年加入同盟会，参加"辛亥革命"。在法国他又受到了资产阶级民主思想的熏陶。1927 年"四一二事变"时，何鲁正继胡适之后在上海任中国公学校长。面对蒋介石借口清党，制造宁汉分裂，大肆捕杀共产党人，何鲁公开发表演说："蒋介石这一手做得很孬！蒋介石要闯祸！"事后陈立夫派特务到中国公学气势汹汹问何鲁是否讲过这样的话，何鲁义正词严地讲："我说过蒋介石要闯祸的话。如果他不改正，他还要闯大祸！……"1947 年东北战场国共双方重兵云集，形成拉锯战。4 月何鲁等发起"重庆大专学校教授时事座谈会"，到会者二百余人。何鲁首先发言："二十多年前，我就说过，蒋介石做得很孬，要闯大祸；二十年后的今天，我说蒋介石做得更孬，要闯更大的祸！而且祸在眼前！"接着他列举了二十多年来国民党政府的贪污腐败的种种事实，指控了制造内战的祸首。何鲁的慷慨陈词，激起阵阵掌声。次日，重庆各大报刊，包括《新华日报》均报道了何鲁等人的发言。

1934 年蒋介石发起"新生活运动"，提倡礼、义、廉、耻。何鲁对此曾说："管仲教齐桓公，礼义廉耻，国之四维，四维不张，国乃灭亡。实谓齐君不知礼仪，寡廉鲜耻；并非用以教老百姓者。老百姓谁不知耻？今当道自身寡廉鲜耻，而反以此约束老百姓，只笑话耳。"

1946 年 1 月 9 日，重庆《新华日报》登载如下新闻："本社消息：褚辅成、许德珩、稅西恒诸氏，邀请重庆学术界人士举行九三座谈会。出席：何鲁、刘及辰、潘菽、吴藻溪等二十余人。……何鲁的发言更为沉重，他慷慨指出，今日的中国，赵高太多……听众一致报以热烈掌声，历久不息。"当时延安《解放日报》刊登了此条消息。新中国成立后，何鲁当上全国政协委员。有一次毛泽东主席接见政协委员，与何鲁握手时还谈及此事，对何鲁说："你的胆子不小！"

陈立夫当教育部长时曾约见何鲁，表示愿向蒋介石推荐何鲁。何鲁笑曰："我见到他非骂他不可！你作介绍人，不怕吗？"事后与朋辈笑谈此事，他诙谐地说："他要介绍我去给蒋介石'排朝'，我辞以不够资格。给蒋介石'排朝'，要花鼻梁才合格。我的鼻梁不花，所以不够资格。"闻者大笑。

何鲁寓居重庆石钟花园时，国民党政府曾派人送去一套中将礼服和薪金，何鲁拒之不受。1935年冬，何鲁与一军官同为一对新人证婚。何鲁借证婚之机，说："婚后要生子，中国是人口多，特别是军人多。军人多了就要出事，各据州郡，你争我夺，神仙打仗，凡人遭殃。中国的事情办不好，他们要负责任。拥兵多了，有大阀、小阀，闹得不亦乐乎！两位结婚生了娃娃，切忌不要娃娃当军人，老百姓就安居乐业，幸福无穷！"这话惹恼了另一证婚武人，这位军官气汹汹地说："将来生娃娃洗三朝的时候，要多用自来水把娃娃的脑壳好好冲洗冲洗，让他头脑清醒才好。不然，一个人脑瓜子不清楚，乱骂人，会惹是生非的！"

何鲁曾在国民党中央党部慷慨陈词，痛斥蒋介石政府；何鲁还曾在庐山当众撕毁蒋介石的请柬，表示坚决不吃"奉谕饭"。何鲁终于惹恼了当局。1949年重庆解放前夕，何鲁的名字列入了美蒋特务暗杀之黑名单。只是由于偶然的原因，何鲁才幸免于难。

五

何鲁是一位数学家，还是一位诗人和书法家。

早年的勤学奠定了他的功底，家乡的山水哺育了他的灵感，人生的阅历又陶冶了他的情操。在教学生涯之余，何鲁又进入了诗的境界。他用诗词记事、酬和，用笔端讴歌祖国的大好河山，抒发自己的激情。他留下的旧体诗词达数千首，现在能见到的何鲁诗词是用成都诗婢家的"郑笺诗谱"抄写的八大本。

1935年与其兄何斗垣同游重庆北温泉，曾写道：

> 年来诗兴已无多　不对名山懒放歌
> 今日置身巴峡里　虫吟泉吼也想和

他在"秋兴"其二中写道：

> 叶叶题诗句　句句着香痕
> 分明无怨旷　一心报国恩

他曾赠诗于京剧艺术家程砚秋：

> 回首松江畔　相逢各盛年
> 今兹艺益老　故人渺如烟
> 田墅腾欢日　农民庆更生
> 我惭鸣盛世　君宜谱新声

"诗言志。"何鲁在诗歌中，献出了一颗赤子之心：

何鲁擅长书法。他在其砚台上铭刻铭词："终日相携，形影不离子不弃我，如式佩。"1954 年，年已花甲的何鲁在学俄语时，逐日把一本俄文日历译成中文，再用朱墨蝇头小楷抄录下来。字迹工整、清丽，一字未改，一笔不苟。何鲁的书法先学颜、柳，后习欧、王，博采众长，自成一家。他的楷书既有欧体的锐利俊丽，又融合了"二王"的笔意，还有汉碑的特色。据说何鲁的书法传到东邻日本，颇受日本书法界的赞誉。日本前首相田中角荣就很推举何鲁的书法艺术，曾盛情邀请何鲁率书法代表团访问日本。可惜由于何鲁辞世未能成行，可谓是中日文化交流史上的一件憾事。

1973 年 9 月 13 日，80 岁高龄的何鲁在书房伏案工作，突然心肌梗死发作，手中紧握的笔尚未放下，便倒在了书桌旁，匆匆走完了 80 年的人生旅途。

何鲁的主要论著

[1] 何鲁，段子燮. 算学丛书：行列式详论 [M]. 北京：商务印书馆，1924.

[2] 何鲁，段子燮. 算学丛书：虚数详论 [M]. 北京：商务印书馆，1924.

[3] 何鲁. 算学丛书：二次方程式详论 [M]. 北京：商务印书馆，1927.

[4] 何鲁. 算学丛书：初等代数倚数变迹 [M]. 北京：商务印书馆，1933.

[5] 何鲁，段子燮. 微积分 [M]. 北京：商务印书馆，1928.

[6] 何鲁. 高中代数学 [M]. 北京：中国科学社，1924.

[7] 何鲁. 代数学 [M]. 北京：商务印书馆，1923.

附：奎垣何（鲁）先生传

此文由中国科学院数学研究所吴新谋研究员所作。

早在 1988 年，严济慈先生应约组织撰写何鲁传。严委托吴新谋起草。吴抱病撰写了"奎垣何（鲁）先生传"。1989 年，吴新谋病故。严济慈非常感激恩师何鲁的培养，非常重视何鲁先生传的撰写，也非常满意吴新谋抱病撰写的传稿，并亲嘱秘书向我们转告此意。现全文刊出吴新谋遗稿，以纪念他对我们工作的全力支持，纪念他对恩师的无比感念，以飨读者。

先生四川广安人，幼颖悟，有神童之称。全家倾产送先生出川求学。在沪曾从复旦大学故校长李登辉先生学英语，后上北京进清华留美预备学校，因参加闹学潮被校长颜惠卿开除。旋得留法公费，率妻弟朱广儒（后法语教授）、朱广湘（后获巴黎大学医学院国家博士，回国后为北京名医）和朱广才（中国第一个毕业于法国多艺学院者）三人去法留学。当时，中国留学生考取科学硕士极难，先生是第一个获得该项学位的中国人。

1919 年回国后，在南京高等师范学校任算学教授，出其门下者有严济慈、余介石、赵俨、何衍璇、何兆清、樊平章、赵忠尧、柳大纲等，先生尤寄厚望于严，尽力资助其赴法留学，后严以优异成绩获得法国国家物理科学博士学位，蜚声中外。先生对学生要求极严，经常进行板答，当时有些学生年事已长，当众受责，深感难堪，常露微词，继而群起反对，先生遂拂袖离宁去沪。行前荐迪之熊（庆来）先生自代，并将很多数学书籍捐赠南高图书馆。

居沪，在中法工商学院、大同大学等校任教授。每月工资甚丰，得以资助严先生潜心攻读。此时，先生开始在商务印书馆"算学丛书"内出版《二次方程详论》《虚数详论》《行列式详论》等，其文笔简练，论证严谨，对当时中国数学的发展起了很大影响。先生工资、稿酬既丰有余，则大量购书供青年阅读。郭老沫若在其《革命春秋》一书中，对此有所记述。

不久，国共第一次合作，广州成立军政府，准备北伐。先生早年加入孙中山先生同盟会，至是时，遂离沪赴粤，任科学院副院长，建议在香港设站，专事延聘归国留学生到广州工作，大大壮大了革命队伍。1926 年，北伐军兴，不期年，克复西起湖北，东及江苏江南各省，建都南京，成立国民政府。此时，前南京高等师范学校已改名东南大学，由迪之熊先生建立算学系，任系主任。政府派杨杏佛和先生等接收东南大学，因延聘稍迟，熊迪之、叶企荪、吴正之、张子高等一批名教授俱被清华大学请去，追聘不及，于是何先生任中央大学（东南大学改名）理学院算学系主任。校长张乃燕是留瑞士的化学家，极礼尊何先生，有所建议常被采纳，算学系得到了大发展，连何先生在内，有调元段（子燮）先生、周君适先生等五教授，其余副教授以下约二十余人，每班学生都在十人以上，规模堪称全国第一。先生治数学重基础，亲自主讲预科数学一年，不仅当时所谓大代数、解析几何、近世几何以大大高出一头的见解讲授出来，并旁及画法几何学、运动学和天文学知识。1929 年秋到 1930 年夏，先生主讲微积分和高等代数。高等代数当时用的是 M. Bocher 的 *Introduction to Higher Algebra*，尚无译本，都是向上班同学借用，但同学们英文程度差，学习有困难，于是开课前先生作动员报告，介绍的是李登辉学英语的方法，和先生自己在法国攻普通物理（特别是热力学）文凭的经验，即先弄懂，接着逐句、逐节、逐页反复读熟，这样会加深对课文的理解，三十页后则理解和背诵速度会迅速加快，盖每一个作者的用词造句和推理都有他的特点，一旦抓住这些特点，事情就好办了。先生讲微积分，重视制曲线，凡制曲线不及格者微积分也不能及格，在先生熏陶下学生终身受益。先生重视并通晓物理学，在先生办公室内，常有物理系高班同学向先生请教，常满意致谢而退。先生主张走普恩加莱的数学物理道路，对后辈从事数学物理方程研究有影响。先生不仅通英、法、德三国文字，并能口语，汉文诗文书法更是擅长。在中央大学时，与太炎先生门生季刚黄（侃）先生等结忘年交，常意气相投，诗酒相和。先生虽长于教学，但行政工作非所长，因种种原因，算学系一些同学反对何先生，高两班同学黄祥宾同志（地下共产党员）和一些同学意不能平，起而拥护何先生，终以寡不敌众，何先生被迫离宁去安庆，任安徽大学校长。

由调元先生讲授的高等分析是当时算学系重点课程，其讲义的前二十余页，简单回述实数定义、上下界定义、聚点定理、柯西数串收敛的充要条件等内容，相当艰深，加以当时缮写工作极差，历班同学都视为天书，无不望书兴叹。此课每班春季开始，有同学得悉此情况遂于 1930 年秋上书安庆何先生求教，先生回示宜读 J. Tannery 所著 *Lecon d'Arithmetique théorique et pratique* 最后讲实数定义的二三十页，同学采用了何先生所教背熟法，终于弄懂了 Tannery 所讲的 Dedekind 实数论，再读 Goursat 书第一卷前二三十页，立即觉得其回述扼要，立论谨严，不愧为世界名著。而其对 Dedekind 实数论仅扼要回述，则是在法国中学高班（methématique spéciale）已经详论，由此事可见先生指导学生之得法。

1932 年先生离安庆去重庆，任重庆大学校长，主编《初等数学》杂志，最后出了一期一厚册，其中有何先生译的 Hermann Weyl 的"物质与时间"一文。1934 年 7 月，何先生出川去上海，嘱生新谋二事：一，拜谒季刚先生；二，拜访余介石先生，转告请余先生到重庆大学当教授。当时余先生在中央大学极不得意，含泪同意。

1936 年秋，先生到北京休假，时日寇已深入，先生重游水木清华旧地，不胜感慨万分。

翌年，卢沟桥变起，先生应熊迪之先生之聘赴春城任云南大学理学院院长，对外助熊先生折冲俎豆，在内则任教弥重。翌年夏，先生向迪之先生告病回渝，仍在重庆大学工作。当时的沙平坝之容纳长江流域迁来的中央大学、同济大学等，犹如云南大学容纳的西南联大，对抗战时期保护东南半壁河山文化事业先生亦有所贡献。先生曾任教育部部聘教授，华罗庚同志得奖的论文"堆垒素数论"，先生是评审人之一。抗战胜利，国民党反动派挑起内战，政府极端腐败黑暗，先生有白昼提灯之感，愤怒溢于言表。1949 年春末，解放军大举渡江，反动派不战而溃。刘、邓、贺龙将军入川，反动派空遁之前，一方面有渣滓洞之惨案，一方面另有黑名单，先生名列榜首，幸国民党重庆卫戍司令

杨森是先生乡人，见黑名单有先生名，曰："这是一个喜喝酒的读书人，不会造反的。"将先生名勾掉，才幸免于难。其余从同济大学校长周君适先生起全部被枪杀。

重庆解放后，先生任西南行政公署文委主任，刘、邓、贺等领导同志对先生优礼有加。全国解放，新中国成立，先生参加民革任中委，并任全国政治协商委员会委员。有一次赴京开会，先生住在北京饭店，生新谋前去拜谒，先生喟然曰："中国共产党的领导同志都懂科学!"一语道中了新中国五七年以前的昌盛之源。数学研究所迁往清华大学时，先生带他亲笔抄的华罗庚同志的得奖论文稿，面交罗庚同志，华感激之情溢于言表。盖华正以国民党时代得奖论文原稿被丢失难于出版为憾。1956年，院系调整时，先生被调到北京师范大学数学系任一级教授，后调中国科学院科学出版社任总编辑，因需审阅俄文译稿，先生以70高龄又学通俄文。"文化大革命"中，何师母先逝，先生后被迫迁。独居一室，逝世时家人不知，时1973年秋，享年80岁。

夫子早岁参加同盟会，在国共两次合作期间，做了不少有益人民的事；当国民党转向反动，挑起内战，又愤激反对，并幸免于难。新中国成立，参加民革，任全国政协委员，对共产主义是科学社会主义有中肯的认识。先生高风亮节，在老一辈数学家中是政治水平最高者之一。

先生在学术方面知识面广，兼通数学、物理，并有识见，主张走普恩加莱数学物理的道路。不仅讲学简要剔透，而且指导有方，寥寥数语，每每使人终生享用不尽。诗书超逸，能与国学大师门人唱和。通多国语言，能阅读并口语。凡此种种，在科学界亦所少见。

先生数度舍资购书，捐赠备读，对后辈的教诲、关怀、提携无微不至，将永为师表，为此敬撰此传，以资后人他山之石。

（原载于《中国现代数学家传》第二卷，第43~60页，江苏教育出版社，1995年）

撰写人：高希尧（西安文理学院（原校名：西安联合大学）师范学院）

魏时珍

魏时珍（1895—1992），名嗣銮。主要从事数学物理、偏微分方程研究及数学教育工作。1895年11月25日诞生于四川省蓬安县。1912年成都府中学堂毕业。1913年就学于同济医工学院（即今同济大学前身）。1918年毕业于该校电机科预科，并应聘留校任德语教员。1920年赴德国，1922年进入哥廷根大学，1925年获得博士学位，成为四川第一个获得博士学位的数学家。1926年学成归国，在上海任同济大学教授。1928年春，受聘为成都大学教授，兼教成都高等师范学校。同

时，由蔡元培任董事长的中华教育文化基金会董事会聘请他任二校的特聘教授（当时又称为"中华基金会"特聘教授）。魏时珍是成都大学理学院和数学系的创建人。1940年创办川康农工学院，任院长。1947年秋，国立成都理学院成立，任院长。1950年以后任四川大学教授。1986—1992年担任四川省政协委员。1992年6月8日在成都病逝。

魏时珍是中国应用数学界的元老，也是最早向国内介绍爱因斯坦相对论的学者之一。

一、少年时代

魏时珍，名嗣銮，字时珍。1895年生于四川省蓬安县。祖父魏鼎，字宝珊，前清举人。有五子。长子和次子皆前清秀才。四子锡远，字赐全，娶妻雷氏，在家乡经商。时珍便是锡远的长子。

祖父宝珊公是一位饱学之士，曾任大足县教谕、蓬安玉环书院山长（当时

对书院负责人的称谓)、成都锦江书院教习(即教师)。60岁归隐后回到蓬安县周口镇家居,每日但著述、课教诸孙而已。诸孙中,他尤钟爱时珍和长孙东渤。认为此二孙品质颇优,孺子可教。又因孙辈多,虑日后冻馁。故择此二孙严加督教,冀其将来有成,可以照顾他们的弟妹。

大致从6岁那年(1901)起,小时珍就在祖父的督导下开始了日复一日的课读。常常是黎明即起,读熟后,再到祖父榻前背诵;早饭后习字,习字后复读,午饭后亦然。时珍当时读过的书,有四书五经的若干篇、祖父自著的《个人修身》《兵学地理》以及购自上海的《地球韵言》等。每日苦读,时珍深以背诵为苦,但他对祖父的钟爱和期望颇能理解,所以读书相当专心。

闲暇时,时珍也和小伙伴一道嬉闹玩乐,上山打鸟,下河洗澡,乃至弄坏附近的神像土偶,不免受到长辈斥责。不过,时珍从不惹是生非,从不与人斗殴争吵,也从不逃学。在诸孙中,算是比较听话的。

祖父是第一位对魏时珍有终身影响的人。他对祖父的回忆甚多,最典型的有两件事。第一件是戊戌变法后,废科举,立学校。素工八股的祖父自悔盛年时未能从事科学,有所建树。一日,命时珍等孙辈数人将科举需用的书籍一火而焚之。后又购回严复译著及梁启超等人的著作,昼夜批读浏览,择其宜者授教诸孙。另一件事是甲午战败之际,外患频仍,祖父愤慨万端,日不能忘。一语及国事,辄老泪纵横,泣不能止。这两件事,是真情的流露,是远比说教深刻的身教,在时珍幼小心灵里播下了科学与爱国的种子。

时珍的父亲是一个善良而耿直的商人,55岁那年因小人诬告被县吏拘押,数日后方无罪开释。在那个时代,公正的士绅视出入县衙或受传讯为莫大的耻辱。父亲因之引为大恨,愧愤而病殁。后来,时珍认为,父亲饮恨而死"似犹未知尊严之存忘,在己而不在人也"。乃引以为教训,这或许是魏时珍一生颇能经受风浪的一个原因。

1908年,刚13岁的魏时珍辞别了祖父和双亲,与两位堂兄一道赴成都求学。成都是当时中国西南的政治文化中心,人文荟萃。魏时珍考入的成都高等学堂分设中学是一所著名学校(今"中华名校",石室中学前身),师资和经费均较他校为优。当时成都的名流,如刘士志、王铭新、杨沧白、刘咸荣等,先后在该校任教。他们热心提倡新学,教导学生要"薄于自奉""勇于治学"。魏时珍的同班同学中,有李劼人、王光祈、曾琦、周太玄、郭沫若、赵子章、蒙文通、胡少襄等,皆少年英才。后来,他们有的成了文学家,有的成了史学家、科学家、社会活动家,名噪一时。魏时珍与胡少襄则成了数学家。

1910年分设中学与成都府中学堂合并,1912年魏时珍自府中毕业。四年的中学生活，魏时珍不单在学业上有了长足的进步，而且涉猎了更深更广的知识，受到了新文化、新思想的熏陶。尤为可贵的是，他结识了一批志趣相投的朋友。时珍与光祈、劫人、太玄等人的交谊尤深，是为挚友。其中，与时珍交往最长、过从最密的是劫人。李劫人留法后 1924 年回到成都，毕生从事文学创作和教育工作。新中国成立后任成都市副市长，1962 年病故。

辛亥革命后，蜀中的热血青年激动不已，纷纷走出四川，到外面的世界去闯荡，去寻找济世的良方，去寻找属于自己的那一片天地。

1913 年，魏时珍与周太玄结伴而行，取道重庆，沿长江顺流而下，到了上海。太玄考入上海公学，时珍则进了德国宝隆医生创办的同济医工学院，即今同济大学前身。

按规定，进同济后需重读中学两年，再读工科。该校所聘的教授对数学、哲学等方面各具较高修养，利于传授现代科技知识及培养学生的科学素养。时珍在校修业极勤，除体育成绩较差外，各科皆为甲等。有时受学校指派用德语作讲演，妙语长篇，博得师生的赞扬。1918 年，魏时珍毕业于电机科预科，并应聘留校任德语教员。这五年，他在德语和数理科学方面奠定了坚实的基础。同时，对西方哲学也产生了浓厚的兴趣。

在同济期间，同班同学有宗白华、郑寿龄、谢昌璃等人。谢昌璃亦留学哥廷根大学学数学，回国后在四川大学和重庆大学等校执教。在上海，魏时珍还结识了震旦大学的学生李璜、左舜生等人，交谊颇厚。

1919 年 7 月 1 日，由李大钊、王光祈、曾琦、周太玄等 7 人发起的少年中国学会在北京正式成立。魏时珍是最早的会员之一，毛泽东和赵世炎入会是王光祈介绍的，魏时珍和宗白华则推荐过浦东中学的学生张闻天和沈泽民等人入会。蔡元培曾说过："这个学会是以网罗天下人才著称的。"事实上，它的会员中有不少人后来成了著名的共产党人或著名学者，也有的成为国家主义者。魏时珍是不赞成学会介入政治的，加上少年中国学会规定，其会员必须选择一种学科作为自己奋斗的目标。于是，魏时珍选择了数学、物理和哲学。

少年魏时珍长大了，他将怀着自己的奋斗目标踏上新的旅途。

一九一九年八月少年中國學會上海同人歡送曾琦羅益增赴法留影；
前排左起：康白情、左舜生、曾琦、陳劍儕、魏嗣鑾，
後排左起：周炳琳、沈怡、羅益增、宗白華、趙曾儔、張夢九。

二、哥廷根，数学、物理、哲学

1920 年 4 月 1 日，魏时珍与王光祈一道，登上了法国宝来加邮船渡海西去，前往德国求学。光祈经济拮据，好在时珍在同济教德语期间积攒了数百银圆，勉强可够二人的旅资。他们乘的是条件极差的四等舱。船抵吉布提时，时珍寄回一信中言："海上情形，恶足言哉，四等舱污秽霉烂，仰则烟雾涨天，俯则弃屑狼藉……终日之间，痛苦而已。""为弱国民，乘四等舱，履他邦土，触处皆令人生愤耳，有何可言者也！"5 月 6 日船抵马赛。次日，时珍与光祈到达巴黎，见到了先期赴法留学的李劼人、周太玄、何鲁之和李璜。李璜回忆说："是时，我同劼人、鲁之、太玄寓于巴黎近郊一破落户旧日放马车之室中，在车站迎候光祈、时珍来。入室，光祈笑呼：'拿肉来吃。'""四等舱三十六日，所食系头、二等厨中弃而不用之肉屑，且不能多。故时珍非吃清炖肥牛肉不可。我买甚肥之牛肉不能得，乞得屠户将卖作化学工业用之牛油一小团，交劼人、太玄如其法炖之……"

6 月 1 日，魏、王二人到了德国法兰克福。随后，入法兰克福大学。这段时间，他们白天学习，每晚由时珍口译德文报刊，光祈笔记整理成文，寄回国内有关报刊，以通信稿费维持生活。后来，王光祈研究音乐，成了第一个在国外获音乐博士的中国人（1934）。时珍则于 1922 年进了哥廷根大学。

当时，哥廷根是世界数学的中心。数学泰斗克莱因（Klein）和希尔伯特

（Hilbert），以及柯朗（Courant）、魏尔（Weyl）等名家都聚集在这里。哥廷根的科学传统之一，是特别强调数学与物理的有机统一。大学里有座高斯（Gauss）和韦伯（Weber）的纪念碑，一个是数学家，一个是物理学家，这一传统就是由他们开创的。20 世纪 20 年代，爱因斯坦的挚友、曾获诺贝尔奖的物理学家玻恩（Born），康德派哲学家列尔松（Nelson）都在哥廷根执教。这样的学术环境，非常适合魏时珍的志趣。1922 年 2 月，他在为《少年中国》撰写的一篇文章中曾写道："我自来喜欢将数学、物理、哲学三者，混成一道讨论。我的意思，以为单习数学，往往偏于太玄，单习物理，往往偏于太实，单习哲学，往往偏于太空。若是将它们三者糅成一气来研究，那么，玄者不至于太玄，实者不至于太实，空者不至于太空。而且从玄之中可以见其精，从实之中可以见其理，从空之中可以见其用……"这段话道出了魏时珍的志向和观点。显然，要将三者糅成一气，必须掌握三者的精要。魏时珍在哥廷根的学习便是这样安排的。

哥廷根大学学术自由，学生可以任意选课。魏时珍围绕数学、物理和哲学系统学习了多门课程，他听过希尔伯特、柯朗、玻恩、列尔松等教授的课。这样一来，魏时珍的学习任务实际上三倍于其他留学生。时珍虽善于学习且苦读成癖，仍然感到非常吃力。他回忆说："在哥廷根大学，学习的课业很重，经常学到深夜。一次大考前患了重病，熬着应考，痛苦极了。当时产生一种不如一死了之的想法，但是终于还是熬过来了。"

魏时珍的主攻方向还是数学。1925 年 3 月 4 日，他的博士论文"在均匀分布的压力下，四周固定的矩形平板所呈现的情况（Über die eigespannte rechtechige Platte mit gleichma β ig vertechige Belastung, Göttingen）"通过答辩，主持人是他的导师柯朗教授。这个问题的数学模型是一个 4 阶重调和方程，魏时珍用在当时还相当新的变分直接法讨论相应泛函的极值，还给出了数值结果。1925 年 11 月 13 日，哥廷根大学正式授予魏时珍博士学位。这个时间比中国第一个数学博士胡明复获学位的时间（1917 年）晚 8 年。魏时珍是中国第五个获得数学博士的学者，在他之前的另三位是姜立夫（1918）、黄颌拴（1922）、余大维（1922）。

关于魏时珍的博士论文，还有一段轶事。该文送评时，某些评审专家不相信用如此流利规范的德文撰写的论文是由一个中国留学生独立完成的。后来，还是柯朗提供了佐证，才消除了这一团疑云。

旅德期间，魏时珍念念不忘祖国，他不停地向《少年中国》等刊物撰文，介绍最新的科学文化知识。

魏时珍是最早向国内介绍相对论的学者之一。1921年起，魏时珍在《少年中国》上共发表了6篇介绍相对论的文章。狭义相对论与广义相对论分别创始于1905年和1915年。其理论精密深奥，能掌握且深入浅出地向国人介绍，殊为不易。在由魏时珍自编的《少年中国》三卷七期"相对论专号"首页，载有魏嗣銮（即魏时珍）和爱因斯坦往来的书信，史料珍贵，直录如下：

1921年8月25日魏嗣銮寄安斯坦（即爱因斯坦）的信：

很可尊敬的大学教授博士先生安斯坦！你的相对论，他（原文如此——编者）在中国，也很惹起一般人的注意。有许多学会或团体，他们都发出专号，来讨论这个问题。譬如少年中国学会，他就是那些学术团体中的一个。现在他的会员，也很想将他们研究的心得，在他们的月刊上发刊。他们很重视这件事，所以他们特请你给他们一个许可，而且，假如你愿意，更请你给他们一张相片。

你很服从的魏嗣銮

1921年9月5日安斯坦的回信：

很可尊敬的数理科大学生先生魏嗣銮！你的信，我已收到了，我很感谢你，你们要出相对论的专号，我对于这件事，异常喜欢，而且，我很愿意给你们的许可。我的相片，是夹在信中的，请你们收纳。

你很恭敬的安斯坦

魏时珍还是最早沟通当时世界数学中心的哥廷根学派与中国数学界联系的学者。魏时珍是最早来到哥廷根大学学习数学的中国留学生。稍后来此的，有汤璪真、谢苍璃、朱公谨、曾炯之等人。朱公谨是魏时珍推荐给柯朗的，由朱公谨翻译的《柯氏微积分》，在20世纪四五十年代是我国数学界无人不知的名著。在1926年上海《醒狮周报》的科学特刊上，连载有魏时珍撰写的介绍哥廷根学派的多篇文章，如"康德与非欧基里德几何""数学与物理"等。这些文章对当时尚处研究前沿的数学知识介绍颇多。例如，文中介绍的三类偏微分方程，在今天的数理方程教材中，也还是要讲授的重要内容。文中还介绍了积分方程，以及在近代物理学中有重要作用的各种微分方程，并对这些数学知识的物理背景及二者之间的联系有精辟的论述。1936年，商务印书馆还出版过魏时珍的专著《偏微分方程式论》（上册）。所以，魏时珍也是我国偏微分方程界的元老。

魏时珍在哲学上的精进也引人注目。他是批判主义哲学大师列尔松的信徒及亲密伙伴之一，著述甚多，被称为中国新康德主义的代表人物。列尔松其人与数学界渊源颇深。他比希尔伯特小20岁，二人交往多年，经常在一起深入讨论数学、哲学和逻辑交汇处的知识。魏时珍在这方面的兴趣与列尔松相似，这也许是他崇拜列尔松的另一个原因。还值得一提的是，魏时珍奉康德的名言"凡是真实的不必都要说，而你所说的却必须都是真实的"为座右铭，从不说假话。

此外，魏时珍在中德文化交流方面做过不少工作。1921年，他和王光祈、宗白华等人发起组织了留德学生"中德文化研究会"，其宗旨是促进中西文化的交流，促进中德两国民族的同情和了解。

在哥廷根，魏时珍是中国留学生会会长。1923年5月，朱德和同盟会老会员孙炳文来到哥廷根。魏时珍特意组织了一个欢迎仪式，并且很热心地担任了他们的德文教师。朱德戎马倥偬，从未学过德语。他们从德文字母学起，师生双方都吃力，又都认真。魏时珍还记得，他们选用的教材是布哈林的《共产主义ABC》和《共产党宣言》。"文化大革命"后，当年那本德文版的《共产党宣言》劫后幸存，于1978年捐赠给中国革命博物馆。

1923年，同济留德校友宁誉（前排右2）、谢苍璃、魏嗣銮（前排右5）等同朱德（前排右3）留影于德国

三、成都，办学之路漫漫

1926年春，魏时珍学成归国，在上海任同济大学教授。

这时，成都的大学教育正酝酿着重大改革。有识之士认为，四川急需办一所完整的综合大学，应在四川高等学校的基础上创办四川大学。1926 年底，国立成都大学正式成立。教育家张澜出任校长，他认为，成都大学"名称虽稍有变更，而实则与四川大学无异"。张澜主持成大后，锐意改革，认为蜀中不乏专长文史的国学名家，唯缺少在新兴自然科学和数理基础科学方面学识丰富的专家。他求贤若渴，托人致意，期望魏时珍能到成大执教，为桑梓服务。1927 年 12 月，魏时珍回到成都，次年春，受聘为成大教授，兼教成都高等师范学校。同时，由蔡元培任董事长的中华教育文化基金会董事会以优厚待遇聘请他任二校的特聘教授（当时又称为"中华基金会"特聘教授），为期 6 年。在成大，获此殊荣的共 4 位教授，时珍的老友、生物学家周太玄也在其中。

魏时珍到任后，立即负担起创建理学院和数学系的重任。他多方延揽人才，并通知正在里昂大学留学的中学同窗胡少襄，请胡回国襄助。1928 年，魏时珍出任国立成都大学理学院院长兼数学系主任。次年，胡少襄接任数学系主任。不久，留学哥廷根的谢昌璪也回到成都，并于 1934 年接任数学系主任。1931 年国立四川大学成立，数学系的师资阵容虽有扩大，主力还是成大的一批教师。

可以说，魏时珍在四川的主要贡献之一是开创了大学的近代数学教育，延揽人才，进而形成了良好的学术环境。四川大学数学系也因魏时珍等一批开创者的营建而成为发展四川数学事业的生长点。20 世纪 30 年代中期起，一批成就卓著的数学家，如柯召、张世勋（鼎铭）、曾远荣、李华宗、李国平、吴大任、杨季固（宗磐）等人相继来到川大，形成一支较强的学术队伍。他们的教学与科研工作显著地提高了川大的数学水平，对形成川大的数学研究特色起了重要作用。

在教学上，数学系从创建起就很注意向学生介绍近代数学的知识。有些选修课不仅很有特色，而且还是国内最早或较早开出的。例如，在 20 世纪 30 年代至 40 年代开出的课程有相对论、数论、群论、积分方程、变分法、实变函数、黎曼几何等。魏时珍讲授的课程有相对论、变分法、偏微分方程，以及物理力学方面的课程。

关于大学教育，魏时珍主张专业设置不宜过细，文、理科亦当互相渗透，应扩大学生知识面，给学生以"复合维生素"，以利成长。他任川大理学院院长期间，即建议理学院各系要开设文、史课程，文、法学院各系要开设自然科学通论。后来他担任成都理学院院长时，仍坚持这一原则。

1932 年中国物理学会成立，魏时珍于次年入会，是该会在四川最早的会员。1935 年中国数学会成立，魏时珍当选为理事，并任《数学杂志》编委。

1935 年，化学家和教育家任鸿隽出任川大校长。任鸿隽曾做过孙中山的秘书，后来，又和胡适等人共同筹建北京图书馆，协助蔡元培筹建中央研究院，报界称他为"不可多得的学者"。任氏入长川大后，为改变川大风气闭塞、教学手段落后的状况，大刀阔斧地实施了一系列改革措施。例如，他重视师资队伍的建设，到任后即解聘了 40 多位水平较低的教授，四处招聘了一批优秀的名流教授。他在推行教学改革、提高教学质量、活跃学术空气、发展学术社团方面，都有相当的革新。

但是，任鸿隽解聘教授一事，招致了一些人的不满，后又因言论开罪了地方势力。这些人怂恿笔名"乡巴佬"的文痞，在小报上对任氏进行了一连串的中伤。这使任鸿隽十分愤慨。魏时珍等人很支持任鸿隽，李劼人曾劝任说："那个记者'乡巴佬'，是他们豢养的一只狗，你犯不着和他们理论。"后来，任鸿隽还是受不了地方保守势力的欺压和排挤，于 1937 年愤而辞职，挂冠而去。魏时珍参加了川大 76 名教授职员的联名挽留而不成。这事使他感受到办学与改革的艰辛。也许，魏时珍便在这时萌生了由他自己来办学的念头。

1938 年，魏时珍回川已 10 个年头。他的工作卓有成效，川大数学系也已初具规模。就在这年，川大又因校长易人，引起了一场轩然大波。当年 12 月，教育部长陈立夫委派其亲信程天放接掌川大。程天放曾任驻德大使，其人崇拜法西斯主义，素为学界及外交界所不齿，自然地也遭到川大师生的反对。魏时珍以理学院院长的身份，与文、农、法三院院长朱光潜、董时进、曾先宇联名，率先发起抵制。几经周折，抵制失败。1939 年初，魏时珍与朱光潜、董时进、胡少襄、周太玄、林如稷等教授愤然离开川大。

"拒程风波"在舆论界反响甚大。1939 年冬，蒋介石指示张群告知魏时珍，速由李璜陪同，到重庆晤谈有关事宜。魏时珍和李璜到重庆后，由陈布雷引见，谈话两次，要点如下：

第一次接见：

蒋："魏先生有何工作志愿？"

"我想办学。"魏时珍回答说。其实。他早就有办学的打算了。

蒋："魏先生是否愿意回川大主持理学院？"

魏时珍以主张学人办学为由，婉辞谢绝。

蒋："那么，魏先生想办什么样的学校呢？"

魏："期望办一所建设学院，为抗日大后方的川康地方经济建设培养人才……"

蒋介石听取情况后，允隔日再度商议。

第二次接见。蒋介石同意由魏时珍主持筹办川康农工学院，并提出由张群、卢作孚、邓锡侯、刘文辉、李璜、魏时珍等13位川康领导人和社会名流组成董事会，张群任董事长。学院名义上私立，实质上由蒋介石饬令国民政府兵工署，每年按期拨款资助川康地方办学。

川康农工学院于1940年秋招收第一届学生，设应用化学、农垦和工商管理系。魏时珍认为："川康富产药材和食盐，因设置应用化学系，以研究提炼药材及利用食盐。川康荒地甚多，或便于畜牧，或便于农作，因设置农垦系，以研究垦殖技术。抗战胜利之后，经济事业的发展必十百倍于今日，故又设置工商管理系，造就工商管理人才以应时代之需要。"这种立足为地方经济建设服务的办学思想，即使在今天来看，无疑也是很有见解的。

学院聘请的教师，多为具有真才实学的学者，如著名的土壤专家侯光炯等。教学中，以义理与技能并重。这些精心安排造就了不少优秀人才。

川康农工学院创立不久，因通货膨胀，办学经费日渐支绌。1945年抗战胜利后国民政府返迁南京，兵工署经费不继，魏时珍多方奔走，争取社会各方面的支持，甚至向友人借贷应急，艰难地维持着学院的运转。这当然不是长久之计。这时的教育部部长朱家骅是魏时珍留德的旧友，愿意帮助他把学院改为国立，但建议改为理工学院。魏时珍别无良策，川康农工学院遂于1946年停办。1947年秋，国立成都理学院成立，教育部部长朱家骅聘任魏时珍为院长。

成都理学院规模不大，仅招过数学、化学两系新生，学生不足百人。从1947年秋到1950年初并入川大，时间不足三年，尚无毕业生，可谓昙花一现。该院对学生要求高，师资也不错。后来，这批同学在学术上都有一定成就，有的还当上了学部委员。

魏时珍回国二十多年来，为教育事业辛勤劳动，育人无数。国内外许多著名的专家学者，如数学界的程毓淮、蒋硕民、程其襄等，皆其中佼佼者。

这里有必要介绍一下与魏时珍办学亲密合作的、鲜为人知的数学教育家胡少襄。他本名胡助，字少襄，1894年2月生于四川青神县，是魏时珍的中学同班同学。后来留法习数学，在里昂大学获硕士学位，曾获该校数学荣誉奖。少襄与时珍交谊甚厚，时珍回川办学时，首先想到邀请的就是他。为了报效桑梓，胡少襄没有继续学业，旋即回到成都，协助时珍开创成都的大学数学教育。1929年至1949年，他与时珍风雨同舟，共进共退，担任过成大和川大的教授兼系主任。1940年任川康农工学院教务长，兼授高等数学。1947年任成都理学院教务长兼数学系主任。胡少襄办事认真，治学严格，素为学生敬畏。

任川大数学系主任时，对学生的学习纪律管理甚严。主持农工学院教务时，坚决主张严格考试制度，每次考试必亲临各班视察。他常说："学院可以不办，教学不能草率。贻误青年，我辈何以面对社会！"这种甘当助手，不求闻达，献身教育的精神令人敬仰。1950年暑期，胡少襄离开川大到北京工学院（今北京工业大学）任教，于1977年6月病故。

客观地讲，魏时珍是一位爱国的知识分子，主张以教育、科学强国，政治观点上有明显的和平主义倾向。他无意卷入政治漩涡，也无心仕途。

1927年魏时珍刚回国时，发生了震惊中外的"四一二"事件，这使他很惶惑。在那年他给列尔松的一封信中写道："4月份，中国革命发生了很大的转变，国民党这时突然向共产党开火。这一巨变意味着，国民党和共产党为中国革命的领导权问题在政治上的斗争和旧中国封建意识同现代唯物主义的文化斗争，以及孔孟思想同列宁主义的斗争……""这让我非常失望，我看不到振兴中国之路……"

1928年李璜邀请他参加青年党时，他虽允诺，亦坦诚地向李表示，说他"愿以毕生精力从事科学教育事业，无意过多涉入党派政治。因此，参加青年党也只能当个'票友'而已"。20世纪30年代，他发表过宣传马克思主义哲学的文章。40年代，他反对国民党的特务政治，支持民主救国运动，参加过张澜等人发起的"成都市民主宪政促进会"，但又主张"温和的社会主义"等。

邓锡侯任四川省主席时，曾邀请魏时珍出任教育厅长。1948年南京政府也曾安排他担任教育部长，均遭谢绝。当时任川大数学系主任的曾远荣，对此举很赞赏。曾远荣说："魏先生是够资格的教育家，高官送到手而不做，实在难能可贵。"

1949年成都解放前夕，国民党要员朱家骅与杭立武来成都，专程拜访魏时珍，动员他去台湾，并准备好了飞机票。魏时珍难舍他亲手建立起来的学院。他说："我是不走的，都是中国人，有什么可怕呢！"他心胸坦然，对新社会有一种美好的憧憬。1949年12月，魏时珍和全院师生一道，迎来了解放。次年春，成都理学院并入四川大学。

四、教坛，那一片云是我的天

新中国成立初期，成都理学院不少师生向进驻该院的军代表反映："魏院长是一位热心从事教育和科研工作的学者，学识水平高，为人作风严谨正派，他不是官僚政客，更无政治劣迹……"但是，魏时珍当过青年党的中央委员、国大代表，与国民党上层人士颇有交往，自然要受到审查。

1951年1月25日，魏时珍进入成都南较场"政训班"学习。知识界的朋友对他的处境甚为关切，正在北京的胡少襄（即胡助）闻讯后立即函告已任中华人民共和国副主席的张澜老先生。张澜十分不安，次日亲笔具函周恩来总理：

恩来先生：昨接成都友人胡助来信称，魏时珍于一月间忽奉命往南较场集体学习，与匪特等受同一待遇等语。魏时珍为川北蓬安县人，曾留学德国学物理。澜主持成都大学时聘任教授，后继续主办农工学院及国立理学院。虽早加入青年党，从不过问政治，品端学优，澜所素悉。拟请先生电告成都行政当局，如魏时珍无其他大罪过，可令来京进革命大学研究学习，以示容纳智识份子，并加深其学习。特陈致敬礼。

总理接信后，立即通知川西行政当局："魏时珍的问题，要调查事实，慎重处理。"是年6月24日，魏时珍出政训班返家，8月受聘为四川大学数学系教授，重返教坛。

说起来，周恩来是知道魏时珍其人的。1945年毛泽东赴重庆谈判时，广泛地会见过各界名流。毛泽东和周恩来有一次范围不大的宴请，魏也应邀在座。后来，他们还有几次联系。有趣的是，魏时珍意外发现，当时负责联络的共产党工作人员徐冰，竟是他早年学生。徐冰后来担任过中共中央统战部长，对魏时珍的情况也相当了解。

张澜对魏时珍知之甚深，评价也恰如其分。事实上，在历次政治运动中，从未发现魏时珍的政治劣迹。倒是时有他在国民党时代救助过的进步学生，或本人，或托其子女，前来看望当年的老师。魏时珍自己从不谈他帮助过什么人，他认为是分内事。"文化大革命"后才听他说过，他任成都理学院院长时，发现有学生因参加反国民党的活动有被捕的危险，便立即通知他们离校躲避，他的学生没有一个被捕过。

1951年至1966年，魏时珍不再担任任何职务，他把主要精力投入教学工作中。这使我们有机会较细致地研究这位学者的教学风格和教育思想。

20世纪50年代至60年代，四川大学数学系的教授中，魏时珍、赵淞、柯召、胡坤陞、蒲保明、周雪鸥等人的讲课都相当出色。他们或条分缕析、论证严谨，或旁征博引、思路开阔，或文辞生动、富于启迪，特色各异。魏时珍的教学，则以深入浅出、清晰流畅，且富于哲理见长，具有浓厚的哥廷根学派的色彩。

就阐述教学内容来说，魏时珍以条理清晰见长，尤其善于从十分复杂的公式推演中厘出思路。他用词考究，说话很慢，没有题外话。论述简洁明白，学生听起来并不费力。板书也十分规范，记下来就是一份完整的讲稿。

就发掘数学思想来说，魏时珍的讲授则有很强的哲理性。他有时也用故事做比喻，或讲一点名人轶事，那都是寓意颇深的。一次，他讲到数学物理中的变分直接法时，用了哥伦布与人打赌，说他能把鸡蛋竖着立起的故事。哥伦布把蛋壳敲破，自然就把蛋竖立起来了。用这样的趣闻来比喻数学中近似方法产生的思维背景，与今天人们谈论的"打破现状的思维"，其理相同。

魏时珍注重科学的整体性，一贯主张数学与物理学的有机结合。讲微分方程时要把各类方程的物理背景交代清楚，讲相对论时必先给出严格的数学论证。他总是在数学推演之后道出数学理论的物理含义，然后站在哲学的高度予以概括。让学生了解，他谈的不仅仅是一些具体的数学或物理的知识，而是一门完整的学科概貌。

在教育上，魏时珍主张先直观而后理论、二者相结合的教学。这里，我们不妨直接引用他在1970年写的两段话：

我以为改革教育极应注意者。一，教育儿童时，应注重直观，而以抽象的理论留待将来。二，儿童至十一二岁时，应学一种手艺，如做花，制造模型及简单仪器，安装电灯及收音机等。这些工作，皆轻易可为，即使不通其理论，亦能做好。然对于将来学习理论时，则帮助尤大。安因斯坦与莫斯可胡斯基（Moskowski）谈教育时，亦曾以此为言。

一九五几年，我在四川大学数学系讲授理论力学。当我讲到动量保恒时，我向学生说："可惜了，我在工厂里工作的时间太少。对于动量保恒，我虽知其理，不习其事。反之，一个没有受过理论训练的工人，他虽习其事，而又不知其理。两者都有缺陷。如果我在工厂里曾工作多年，我对于理论力学的了解，将更深透些。"学生听了，有些人发笑，以为我说的是笑话，或者是客气话。于是我又说："我适才说的，是我的真心话，不是说来开玩笑的。"学生听了，方才变嬉笑为庄重。这是我在教学中一件很有趣和有益的经验。

课堂上，魏时珍也闹些笑话。他常常在讲课时突然停顿，闭目考虑片刻再继续往下讲。那是因为他习惯了使用德语，一时不知如何用中文准确表述之故。魏时珍对学生的态度十分和蔼，答疑非常认真。有一次，一学生在路上见到他，便请教了一个问题。数日之后，魏时珍请人送去一封长信，内有用工整的小楷写的长达十余页的详尽解答。用书面答疑，也是魏时珍的风格，受惠者颇多。

截至"文化大革命",魏时珍在川大讲授过高等数学、理论力学、数理方程、积分方程、变分法、相对论、位势理论、特征线论等课。这些课的教材大都是他自编的。

这段时期,魏时珍指导过多位青年教师。1956年招收过两位副博士研究生。1958年,科学出版社出版了他的译著《变分法》,原作者是柏恩哈德·鲍莱(Bornhard Baule)。

五、最爱图书消岁月,尚余肝胆近贤豪

1966年,"文化大革命"的狂飙乍起,魏时珍自然是"横扫"的对象。一连串的磨难,对于年已七旬的老人,其状可想而知。在那一阵子浩劫中,他的老同学周太玄、蒙文通相继去世。"花开花落两由之","死生一也",由它去吧!"文化大革命"初的那几年,他便这么熬过去了。

魏时珍是因为过去名气太大,经历复杂,又做过青年党的中央委员,所以每次运动都在劫难逃,挨斗的次数特别多。有一次,他和一些人被弄到大礼堂旁跪着挨斗,批斗会结束后,他的双腿已经麻木,别人都走了,他却再也站不起来。这时,一个路过的女学生小心地把他扶起来,活动一阵血脉后,他才艰难地走回家去。令人感慨的是,后来魏时珍常常提到帮助他的那位女同学,却不记得挨斗的其他情景了。

1970年以后,多变的"文化大革命"风云又卷往别处。魏时珍和他的历史问题已引不起"左"派的兴趣。他返回家中,相对平稳地又过了数年。

人生犹如一叶风帆,几经风浪之后,它又悄然飘入平静的港湾。1976年"文化大革命"结束,人们迎来了改革开放的80年代。魏时珍的历史问题终于成为历史。

晚年的天空,毕竟是晴朗的。魏时珍在给友人李璜的信中写道:

神州朝阳,人间晚晴,弟实感受深切;……弟多暇,廊下展卷,庭中漫步,亦自赏心悦目,神清气爽。头上白发,不敢相欺。桑榆晚景随日好,余年不计去时多也。

生性淡泊的魏时珍,自生活恢复平静以来,他很快就恢复了昔日的习惯,常以读书自娱。每日展卷,或读一些中外典籍名著,或读一些新面世的图书,也写一些治学的心得。时有故旧门生或川大来人探访,生活颇为闲适。

人到晚年,回首往事也是生活的一部分。顺着魏时珍回忆的思绪观去,他的品格和做人的准则可见一斑。

挚友李劼人常议我："你说，你做事是出于理智，我看不然，是出于感情。"旨哉斯言，可谓了解我者矣。儿时，我在魏家老屋，见二人执一小偷，吊"鸭儿浮水"，我不忍视，匆匆离去。三十余岁时，在重庆与成都之间，见一军人命其轿夫毒打一包头（招揽雇轿生意者），包头初高声呼叫某团长饶命，继则不能成声，我亦不忍闻，急嘱远避。私叹曰：一个人，何以能残忍至此乎?！一个社会，何以让一个人能横行霸道至此乎?！……平时遇此类事不少，无不使我痛苦。孟子尝云："恻隐之心，人皆有之"，而此辈独无恻隐之心，何哉？

劼人与我，最有交情，老来益笃。他的儿子在川大读书，为国民党特务所追捕，我嘱其在我家隐匿，至五月之久。先是劼人曾请人为之庇护……被婉拒。劼人语我，我慨然曰："大穷乃见节义，焉有见友人之子遭难而不一援乎者！若果，尚得为朋友乎？"……当其子在我家隐匿时，我时思虑，设其事为特务所知，至逮捕而去，我是青年党人，别人岂不疑我出卖?！……因包庇而得罪特务，其事小，因被逮而为人所不谅，其事大。为政治而遭迫害，其事小，为挚友所怀疑，其事大。……我貌虽镇静如常，而内心未尝不惴惴也。

退休后，魏时珍也做一些力所能及、有益社会的事。他多次为赴德留学的青年人写推荐信，为研究党史、现代史和科技史的来访者提供史料。1986 年，魏时珍被选为四川省政协委员，也参加一些社会活动。

魏时珍与数学界的联系也逐渐增多。1981 年，项武义教授来蓉，他受美国柯朗数学研究所所长汉斯·列维（Hans Lewy）之托，拜会了魏时珍。次年5 月，汉斯·列维应邀来川大讲学。汉斯·列维是魏时珍在哥廷根的老同学，20 世纪 40 年代曾在川大讲学，1980 年他将自己的千余册书刊赠川大图书馆。1982 年 5 月 1 日汉斯·列维到达那天，魏时珍亲去机场迎接，阔别 40 多年，二人都已年近九旬，感慨良多。这年 8 月，魏时珍早年的学生，加州大学数学教授程毓淮回国讲学，专程到成都来看望当年的老师。1985 年，汉斯·列维再次来成都讲学并看望老友。1986 年陈省身来成都时，与曾任川大教授的吴大任、陈鹜夫妇一道，登门看望了这位中国数学界最年长的学者。

1984 年 3 月，魏时珍收到哥廷根大学寄来的金禧证书。按该校传统，对获得博士学位 50 年后仍健在者，颁发此金禧证书。但由于信息长期阻塞，校方不知道魏时珍仍健在，所以在这份迟发了 8 年之久的证书上，不得不改为祝贺魏嗣銮荣获该校博士学位 58 周年。该校数学系主任赫宁（H. Hering）致信祝贺，同时还为迟发证书表示歉意。信中特别提到："黄金岁月虽已逝去，但今日之哥廷根的数学已经复苏，并重居世界先进行列。我们又接受了许多外国学者，其中也有一些来自中华人民共和国的优秀大学生……"这一席话颇令老人欣慰。

1985 年，魏时珍夫妇与汉斯·列维

　　1985 年，四川大学、四川省数学会和物理学会等联合举行"魏时珍先生执教 60 周年暨 90 寿辰庆祝会"。成都数学、物理学界的专家学者纷纷到会祝贺。会上，中国数学会名誉理事长、学部委员柯召教授高度评价了魏老的爱国主义精神和他对中国教育科学事业的贡献。四川省政协主席、书法家杨超送上手书赠词："格在梅之上，品在竹之间。"对魏老的品格赞誉有加。

　　魏时珍面世的最后一篇著作是《孔子论》，成于 1977 年，时年 82 岁。书中对孔子的哲学观、道德观、政见和教育思想作了十分中肯的评价，以批驳"文化大革命"中"批孔"的种种诬枉。

　　魏时珍做最后一次学术报告时已 93 岁。那是 1989 年 8 月，中国物理学会、中国科学史学会等在成都联合举办了一次学术会议，魏时珍应邀做学术报告，题为"我的老师，世界著名物理学家、诺贝尔奖奖金获得者玻恩教授的治学思想"。报告中特别强调哲学思维在自然科学基础研究中的作用，以及科学家的社会责任等。这个报告，也是魏时珍关于人文思想、人文价值的自我剖白。

1990 年 9 月 1 日，魏时珍夫人何书芬逝世。何书芬的哥哥何鲁之是魏时珍的好友，留法学者，川大历史教授。1928 年魏时珍与何书芬结婚，他们共同生活了 62 年，琴瑟和谐，相依相伴。夫人的去世令魏时珍伤痛不已。

1992 年 6 月 8 日，魏时珍病故，时年 97 岁。6 月 14 日，泽慨巴蜀千里沃野的都江堰，洁白的鲜花陪伴着老人的骨灰，洒向岷江的滔滔江流，随波远去。是日，送别者甚众。

本文成于 1995 年 7 月，作者谨以此文纪念魏时珍先生 100 周年诞辰。

后记：四川大学姚志坚教授对本文初稿提出了不少宝贵意见，并仔细核对史实。对他的帮助，笔者谨致谢意。

《中国现代数学家传》编者注：姚志坚教授已于 1997 年元月 1 日病故。他是山西晋城人，诞生于 1916 年 11 月 9 日。1935 年入燕京大学数学系学习。抗日战争时投笔从戎，1938 年 1 月担任山西陵川县游击支队民运科长并任牺盟会晋城县临时工作委员会主席。1939 年参加著名的中条山战役负伤。后返燕大复学，1941 年毕业后留校任教。1947 年后赴四川大学任教。退休后积极支持中国数学史料的收集整理工作。

魏时珍的主要论著

[1] 魏嗣銮. 自然科学上思想的法则 [J]. 少年中国，1919，1 (5).

[2] 魏嗣銮. 空间时间今昔的比较观 [J]. 少年中国，1921，2 (9)：14-24.

[3] 魏嗣銮. 空时释体 [J]. 少年中国，1921，2 (9).

[4] 魏嗣銮. 相对论 [J]. 少年中国，1922，3 (7).

[5] 魏嗣銮. 论国内相对论著述以后的批评 [J]. 少年中国，1922，3 (7).

[6] 魏嗣銮. 摄力论 [J]. 少年中国，1922，3 (12).

[7] 魏嗣銮. Über die eigespannte rechtechige Platte mit gleichma β ig vertechige Belastung, Göttingen. 大学博士论文，1925.（中译文收入戴念祖编写的《20 世纪初叶中国物理学论文集萃》一书，湖南人民出版社，1993）

[8] 魏嗣銮. 数学与物理. 连载于上海《醒狮周报》第九一、九三、九四、九六、九九、一百号科学特刊，1926.

[9] 魏嗣銮. 康德与非欧基里德几何.《醒狮周报》科学特刊，1926.

[10] 魏嗣銮. 辩证法与唯物史观. 1931 年发表于金岳霖主编的清华大学《哲学评论》第四卷第一期，后收入张东荪编写的《唯物辩证法论战》一书，北平民友书局出版.

[11] 魏嗣銮. 偏微分方程式理论（上）[M]. 北京：商务印书馆，1936.

[12] Bornhard Baule. 变分法 [M]. 魏嗣銮，译. 北京：科学出版社，1958.

参考文献

[1] 我的回忆，魏时珍先生手稿.

[2]《魏时珍先生纪念文集》编辑组，魏时珍先生纪念文集，未正式出版资料，1993.

[3]《四川大学史稿》编审委员会. 四川大学史稿 [M]. 成都：四川大学出版社，1985.

[4] 范敬一. 献身科学　求索真知——著名数学家魏时珍教授生平简述 [J]. 成都大学学报（社会科学版），1991（2）：69-73.

（原载于《中国现代数学家传》第三卷，第 83~103 页，江苏教育出版社，1998 年，本文为修改稿）

撰写人：白苏华（四川大学数学学院）

张世勋

张世勋，字鼎铭（1900—1985）。积分方程专家。四川省阆中县河溪关人，1919 年阆中保宁府属联合中学高中毕业。1925 年北师大数理系毕业，1927 年北师大数学研究科毕业。历任沈阳东北大学理工学院代理教授，北师大和北平工业大学两校教师，成都大学（四川大学前身之一）、西北大学理学院、西北师范学院等校教授。1945 年抗战胜利后赴英国剑桥大学进修，两年后得到博士学位。1948 年底，他接受美国普林斯顿高级研究院邀请赴美做研究工作。1949 年回国后一直在四川大学任教授，直到 1985 年 9 月 10 日在成都病逝。

张世勋的研究领域是函数论、积分方程、泛函分析等，特别对积分方程有深入研究。张世勋是我国最早从事积分方程研究的学者，他关于线性积分方程的特征值与奇值二者之间关系的重要结论，被视为线性积分方程特征值理论的奠基性工作。

张世勋 1983 年加入民盟，是四川省政协第二、三、四、五届（1959—1985）常委。

一、简 历

1900 年农历 9 月 25 日（公历 1900 年 11 月 16 日），张世勋出生于四川省阆中县（今阆中市）河溪关。阆中是川北重镇，自古以来，多出名臣武将与科学、文化名人，其中最著名的是西汉天文学家、算学家落下闳。张世勋虽诞生在这个山川形胜、人杰地灵的环境中，其幼年到青年的成长道路却异常艰难。当时正值清末民初，天灾人祸频仍。张世勋家居穷乡僻壤，世代贫寒。母孙氏在嘉陵江边茅屋中卖茶水以辅家用，父张拱辰驾木船自远地运回土碗、零酒等回家摆摊零售。

张世勋1908年8岁时方入乡里新办小学启蒙。他初学算术时因不熟练而被老师用竹板打手心，以致出血溃脓。但他知发愤图强，成绩渐佳。同学们还请他帮助，并用烤红薯酬谢。一位孙姓老师见他聪颖好学，便劝张拱辰送他到阆中县城内读高小。1915年，张考入南充顺庆中学，校长为著名教育家张澜（字表方，新中国成立初期任中央人民政府副主席）。南充距阆中约300华里，张来往全是步行。三年后，父张拱辰生计无着，张世勋只好中断南充学业，再回阆中保宁府属联合中学继续读书，寄宿姐姐家中。1919年，张在家乡教小学一年，收入菲薄，全年仅得20余串小钱。但这是张世勋一生教育工作的开始。张拱辰本欲叫他学一门手艺或做小贩谋生，但张在小学时代受老师影响极大，广泛涉猎中外文史，极崇敬历代爱国诗人、民族英雄，因此少年时即视野开阔，立下大志，以天下为己任，不满足从父命了此一生。他本想考保定军官学堂，但后来读了拿破仑传，始知此一叱咤风云之人物却精通历史和数学，张亦因中学老师教学有方，对数学也产生了浓厚的兴趣。自是，张认为，欲从列强侵略的耻辱历史中寻找出路，必先发展科学，于是，张选择了数学作为他终生的事业。

1920年，张终于有机会东出夔门，北上京华。先是有旧日同学约他赴京参加"工读互助团"，可以一边劳动，一边在北京大学旁听，规定入团时出股金50元，食宿由互助团供给。张行前多方托亲友募集股金旅费，背篓内只有一条母亲打了补丁的旧棉裤和两把挂面，单身北上，千辛万苦，水陆兼程，费时月余，这时他仅20岁。他自家乡步行300余里到南充，又搭熟人的木船赴重庆，再乘江轮到汉口。铺位太贵，他只能在轮船过道上睡；由汉口再坐火车北上。到京后方知互助团已解散，于是只得住在同乡会馆内，准备次年在京考大学。他所集股金50元，经商号扣去汇费，实得45元，于是他将此款作为一年的生活费用，他每日只吃两餐，每日不超过1角钱。当时1角钱可换14或15枚铜圆，他每餐限于7个铜圆：5个铜圆半斤面条，1个铜圆买豆腐，1个铜圆买白菜和油盐，生活迫使他如此精打细算。1920年冬，北京天寒地冻，他没有火可烤，便将棉被盖在腿上，坐在床上看书，有时去北京大学图书馆看书。过春节时，他没有钱跟别人一起聚会，只能买半斤花生独自守岁。他此时只知奋力准备迎考。有个同乡见他土气，老实，断言他考不上大学。但以后，有一天夜里，这个老乡忽来敲门，说在晚报上看到北京高等师范学校录取榜上有张的名字，特地来给他贺喜。

1921年夏，张世勋考入北京高等师范学堂数理系。高师招生主要由各省选送，余额在北京报考录取，该年高师数理系共取6名，张为其中的第2名。张的刻苦顽强，终于有了回报。高师的生活条件，尤其是师资条件是张从未梦想过的，他在此得以完成了人生又一重要学习阶段。当时高师是北京8所高校中唯一的公费大学，不收学费，还供给学生食宿、讲义费，暑假还免费为学生组织消夏活动。1923年，高师改名为北京师范大学。师大有很多名师和进步人士，文科名师有鲁迅、李大钊、林励儒、白眉初等；理科有数学教授冯祖荀、王仁辅、秦汾以及稍后的傅种孙、程春台等；还有物理教授张贻惠、何育杰，化学教授张贻侗等。1925年，张世勋作为北师大数理系第13届学生毕业，一时未找到工作，接着即以第1名成绩考入本校数学研究科。时任北师大校长的张贻惠慷然每月私人资助张世勋的生活费，直至次年他在北京大同中学教书能自给时为止。张世勋对老师的培植扶掖之恩终生不忘。

1927年，张于北师大数学研究科毕业，即到沈阳东北大学理工学院做代理教授。该校靳中陵教授患肺疾呕血，张因这年在上海《学艺》杂志1月号发表两篇关于五次方程的文章，解法与靳所讲相同，故靳请张去代课。时月薪200元，于是张将张贻惠的资助费用全部奉还，又代父亲还债，并帮助胞弟读大学。不久东北发生皇姑屯事件，张又回到北京，在北师大和北平工业大学两校任教，时为1928年。

1930年，张世勋应昔日的老师、时任成都大学（四川大学前身之一）校长的张澜之邀，回川在成都大学任教，直到1936年。其间四川大学校长先后有张澜、王兆荣、任鸿隽，张世勋均为理科主要教授之一，当时数学教授还有留学德国归来的魏时珍、谢苍璃和留学法国归来的胡少襄等。1936年，张世勋与江超西（授航空力学）同被教育部聘为核定教授。

在此期间，张世勋于1931年1月回家乡阆中与同乡蒋永洁女士（成都女子实验学校毕业）结婚，旋即偕返成都。

抗日战争爆发后，北师大与其他数校合并为西北联合大学，后又分立出西北大学理学院。1939年，张世勋又应母校之聘赴陕西城固西北大学理学院任教。1941年，原北师大又脱离西北联大，改名西北师范学院，张又应聘去该院。1942年，西北师院迁往兰州，两年后，张亦由城固转赴兰州继续任教。

1945 年赴英国途经印度，张世勋（左 3）、周雪鸥（左 4）

　　1945 年，抗战胜利。张世勋由西北师院推荐、教育部派遣，到英国剑桥大学进修。是年秋他由重庆乘飞机到印度，继与傅种孙、周雪鸥等同乘海轮经红海、地中海到达英伦。张世勋在战乱忧患中独自奋斗多年，如今能到世界著名大学深造，其喜悦兴奋自不待言。但他无暇过多领略剑桥旖旎的风光和观赏战后欧洲的变化，唯对剑桥大学的图书馆情有独钟，充分利用这宁静的学术环境，埋首研究。他的导师是 Frank Smithies，著名的积分方程和数学史专家。两年后，张得到哲学博士（Ph. D）学位。

　　1948 年底，张接受美国普林斯顿高级研究院邀请赴美做研究工作。他在那里认识了不少著名的学者，如外尔（Hemann Weyl）、陈省身、华罗庚等。1949 年 6 月，他听说南京、上海已解放，又据传如果晚归国即难登祖国之岸，于是谢绝院方一再挽留而在夏天返回祖国。他回到满目疮痍的祖国后，又换上旧日长袍，为生活奔走。经他的老友、四川大学数学系教授赵淞推荐，他又到四川大学任教。这已是 1949 年底。此后，他一直在四川大学数学系任教，直到 1985 年 9 月 10 日在成都病逝。

　　如从 1927 年任东北工大代理教授算起，直至逝世，张世勋一生在大学执教 58 年；若将 1919 年在家乡教小学与 1926 年在北京教中学各一年计入，则整整有教龄 60 年。他在各大学教过很多课程，包括微积分、高等微积分、积分方程、群论、整数论、近世代数、解析数论、代数数论、变分学、复变函数论、实变函数论、高等几何学、非欧几何、微分几何学、集合论、勒裴格积分、富氏级数、抽象积分学、泛函预习学科等。

张世勋不仅在科研上卓有成就，而且为国家培养了一批数学英才，特别是为建设四川大学数学系的泛函分析学术队伍培养了一批学术骨干，因而有着特殊的贡献。

20 世纪三四十年代，张世勋同时还在成都多所中学教数学，如石室中学、南熏中学、省立成都中学、立达中学、华美女中等。

二、张世勋在积分方程研究中的贡献

（一）编著我国第一本积分方程专著——《积分方程式论》

积分方程是近代数学的一个重要分支，分线性积分方程和非线性积分方程两大类。非线性积分方程到现在还没有形成系统的一般理论，而线性积分方程的一般理论开始形成的时间是 19 世纪末到 20 世纪初。其奠基人是 V. Volterra (1896)，E. Fredholm (1903)，D. Hilbert (1912) 和 E. Schmidt (1907)。由于它在理论上和应用上都有重要的价值，这一数学分支很快就成为人们关注的热门领域。十余年后，在中国，北京大学数学系大约在 1924 年就开出了积分方程课（这是有记载的时间，实际时间可能还要早），讲授这门课的是北大数学系首任系主任冯祖荀。冯先生是张世勋的老师，是中国现代数学研究与教育的先驱。他在讲授积分方程课时，因为没有合适的教材而深感不便。

1930 年张世勋回川在成都大学任教授时，就在成都大学数学系讲授积分方程课（1930—1936），并在教学之余编著了《积分方程式论》一书，1936 年出版。冯祖荀特意为张世勋的这本著作著序，文中谈到了他在讲授该课时遇到的困难及对张世勋的鼓励与期望：

……余今归国已二十五年矣，在北京大学讲授积分方程式亦十余次矣，欲于英文中求积分方程式以供学生参考，乃二十余年除 Bocher 书外，仅得 Lovitt 一小册（250 页），且语多浮浅，其意盖为初学者而作，难以供研究生之用。不图今日于国语中得睹张子（张世勋）之书也，张子此书赅博而精密，凡定理之重要者（如 Hadamard 氏定理）必反复而证明之，触类而引申之，其中论联立方程式，尤为寻常书所缺。夫以积分方程式在算学中位置如此之重要，英美文化如彼之发达，乃二十余年间，仅见二小册，吾国科学西人称为萌芽时代，而张子乃有此皇皇巨制，是可为我国算学之前途庆也。……

1936 年，《积分方程式论》由上海开明书店出版。这是我国第一本积分方程专著，曾列入任继愈著《民国书目》第 4 卷（科学艺术类）。

（二）线性积分方程的特征值与奇值关系的重要成果

到了 20 世纪 30 年代，积分方程在国内虽然已经列入大学的课程，却没有人从事它的研究工作。那时，积分方程已经成为张世勋最主要的研究方向。所以，张世勋是我国最早从事积分方程研究工作的学者。不过，限于国内的条件，他的研究工作难以做出好的成果。直到 1946 年初他到剑桥大学进修时，才算有了潜心从事前沿研究的时机。

在剑桥大学两年中，张世勋在 Frank Smithies 的指导下从事积分方程特征值理论的研究，1948 年取得博士学位。张世勋的博士论文"线性积分方程的特征值与奇值的分布"是他取得的第一个重大的研究成果。在这之前，对线性积分方程的特征值与奇值，人们大多采取分别研究的方法，张世勋则将二者联系起来研究，并得到了刻画线性积分方程的特征值与奇值二者之间关系的重要结论。

20 世纪初，国际数学界已有多位数学名家研究过线性积分方程特征值和奇值之间的关系问题，并取得进展。例如，德国数学家舒尔（I. Schur）在 1909 年给出了三角矩阵的一个定理，建立起关于任意连续核的一个不等式；瑞典数学家卡莱曼（T. Carleman）在 1921 年将舒尔的结论推广到 Hilbert-Schmidt 核。进一步的结论是：算子理想 L 的最佳特征值类型是 L_2。这以后的 24 年间一度陷于停滞。人们一直关注着这一问题，却没有取得新的进展。张世勋的导师 F. Smithies 是关注这一问题的学者之一，他在 1937 年说："迄今，我尚不能确定当核非对称时特征值与奇值大小顺序之间的任一直接联系（I have so far been unable to establish any directe connection between the orders of magnitude of the eigenvalues and the singular values when the kernel is not symmetric）。"

在 F. Smithies 上述谈话之后 8 年，终于由张世勋打破了这一停滞。在张世勋的 1948 年的博士论文中，他用行列式方法得到 $0 < r \leqslant 2$ 的最佳特征值类型，使这一问题的研究取得重要突破。论文在 1949 年发表后，引发了一系列后继研究工作，张世勋的成果因而被视为线性积分方程特征值理论的奠基性工作。

在张世勋的论文中，给出了两个重要的定理，也引起了多位数学名家的关注。

定理 A　对于在某个集合 Δ 上平方可和的所有复值可测函数 $f(x)$ 构成的 Lebesque 空间 $L_2(\Delta)$，假设 A 是一个变换

$$Af(x) = \int_{\Delta} \varphi(x,y)f(y)\mathrm{d}y,$$

$\varphi(x,y)$ 在 $\Delta \times \Delta$ 上平方可和。设 a_1，a_2，…是 A 的特征值，α_1，α_2，…是 A 的奇值。如果级数 $\sum \alpha_i^s$ 是收敛的，s 是正整数，则级数 $\sum |a_i|^s$ 也是收敛的。

定理 B　设 $B = A_1 A_2 \cdots A_p$，其中，每一个 A_i 都是定理 A 中的 A 一样的变换。那么，如果 β_1，β_2，…是 B 的奇值，则级数 $\sum \beta_i^{2/p}$ 是收敛的。

杰出的数学家外尔（H. Weyl）也曾为特征值问题一再迷惑，他受张世勋论文的激励，给出了线性变换的两种特征值之间的一个不等式，并改进了张世勋得到的定理 A 的证明（1949）。所以，学术界将他们二人的成果并列，称为张和外尔的成果。

两年后，C. Visser 和 A. C. Zaanen 发表专文（On the eigenvalues of compact linear transformations，Indagation Mathmatics，Proc. Ned. Akad. Seris. A Vol. 55，71-78，1952），改进了张世勋的定理 B 的证明。二十多年来，樊玑（1949/50，1951）、G. Polya（1950）、A. Horn（1950）、J. P. O. Siberstein（1952）和 A. S. Markus（1964）等相继发表相关的研究成果，使这方面的研究更为深入。

从舒尔与卡莱曼的结论到张世勋的工作，再从张世勋的工作到外尔及多位数学家的一系列后继工作可以看出，张世勋的工作的确起到了承前启后的作用。因而 20 世纪 50 年代以来，国际上的积分方程专著大都收入了张世勋的工作。其中包括下列最有影响的 6 部名著：

（1）A. C. Zaanen, Linear Analysis, North Holland, 1953。

（2）R. P. Boas, Entire Functions, Academic Press，1954。

（3）N. Dunford & J. T. Schwartz, Linear Operators Ⅰ，Ⅱ，Interscience, 1958-1963。

（4）J. A. Cochran, The Analysis of Linear Integral Equations, McGraw-Hill，1972。

（5）A. Pietsch, Operator Ideals, North-Holland，1978。

（6）A. Pietsch, Eigenvalues and *s*-numbers, Cambridge Univ.

Press，1987。

在专著（5）中，介绍张世勋的成果共有 8 处。其中，有一专节的标题便是"张和外尔的成果（The Results of Chang and Weyl）"。陈省身教授于 1975 年自美国购得此书寄赠张世勋，陈省身还在书的扉页上写道："书中提到吾兄重要贡献，诚我国之光。"

在专著（6）中，A. Pietsch 对算子理想的最佳特征值类型问题的研究进程有一个系统的回顾。他列出了从 20 世纪初到 80 年代止在这一问题研究中得到的 13 项最重要的成果，张世勋和外尔的成果是第 3 项，其余作者中，有 I. Schur（1909）、A. Grothendieck（1955）、H. König（1977，1978，1980）、A. Pietsch（1963，1967，1980，1981），等等，他们都是活跃在学科前沿的世界一流的数学家。

A. Pietsch 的这部专著中，还收入了张世勋回国后的两项研究成果：1952 年的成果是对 L_2 核奇值大小的估计；1954 年的成果是得到刻画 L_2 核特征值与奇值之间关系的两个不等式。

（三）对积分方程的系统研究

所谓积分方程，是指在积分号下包含未知函数的方程式。线性积分方程具有这样的形式：

$$A(x)\varphi(x) + \int_D K(x,s)\varphi(s)\mathrm{d}s = f(x), \ x \in D$$

其中，φ 是需要求解的未知函数，A，K，f 是已知函数。A，K，f 分别称为此积分方程的系数、核和常数。

对线性积分方程的研究，首先是对它的核的各种性质的研究，包括核的因子分解问题，特征值、奇值问题，正规化问题，核的展开问题等。张世勋对这些问题都有较多的成果。除上节已介绍的成果外，这里再介绍其余几个方面。

1. 积分方程核的研究

（1）核的因子分解问题。1947 年，张世勋将关于核的因子分解的拉列斯库（T. Lalesco）的结论推广到 L_2 核，并讨论了一个 L_2 核有 n 个因子的规范分解的充分必要条件。他的结论当 $n=2$ 时的特例，就是法国数学家李希勒若维奇（A. Lichnerowicz）在 1944 年得到的结论。A. Pietsch 在文献中指出：张世勋建立了核的若干个判别准则。

（2）正规核与能正规核的研究。1954 年，张世勋得到了 L_2 核为正规核的充分必要条件，以及正规核的展开式及其积分方程解的表达式，并证明了正规核特征值的存在性，研究了正规核全系特征值 $\{\mu_n\}$ 与全系奇值 $\{\lambda_n\}$ 之间的关系，以及刻画 L_2 核奇值之间关系的两个不等式。

1956—1957 年，张世勋在能正规线性变换与 ϵ 乘数能正规核的研究中取得结果。要点包括推广能正规线性变换的定义为 ϵ 乘数能正规线性变换；推广能正规核的定义为 ϵ 乘数能正规核。在此基础上，他深入探讨了 ϵ 乘数能正规线性变换的一些特性，进而得到 ϵ 乘数能正规核的一系列结论。这里，"normalisable" 一词当时的译法是 "能正规的"，现在较多的译法是 "可正规的"。

（3）连续核与 L_2 核的若干研究。1952—1956 年，张世勋把关于连续核的 Goursat-Heywood 定理推广到 L_2 核、完备 Hilbert 空间中的线性变换和正规变换中，并证明了任一由完备 Hilbert 空间到自身的双重范数为有限且非零的正规变换特征值的存在性，其特征值的绝对值等于它的奇值。

1957 年，他推广了 Буняковский 不等式并用以得到属于 L_2 的厄米特核的展开式。他还推广了 Hilbert-Schmidt 的展开定理，得到一个新的不等式：对任一 L_2 核 $K(x,y)$，存在两个非负厄米特核 $A(x,y)$ 及 $B(x,y)$，都属于 L_2，使

$$|\det K(x_i,y_j)| \leqslant (\det A(x_i,x_j))^{\frac{1}{2}} \cdot (\det A(y_i,y_j))^{\frac{1}{2}} (i,j=1,2,\cdots,n)$$

2. 积分方程一些重要成果的推广与修正

1951 年，张世勋推广了 Bernstein 在 1928 年得到的一个定理，并由此得出了线性积分方程 Fredholm 行列式各系数的性质；1958 年，他修正了 A. C. Zaanen 1953 年关于 Mercer 定理推广中的一个错误；等等。

从 1947 年到 1960 年，是张世勋数学研究生涯的黄金时期。他在 *J. London Math. Soc.*，*Trans. Amer. Math. Soc.*，*Amer. J. Math.*，*Proc. Cambridge Philos. Soc.*，《中国科学》《数学学报》《四川大学学报》等刊物上发表了多篇论文。论文内容除前述 6 部专著多处引用介绍外，在《十年来的中国科学——数学（1949—1959）》一书的 "积分方程论" 部分，也予以高度评价。该文著者陈传璋教授全面介绍了这十年期间中国学者在积分方程领域的重要研究成果，共分 8 个专题，其中有 7 个专题用了大部分篇幅介绍张世勋的研究成果。

* * * * * * * * * *

张世勋晚年常感学术信息闭塞，尤其在四川，常常很晚才知道国际数学界一直在称述、发展他的成果。这使他深感遗憾，但一旦知道也得到无限欣慰，因为这是他被数学界公认的有力证明。Cochran 的 *The Analysis of Linear Integral Fquations* 出版于 1972 年，1974 年，张世勋到北京时方听田方增先

生提起。当时个人购外文书不易，幸得陈省身教授于 1975 年自美国寄赠一本。陈省身教授在扉页上题写："书中提到吾兄重要贡献，诚我国之光。"A. Pietsch 的 *Operator Ideals* 出版于 1978 年。1981 年，张世勋在北京给四川的家信中说："最近在北京图书馆看到东德 A. 皮其的《算子理想类》……是泛函的最新成就，上面引用了我 1949 年在美所发表的论文，称我的论文是该书创造基础之一。我这两星期，每日上下午都去该馆，今天看了，请存书勿入库，待我明日又去，如此可连续借下去。"张世勋去世后 11 年，他的次女及外孙女自美专程赴英国剑桥拜访 F. Smithies 教授，这位白发苍苍、精神矍铄的著名数学家，在谈到张世勋的成就和学术影响时，又拿出 A. Pietsch 1987 年的著作，上面也多次介绍张的成果。也是 F. Smithies 教授，竟如此有心，把张世勋当年的博士论文复本保存了 30 多年，直到 20 世纪 80 年代他们恢复联系后才寄给张世勋。

三、奋斗不息的晚年

张世勋并不因已有成就为满足，他不断地潜心于科学研究。可惜的是，在"左"的干扰下，他常被当作"只专不红""名利思想严重"的典型，他为此在历次政治运动中受到批判。但他认定了从事数学研究的目标，百折不挠，更为可贵的是他锲而不舍、至老不衰的精神，他在晚年尽管多次遭遇科研上的挫折、失败，仍不改初衷。

张世勋早年从事过数论研究工作，1929 年就发表过介绍费马问题的文章。后来，他虽然主要从事积分方程的研究，但对他从青年时代就醉心的费马问题仍然念念不忘，这成了他晚年追求的目标，一直到他去世。

费马问题是一个有 300 多年历史的世界难题，它吸引了也挫败了众多的数学家和数学爱好者。数学家对这个问题一般都很谨慎，特别是事业有成的数学家，如果在费马问题上出错，乃至影响自己的学术声誉是很不值得的。张世勋并不是不明白这个道理，但他出于对数学研究的浓烈兴趣，还是选择了这条不归之路。客观地说，如果他不选择这条道路，他会取得更多的成就。但是，这件事确实说明了张世勋执着的个性。他从小有个信条："人家说难，我就偏往难处走。"这件事也充分表现了他对数学忠实的哪怕是天真的献身精神。"文化大革命"一开始，他就被当作"反动学术权威"关进牛棚，被抄家，被打得遍体鳞伤，但他仍然抓住时间悄悄地、断断续续地搞研究。十年动乱过去之后，他才有了心安理得、理直气壮地从事科研的机会，这时他已是快 80 岁的老人了。

1980年以后，他几次去北京小住，他曾经有大半年每天早上从城东南的住地到城中心的北京图书馆查阅资料，一直坐到中午，在街上草草中饭后又赶往西郊科学院图书馆，五点半又返回北京图书馆，七点半才回到住处，每天如此，北图的工作人员破例为他保留一个专座；有时他还到清华、北大图书馆查书，有一次在清华校园里看书，竟疲倦得睡着了。他多次在北图或公园被摄入摄影者的镜头，《光明日报》《北京科技报》《中国摄影》等都登载过他俯首看书的照片，标题常常是"老骥伏枥""老当益壮"，可是谁也不知道他是谁。他在北京常给家里写信说："我很疲倦"，"把我忙坏了"。即便如此，仍不断叫家里寄去需要的参考资料。有一次写信要家里找出一本书寄去，他竟忘了这书是法文的还是德文的，但他记得他要的资料是倒数第二页！他在生命的最后几年，不断地书写，计算，打字，用计算器，还用算盘，有时半夜想起什么又起床写下来。他明知自己时间不多了，但从来没有想到过停止工作。他明知解决费马大定理谈何容易，但他对次女说："我好比攀登喜马拉雅山，即使上不去，我的目标也是伟大的。"家人劝他不要做那种只见耕耘不见收获的工作，轻松地安度晚年，但他不动摇。有一种公认的观点是：数学创造需要一种最佳年龄。张世勋早已过了他的最佳年龄，但他竟要与这种观点挑战，他就是不服老！很难设想他那样的高龄，在那样高难度的研究上没有失误，一失误就会导致结论上的错误。但他在失误面前从不灰心丧气，而是再接再厉，不知反复几许。有人说他"不自量力""要创造神话"，但他无视这些议论和责难，他认为科学史就是成功与失败交替的历史，他从不把自己研究中的挫折叫作失败。只是，1985年夏天，他身体开始持续不适，无力按照原计划工作，才说："我病了，这是我最大的失败！"但就在这时，他仍在家里打字，舍不得时间去医院

检查。8月18日下午还想工作，第二天早上就失去了说话的能力，就是这一天，他还断断续续地说了几个字，那就是："费……费……费……"说时在苦笑，他说的就是"费马大定理"。他住院后，又对前去看他的晚辈很费力地说："关键……关键……关键在于……"说了一个多小时，只是不断地重复这几个字。9月1日，他由脑梗死转为严重的脑溢血，从此再没有从昏迷中醒过来。9月10日，我国第一个教师节，张世勋带着极大的遗憾走完了他艰苦搏斗的一生。他没有完成他给自己规定的任务，

这并不在人们意料之外。但是，张世勋不仅以他已有的成就，同时也以他晚年的挫折说明了他独特顽强的精神，书写了他自己独特的历史。

也许，与张世勋的挫折非常类似的是法国大数学家 Lebesque。Lebesque 在晚年曾向法国科学院递交了一份文稿，声称用他的理论可以彻底解决费马问题。后来，经一大批数学家研究后找出了文稿的错误所在。他接到退稿时并不甘心，喃喃自语地说："我想，我这个错误是可以改正的。"可是，Lebesgue 直到逝世也没有改正这个错误。

可以告慰张世勋的是，和张世勋一样，也是在剑桥大学获博士学位的数学家 A. Wiles，终于在 1994 年 9 月完全证明了费马问题。这个令无数英雄折腰的世界难题终于完满地画上了句号。

四、心系教育与人才培养

张世勋经历辛亥革命和两次世界大战，中小学时老师常讲甲午之战、中法战争等，激起他强烈的爱国情怀。他少年时曾自学地理，绘制欧战地图，欲学军事，报效国家，后抱定科学救国宗旨，终生奉行不变。改革开放前，在"左"的形势下，他常为过多的政治活动冲击科研时间而苦恼，埋怨"又要马儿跑，又要马儿不吃草"。改革开放后，他终于可以理直气壮地为国家教育科技事业进言献策。

张世勋晚年曾对同乡谭家驹先生笑言，说自己是"最完整的教师，大中小学都曾教过"。张世勋早年受到老师培育，自己一生从事教育工作，深切感到教育和教师对国家兴盛的重要性，晚年在四川省政协会议上多次发表意见，特别是在 1985 年初夏，他在政协会上发言说："建国难，治国尤难，欲国之永久富强，更难上难，欲国之治必自教育始，必自重科学研究始，……"他列举发达国家发展教育和科学的实例，说美国之强也与二战后吸收各国科学家有关。他说："重视教育，重视科学研究，重视国防科学之研究，重视工农业科学研究，此实为当务之急。"他直言"三十余年，我国无一人获诺贝尔奖奖金，而获诺贝尔奖奖金之数名中国人皆在异国，证明我国过去科学研究上有问题，今后必须改弦易辙，减少党八股式教育。"他建议重视中小学教育，引俾斯麦的话说："德国复兴，应归功于小学教育。"他还建议发展中专教育，多办职业学校，使广大学子能用其所长。他尤其强调应提高各级老师尤其是中小学老师的地位与待遇。这些建议，今天看来似乎已是常识，但在当时，张世勋如此急迫真诚的呼吁却十分难得，给人留下了深刻印象。

他对自己约束甚严，从不嗜烟酒，年轻时在北京求学和工作近 10 年，没看过一次戏，没进过一次公园。一生过分的节俭使人难以理解，这除了青少年时贫困的影响外，还有他的人生观的影响。他少年时考中学，作文题目是"读书明礼"，他写道："不明礼则已。不为事理所惑，吾知必自读书始。……"他奉行古人"贫贱不移志"的精神，甘于清贫淡泊，并非偶然。但很多人不知道，他一生曾资助过亲友学子 20 余人，鼓励他们求学成才，对其中有些人改善命运起了重要作用。

张世勋在耄耋之年，还念念不忘自己幼年时的启蒙老师，他给阆中县志办写了一长串当年老师的名单，建议列入县志；县志办采纳了他的建议，不少中小学教师也为此受到鼓舞。

五、爱国而又极富个性的一生

张世勋到过很多国家，但最使他留恋的、最吸引他的，是祖国的历史、河山和建设新貌。每逢外出，必在家信中详细描写各地风光，并常即席写出大段古诗文或从史书中引经据典。20 世纪 50 年代初，他第一次乘火车经成渝路赴京，与自己青年时长途跋涉对比，感慨万千，又喜不自禁。他当年在西北任教时，对秦关蜀道、汉唐旧迹分外留心，寻访观览；65 岁以后，他游了泰山、庐山，83 岁时游了峨眉山；他先后游览过孔庙、赤壁、襄阳、岳坟等地，以旧体诗颂屈原，惜项羽，赞刘备，吊岳飞。这些都凝聚了他从中华传统文化中得到的滋养，表现了他热爱乡土的浓烈感情，也流露出他为古人怀才不遇鸣不平而为今人呼唤人才的心声。

张世勋一直关注国家大事。20 世纪 60 年代和 80 年代，他曾先后就中印、中苏边境问题向外交部提供他所收有的资料，提出 8 条证据，证明所谓"麦克马洪线"以南 9 万余平方公里土地及新疆境内所谓"阿克塞钦地区"自古以来就是中国领土。外交部 1960 年 6 月 29 日回信说："张鼎铭教授：1960 年 2 月 29 日您给人民日报转我部的信已收到。您来信提供了有关中印东西两段地界的有价值的资料，谨表感谢。"1983 年 5 月 16 日，外交部又复函称："张鼎铭同志：1983 年 1 月 31 日关于中印边界问题的来函收悉，已送我部领导同志参考。对您关心国家大事，我们表示感谢。"张世勋是四川省政协第二、三、四、五届（1959—1985）常委，1983 年加入民盟，多次对四川省乃至国家的建设提出建议。就在他去世前三四个月，他还在四川省政协的发言中建议：不宜以有限的财力、物力去搞非急需的而耗钱多、费时久的建设，如修复圆明园、东水西调、南水北调等工程，而应"重视教育，重视科学，重视国防科学之研究，重视工农业科学之研究，此实为我国今日当务之急"。他认为新中国成立后提出"教育必须为无产阶级服务",这个目标不够明确具体;他还认为"我国解放后人人学习辩证法理论,30 余年不可谓不久,但十年动乱期间,不少学子却不能辨别'文化大革命'究竟使中国进步还是落后,只知盲从,非学之不勤,乃力行之不足。今后应避免党八股式教育"。他还常对人说我国应建立强大的海军,应培养能获诺贝尔奖的科学家;别人对他说:"张先生,你管那么宽干什么?"他说:"国家大事,匹夫有责!"他在 84 岁时,亲笔为家乡阆中写出文史资料 20 余页,他以自豪的感情,一气呵成,历数阆中人杰地灵的历史(这些感受也凝聚在他的诗《阆中歌》里),并熟稔地引用了杜甫称道阆中的诗句:"阆州城东灵山白,阆州城北玉台碧";"阆州胜事可肠断,阆州城南天下稀"。他还为阆中的建设提出建议,一是为阆中名胜古迹在极"左"思潮中遭到不同程度的破坏而万分惋惜,他呼吁应修复一些古迹,将阆中开辟为旅游胜地;二是说阆中城南锦屏山昔日林木青葱,而现已成秃山,应广植林木以恢复本来面貌。可以告慰张世勋的是,阆中已于 1991 年由县建市,后又被列为国家级旅游城市。张去世前一年,曾对家乡来客谈到,希望自己终老之后能安息于锦屏山上,日夜守望他的故乡,但这个愿望因故未能实现。张世勋现安葬于成都青城山墓园,那里也是林木葱茏,明月清风,他乡故乡,都是他热爱的土地,他的在天之灵应无所遗憾了。

张世勋对那些年一些"左"的现象,常公开表示自己的看法,这与其说是他把复杂严峻的形势看得太天真,不如说他少有畏惧。在"阶级斗争年年讲、月月讲、天天讲"的年代,历次政治运动中总有一部分人是阶级斗争的对象,被称为"一小撮"的少数人,以跟大多数人民群众相对立。"文化大革命"初期,全国一片批斗声,无数优秀的知识分子、干部都被列为"一小撮",当时仍说"敌我矛盾的'一小撮'只占 5%"。张在一次公开场合竟直言:"一次运动 5%,二十次就是 100%了。"闻者无不大惊。也是"文化大革命"初期,学校内铺天盖地的大字报说:"川大党委烂完了!"张见了就在小字报上写道:"依我看,不能这样说。假如川大校党委还有 1%没有烂,就不能说川大校党委烂完了。"这种简单而朴素的算术语言,说的却是明白而重大的是非问题。当时人人自危,而张却"怎么想就怎么说",以致中文系一教授说张"不乏彭泽县令遗风,可谓'问今是何世,乃不知有汉,无论魏晋'"。也是"文化大革命"期间的 1970 年,学校师生都到四川什邡县的部队农场参加军训、劳动,老教师也不例外。张对前去视察的当时成都军区司令员韦杰反映:希望允许老教师不参加拉练(一种军训项目)和重体力劳动。在彼时彼地说这些话也是冒风险的,旁边的人都很紧张,所幸司令员同意了他的要求。在那次军训、劳动的农场里，还有一件关于张的逸事：一次"民主生活"会上，突然有人指责张"政治学习态度不端正"，理由是发现他"居然在早晨'天天读'的时间蹲厕所"。张的反应很机智，他立刻抗辩道："我进厕所时某先生（一个'左'派）已经先蹲在那里了，我出来后他还在里面。……"这个抗辩的逻辑性非常之强，指责他的人语塞，"民主生活"只好收场。这件事后来反倒成了一个笑话。

张常因坦直表示自己的意见而被视为"落后""顽固""不识时务"。其实，他是有强烈爱国心的知识分子。他自幼受到科学救国论的影响，终生不改，这便使他常与当时政治运动精神不合拍。他从未反对实践，从未反对生产劳动，但因他强调读书，强调科学研究，因此历次政治运动中他都成了走"白专"道路的典型。他认为大量的政治学习冲淡了科研的时间，说"又要马儿跑，又要马儿不吃草"。他看待学生重视专业水平，如现山东大学的郭大钧教授20世纪50年代在川大读书时被作为"只专不红"的典型，毕业时未能留校，张多次表示惜才之意，为此也受过批判。

张天真坦率如儿童，但性情急躁，不善讲究交往之道，喜与人辩解或争执，他买东西不肯买贵的，喜讨价还价，又使人觉得他过分斤斤计较。因此也被称为"怪诞""不近情理""个人主义"。他却自辩说："我是不损人的。"他对个人利益坚持"分清界限"，但不该得的他也不要。曾有学生写了文章要求与他联名发表（其实师生联名也是学术界常见的），他却拒绝，说："我不想沾你们的光，你们也不要沾我的光。"一次在水果店，店主递一把扇子给他扇风，他回家才发现忘了把扇子还给店主，于是不顾路远又坐车赶回去还扇子。

除必要的礼仪场合外，张不甚注重衣冠齐整，行路、排队也常看书，旁若无人。去世前两月，天气暑热，其女婿见他从学校图书馆走出，敞襟露胸，便劝他扣上衣扣，他举着几本书大声说："我那么多要紧的事都做不完，哪顾得上这些！"

凡此种种，总起来就是：张不肯附和潮流，不肯人云亦云，不肯说违心之言，甚至在运动中被批判时也要"跳出来"为自己辩解。这在当时都是难为一般人理解之处；他的性格与生活细节也常为人议论、误解。但他满怀的爱国热情足以使他抵御孤独，忍受委屈。"文化大革命"中他被打得满身瘀血，他万念俱灰，曾闪过自杀念头，女儿苦劝他念及国家及子女，他方作罢，他的心迹在他写的《离骚经》一诗中不难窥见。

张世勋去世后，大家已能摆脱"左"的束缚，客观地、全面地看他，也渐渐地理解他，都说：他自己究竟得到了什么呢？他给了别人什么损害呢？他只是出于保护自己，想避免受到别人侵害，以致过分率直认真罢了。事实上，他在世时，也确有一些群众和干部理解和保护过他，这也使他在逆境中更坚定了爱国的思想感情。

张世勋认为：人应无愧于心，无愧于人；应有功于国，有功于世。他在自己力所能及的范围内实现了自己的诺言。

张世勋的主要论著

[1] 张世勋. A Generalization of a Theorem of Lalesco [J]. J. London Math. Soc., 1947 (22)：185-189.

[2] 张世勋. On the Distribution of the Characteristic Values and Singular Values of Linear Integral Equations [J]. Trans. AMS, 1949 (67)：351-367.

[3] 张世勋. A Class of Integral-differential Equations [J]. Amer. J. Math., 1949 (71)：563-573.

[4] 张世勋. A Generalization of a Theorem of Hille and Tamarkin with Applications [J]. Proc. London Math. Soc., 1952, 3 (2)：22-29.

[5] 张世勋. On a Theorem of S. Bernstein [J]. Proc. Cambridge Philos. Soc., 1952 (48Part I)：87-92.

[6] 张世勋. 线性积分方程之特值及奇值间之一关系及其推论 [J]. 中国科学, 1954 (3)：237-245.

[7] 张世勋. 辜海二氏定理之推广 [J]. 科学记录, 1952 (5)：11-16.

[8] 张世勋. 具正规核的积分方程 [J]. 中国科学, 1954 (4)：369-385.

[9] 张世勋. 辜海二氏定理之再推广及其应用 [J]. 四川大学学报, 1956 (1)：31-48.

[10] 张世勋. 一类型的能正规线性变换 [J]. 四川大学学报, 1956 (2)：1-30.

[11] 张世勋. Вуняковский 不等式之推广及其对于积分方程与希尔伯特空间之应用 [J]. 数学学报, 1957, 7 (2)：200-228.

[12] 张世勋. 兰子堡公式之推广及 Вуняковский 不等式之再推广 [J]. 数学学报, 1957, 7 (2)：229-233.

[13] 张世勋, 赵光前. ε 乘数能正规核特征值存在定理之新证明三种 [J]. 四川大学学报, 1957 (1)：61-67.

[14] 张世勋. 查伦与梅尔赛定理之研究 [J]. 四川大学学报, 1958 (1)：85-94.

[15] 张世勋. 哈里曼公式之新证明 [J]. 四川大学学报，1959（1）：59-74.

[16] 张世勋. 阿达马及沙氏不等式之新证明及推广 [J]. 四川大学学报，1959（4）：19-31.

[17] 张世勋. 一收敛定理及其应用 [J]. 四川大学学报，1959（4）：33-39.

[18] 张世勋. 多复变矢值解析函数的一些性质（Ⅰ）[J]. 四川大学学报，1959（6）：11-30.

[19] 张世勋. 多复变矢值解析函数的一些性质（Ⅱ）[J]. 四川大学学报，1960（1）：37-50.

[20] 张世勋. Сохоцкий-Plemelj 公式的新证明 [J]. 四川大学学报，1960（3）：19-24.

[21] 张世勋. 积分方程式论 [M]. 开明书店，1936.（1930—1936 年，该书用作四川大学前 6 班的教材）

参考文献

[1] 张代宗，白苏华. 张世勋传，中国现代数学家传（第四卷）[M]. 南京：江苏教育出版社，2000：34-52.

[2] PIETSCH A. Eigenvalues and *s*-numbers [M]. Cambridge：Cambridge Univ. Press，1987：296.

[3] 江泽涵，张素诚.《十年来的中国科学——数学（1949—1959）》积分方程论 [M]. 北京：科学出版社，1959：261-276.

[4] SMITHIES F. The eigen-values and singular values of the integral equations [J]. Proceedings of London Math. Society，1937：43（2），255-279.

（原载于《20 世纪中国知名科学家学术成就概览：数学卷（第一分册）》第 91～98 页，科学出版社，2011 年，本文为修改稿）

撰写人：张代宗（四川大学图书馆），白苏华（四川大学数学学院）

胡坤陞

胡坤陞，字旭之（1900—1959），1901 年 8 月 8 日诞生于四川省嘉定府（今四川乐山市）。1920 年毕业于四川省立成都一中，1924 年毕业于国立东南大学数学系后留学任教。1926 年到清华大学任助教，1929 年考取清华官费留美研究生。赴美国芝加哥大学，师从变分学理论奠基人之一布里士（G. A. Bliss）研究变分学，1932 年获博士学位。之后又得中华文化教育基金会资助，入哈佛大学继续研究约一年。

胡坤陞学成回国后，任清华大学专任讲师 1 年（1933），1934—1946 年任国立中央大学数学系教授，1935 年起任中央大学数学系主任。1946 年任重庆大学数理系教授。1947—1951 年任重庆大学数学系主任，并兼任国立女师院和四川省教育学院教授。1953 年调到四川大学数学系任教授。1959 年 1 月在成都逝世。

胡坤陞是我国从事变分学研究的先驱，也是一位优秀的学者。他在清华任教时，教授过华罗庚、陈省身、柯召等人。陈省身说："旭之先生沉默寡言，学问渊博，而名誉不及他的成就。……深念这个不求闻达的纯粹学者。"

一、简　历

胡坤陞，字旭之，四川嘉定府（今四川乐山市）车子乡人。1916 年毕业于县高等小学，1920 年毕业于四川省立成都一中（四川省立成都第一中学成立于 1913 年，后来的校名是四川省立成都中学、成都市第二中学校等，现为北京师范大学成都实验中学）后，考入南京高等师范学校数理化科，专攻数学。1923 年，南京高师并入东南大学，1924 年胡坤陞毕业于国立东南大学数学系后，在东南大学任数学助教一年。1926 年到清华大学任助教三年，1929 年考取清华官费留美研究生。赴美国芝加哥大学，师从变分学理论奠基人之一布里士（G. A. Bliss）研究变分学，1932 年获博士学位。其博士论文为"Bolza 问题和它的附属边值问题"。之后又得中华文化教育基金会资助，入哈佛大学继续研究约一年。

胡坤陞学成回国后，任清华大学专任讲师 1 年（1933），1933 年受聘为国立中央大学理学院数学系教授（1934—1946），1935 年起接替孙光远任中央大学数学系主任。

1937 年抗日战争爆发，中大迁渝后，条件艰苦，胡坤陞备极辛劳，一面主持系务，一面主讲"数学分析引论""复变函数论""高等代数""常微分及偏微分方程"，以及"级数论""变分学"等多门课程。学生回忆说："他对所授各课无不精心安排，立论严谨，条理清晰，推导严密，使学生深感澄湛晶莹，亲切有味，始识数学严格之美，真如昔人所谓夫子循循善诱，弟子如坐春风。"

1946 年，胡坤陞因在休假期间未能随校返回南京，后来应重庆大学之聘，任重庆大学数理系教授。1947 年重大数理系分为数学系与物理学，1947—1951 年胡坤陞任重庆大学数学系主任，并兼任国立女师院（何鲁亦兼该院的教授和教务长）和四川省教育学院教授。1953 年 10 月随院系调整调到四川大学数学系任教授，直到 1959 年 1 月去世。

二、变分学研究的先驱

胡坤陞是我国从事变分学研究的先驱。他的主要工作如下：

（1）Bolza 问题。这是变分学中的一个重要问题，它讨论具有变动端点且呈一般形式的 Lagrange 问题。1932 年，胡坤陞在他博士论文中，用纯粹微分方程理论研究了这个边值问题。他得到一个重要的展开定理，从而证明了二级变分为恒正（或非负）的必要充分条件是特征数完全为正（或非负）。再利用他对 Hahn 引理的一个推广，便给出了 Bolza 问题的一个新的充分性定理，并削弱对极小化弧的要求，从而完全解决了 Bolza 问题。

胡坤陞还研究了各种边值系和与它们相关的极小化问题的联系。他的结果包括了 Morse 的结果，还得到一个基本引理，可用于围绕一条极值曲线的场的构造。

胡坤陞关于 Bolza 问题研究的博士论文被收入《芝加哥大学 1931—1932 年关于变分学的贡献》（Contributions to the Calculus of Vanations, 1931—

1932）一书。后又被收入 Bliss 的专著《变分学讲义》 （Lectures of the Calculus of Variations，the University of Chicago Press，Fifth Impression 1959）。

（2）变动端点问题和其他工作。1936 年，胡坤陞把变分学中的变动端点问题化简为 n 个变数的函数 $\omega(\lambda)$ 的通常极小，从而推广了 Hahn 在 $n=2$ 时得到的定理。同时还推广了 Schoenberg 法则。熊庆来对此工作有很好的评价："他就很普泛的情况推广了哈恩（Hahn）氏基本引理；而于所导入的主要函数 $\omega(\lambda)$ 的构制，克服了不小的困难。"

胡坤陞关于变分学的贡献还有：给出了由参数形式和通常形式表示的 n 重积分的横截条件（1956）；推广了变分学中两个著名的基本引理；Du Bois Reymond 引理和马松-洼田（Mason-Kubota）引理，并给出了对变分学和 Sobolev 广义导数的应用（1958）；接着他又把这两个引理再加推广，使之适用于变分学中的等周问题，并给出了两个在实函数中有用的结论。

除变分学外，胡坤陞对函数论、积分微分方程等领域的研究也有很好的成果。

三、一位不求闻达、名誉不及他的成就的纯粹学者

胡坤陞是一位品学兼优的纯粹学者，他平易近人，十分谦和，孜孜不倦，淡泊名利。

早在中学时代，胡坤陞即以高才生闻名。在南京高师就读期间，该校有一个以学生为主体的学生团体，名叫数理化研究会。该会办有一个刊物《数理化杂志》，1919 年创刊，1923 年更名为《数理化》。当时，何鲁和熊庆来刚回国不久，正在南京高师及东南大学任系主任。他们亲自参与学生的科技活动，并带头在他们的刊物上发表文章。胡坤陞 1923 年在《数理化》第二卷第一期上发表了他的处女作"方程式之级数解法"，1924 年又在该刊第三卷第一期上发表文章"e 及 π 的超越性"。这时，胡坤陞和赵忠尧、徐曼英、朱正元四人任该刊的编辑员。大学里的这段经历，对培养胡坤陞的研究能力、研究兴趣与学习能力很有帮助。在南京高师就读及在东南大学和清华大学任助教期间，数学系主任熊庆来教授对他的印象是："相接触未久，其人品才智即深深引我注意。他既肯勤学，复能深思；他处理问题的扼要，推演算理的周密，每有过人之处；故考试时恒拔前茅。他的这些优点，我还在他任清华大学助教时见之；更在他 1929 年应清华选送留美研究生考试时见之。又特为师友所重者，是他虽有过人之处，而恒持平易无骄的态度。"

熊庆来对胡坤陞无疑是很器重的。事实上，1926年熊庆来由东南大学应聘到清华大学任新成立的算学系主任兼教授时，仅带了胡坤陞一人到清华任自己的助教。30多年以后，熊庆来应约为胡坤陞的遗著作序。上面引述的印象深刻的文字，即摘自该篇序言。

陈省身在清华读书时对胡坤陞也有很深的印象。"1932年胡坤陞（旭之）先生来任专任讲师。胡先生专长变分学，他在芝加哥大学的博士论文是一篇难得的好论文。旭之先生沉默寡言，学问渊博，而名誉不及他的成就。他不久改任中央大学教授，近闻已作古人，深念这个不求闻达的纯粹学者。"（学算四十年，陈省身文选，第32页，科学出版社，1989）。右图为胡坤陞在清华大学任教时学生的笔记。

胡坤陞的学生武汉大学的余家荣教授回忆说："胡坤陞为人品格高尚，自律、自谦、爱国、爱校、爱生，在渝期间，闻校方处置失当，欲开除数学系几名学生时，即出面据理力争，宁愿不当系主任，也绝不让学生开除，终于使校方以记过论处。他一生乐于周济他人，却自奉极俭、布衣布服，多年单身住校，食堂用膳，生平所嗜，除读书外，唯香烟而已。尤为难能可贵者，他16岁时遵父母之命，与师母完婚，多年在外，直至1933年始与师母共同生活，然决不因师母是农村女子、文盲、小足而有丝毫不满，且体贴入微，情感甚笃。综观前述，其为人、为学、处世、齐家均堪称后人楷模。"

在四川大学数学系，胡坤陞受到师生的广泛敬重。"他好学不倦，阅读数学书籍已成为他每日的习惯。""凡是与他比较熟悉的人，都很钦佩他的学识渊博。而胡先生始终谦逊，从来不显示自己，不贬低别人。这也是值得我们称道的。"（胡坤陞遗著，第一卷，数学论文集，人民教育出版社，1960）

1955年，胡坤陞招收了三名研究生，并恢复了研究工作。1957年，胡坤陞在写给熊庆来的信函中，也表达了他对研究工作的高度热情。可惜的是，政治运动的迭起，使他的学术工作难以开展。1959年初，胡坤陞因感冒引起并发症，不幸逝世，时年58岁。

胡坤陞去世后，四川大学深感老专家的专长未有传人，损失太大，曾有吸取教训，重视类似问题的考虑。川大数学系亦组织人力，将胡坤陞的主要遗著整理出版。遗著包括《数学论文集》《高等微积分讲义》《变分法讲义》共三部书。《数学论文集》由赵淞、周雪鸥、蒲保明等 13 人整理后出版，其余两部著作未能面世。

胡坤陞曾任中国数学会前期第一、二、三届评议会评议，并参加中国自然科学社、中华自然科学社等学术团体。1951 年 8 月，经柯召、谢立惠介绍参加九三学社。

致谢：本文在撰写过程中，得到张友余同志的鼎力帮助，衷心地致以谢意。

胡坤陞的主要论著

论文

[1] 胡坤陞. Bolza 问题和它的附属边值问题（The Problem of Bolza and its Accessory Boundary Value Problem）[D]. Chicago：University of Chicago，1932.

[2] 胡坤陞. 关于隐函数定理 [C]. 国立中央大学科学研究录，1935.

[3] 胡坤陞. 关于 Cauchy 积分定理 [C]. 清华大学科学研究录，1935.

[4] 胡坤陞. 关于 Darboux 和 Weierstrass 均值定理 [C]. 国立中央大学科学研究录，1936.

[5] 胡坤陞. 变分法中的变动端点问题 [J]. 中国数学会学报，1936，1（1-2）.

[6] 胡坤陞. 关于多重积分的横截条件 [J]. 四川大学学报（自然科学版），1956（1）.

[7] 胡坤陞. Haar 引理的推广及其应用 [J]. 四川大学学报（自然科学版），1957（1）.

[8] 胡坤陞. 一类型的积分微分方程组 [J]. 四川大学学报（自然科学版），1957（2）.

[9] 胡坤陞. 关于变分法中基本引理的研究 [J]. 四川大学学报（自然科学版），1958（2）.

[10] 胡坤陞. 再论变分法中的基本引理 [J]. 四川大学学报（自然科学版），1959（1）.

以上 10 篇论文均收入《胡坤陞遗著（第一卷）数学论文集》，人民教育出版社，1960 年。

教材

[1] 高等微积分讲义，未出版.

[2] 变分法讲义，未出版.

附 熊庆来：《胡坤陞教授数学论文集》序（1960）

我于1957年自欧东归，目睹祖国的新面貌，极感兴奋；而见到旧时的朋友皆朝气勃勃，精神焕发，亦大感欢幸。与我有深交的胡坤陞教授自成都寄我一信，复使我惊异和高兴。他赋性沉静，在旧中国安于冷冷清清的学者生活，于时事几不过问。乃这次来信，于种种新生事物，欣欣然言之；对祖国的社会主义伟大建设，尤显露出极高度的热情。以与昔对比，他不啻判若两人。这信我今不复寻得。但特别深印我脑中者，是他对于以后的研究工作，决鼓足干劲以求有更好贡献于祖国学术，而不负此伟大时代的积极表示。我想，他虽未说明，必已有一个远大的研究计划。以他的智力及他在治学上已具备的条件，其理想自不难实现。特别地，可期望他在这个国人工作表现极少的数学领域——变分学上，有更多更突出收获。不幸在我接信后仅年余，他便病不复起，致使他的工作停留在一个正积极推进的阶段，良可叹惜。

回忆三十余年前，他肄业于南京东南大学数学系时，我忝在师位。相接触未久，其人品才智即深深引我注意。他既肯勤学，复能深思；他处理问题的扼要，推演算理的周密，每有过人处；故考试时恒拔前茅。他的这些优点，我还在他任清华大学助教时见之；更在他1929年应清华选送留美研究生考试时见之。又特为师友所重者，是他虽有过人之处，而恒持平易无骄的态度。

他仲选送美，从名教授布里士（Bliss）研究变分法，得博士学位。其论文为"Bolza问题和它的附属边值问题"，内容丰富；结果有甚显重要者。全文刊载于《芝加哥大学1931—1932年关于变分学的贡献》（Contributions to the Calculus of Variations，1931—1932，University of Chicago）一书中。归国后，他于研究续有表现；在变分学上复完成一个具体工作；并在其他方面获得一些结果。有文发表于清华大学理科报告、中国数学学报等期刊。这都是关于近代高深数学的研究，而得有良好或难能的结果。例如在其"变分法中的变动端点问题"论文内，他就很普泛的情况推广了哈恩（Hahn）氏基本引理；而于所导入的主要函数 $\omega(\lambda)$ 的构制，克服了不小的困难。惟于1937年后，因受环境及时局的影响，他的研究工作遂形中断。

新中国成立后，党和政府大力发展科学，奖掖科学研究；胡坤陞教授深受鼓舞，并获得应有的便利，于是很快地恢复其研究工作；且日趋积极。自

1956年起，逐年又有论文发表，内容皆充实而有重要性。特别是他在一个较为新的方向，做了一个题名"一类型的积分微分方程组"的工作。在这个工作中，他普化了屋耳特腊（Volterra）关于第二种线性积分方程的理论，并获得包有关于屋氏型的非线性积分方程的拉赖士戈（Laleseo）定理的结果。但他的主要工作仍是在变分法这方面；关于他的基本理论，有不少推广或改进的结果及新的收获。如关于多重积分的变分问题，他给出了横截条件连同着严密的证明；关于著名的都布瓦岩蒙（Du Bois Reymond）引理与马松-洼田（Mason-Kubota）引理，则作了多方面的推广，而获得很普泛的定理；且在甚弱的假设下，获得极值曲面所需要满足的条件。他所得定理的应用，于变分法外，尚关涉到索波列夫（Sobolev）氏的广义导数；又一推论，则可裨益于实变数函数论。胡坤陞教授对于这一系列已有成果的研究问题，截至他最后病卧时止，似尚未结束，而对于显然已有的更前进的计划，自不及实现。虽然如此，他已有的成果就我国学术发展的现阶段言，已为可贵。

党和政府重视在教学和科学研究方面劳动者获致的优秀成绩，四川大学爱成立委员会，负责整理胡坤陞教授的遗著。于其中编有他的论文集一书，由人民教育出版社付印，使他多年来辛勤劳动所得的这部分有创获性的结果，不致散失以成为国家永久的学术财产。我对于胡坤陞教授有深切的认识，因受托写数语作为前言，俾读者得由我的这个角度窥见他的为人。写至此，我不禁欲更进而说几句：党和政府曾号召向科学进军，壮大的科学队伍已渐形成；胡坤陞教授曾为先驱深入的这个重要数学领域，这个不少理论结合实际问题的领域，极希望有一部分生力军继起攻取，以求有更辉煌的战果贡献于祖国。这本论文集将是他们感兴趣而便参考的一系列文献。

（原载于《中国现代数学家传》第五卷，第14～21页，江苏教育出版社，2002年。本文为修改稿，修改中参考了"胡坤陞（1901—1959）国立东南大学数学系1924年毕业校友（余家荣撰写）"等网文，谨致谢意）

撰写人：白苏华（四川大学数学学院）

曾远荣

曾远荣（1903—1994），四川南溪人。泛函分析学家。1927年被派送美国留学，先后在芝加哥大学、普林斯顿大学及耶鲁大学研习数学，1933年获得博士学位。同年5月回国。先后任教于中央大学、清华大学、燕京大学，1945年在四川大学任系主任，新中国成立后任四川大学理学院院长。1950年受聘于南京大学直至退休。他是国内开展泛函分析研究的先驱者之一。在无界自伴算子的固有值问题、广义双直交系、泛函方程的逼真解，特别是对线性算子的广义逆方面，有突出的学术贡献。发表论文10余篇，成为珍贵的学术宝库。

一、学术生涯

曾远荣，字桂冬，四川南溪县人。汉族，1903年10月生。他发表文章用的英文名是Yuan-Yung Tseng，俄文名是Я. Ю. Тсенг。少时孤苦，他的父亲曾绍芬在他出生后8个月便去世，母亲吴氏在他9岁时又去世。曾远荣是曾家的唯一传人，自然得到家族的重视和照顾。他寄住在外婆家并就读于私塾。从小读书他就喜爱钻研，注意理解内容，而不限于背诵文章。1916年春起他进县城高小读书并住校，于1918年夏毕业。随后陆续在江安的省立中学、成都的省立中学就读。1919年7月清华学校（清华大学前身）恰好到成都来招收留美预备生，曾远荣前往应试，结果以优异成绩被录取。在该校学习至1927年7月，一直成绩优异，同年即被派送美国深造。先后在美国的芝加哥大学、普林斯顿大学及耶鲁大学研习数学，师从著名数学家E. H. Moore，J. von Neumann，M. H. Stone与R. W. Barnard等。他对数学的深刻见解与钻研精神，很快得到老师们的赏识，并给他确定当时的新学科泛函分析为主攻方向。1930 年获得硕士学位后继续读博，于 1933 年在芝加哥大学获得博士学位。论文题目是"在非 Hilbert 空间中 Hermite 泛函算子的特征值问题"，论文表现出他对算子谱理论、广义逆、函数展开等问题的深刻见解与巧妙的构思，这篇出色的博士论文后来在 1936 年于芝加哥大学发表。此后他所发表的许多论文可以认为是这篇博士论文的深化与发展。1933 年 5 月曾远荣回国，8 月起受聘为中央大学教授。1934 年 8 月至 1942 年 7 月任教于清华大学。1942 年秋至 1945 年 7 月应聘为成都燕京大学客座教授。1945 年抗日胜利后到四川大学任系主任，直至 1950 年 7 月。其间 1949 年年底成都解放，他被任命为理学院院长。1950 年 2 月受国立南京大学（原中央大学）数学系孙光远之聘到该校任教直至退休。1956 年起他是数学系唯一的一名一级教授，主持函数论教研室的工作，对学科建设、培养人才等做出重要的贡献。

1951 年 8 月曾远荣出席中国数学会一大。在中国数学会南京分会 1953 年 9 月首届理事会上他作了关于 Hilbert 空间方面的学术报告。1955 年起他被聘任为我国《数学学报》《数学进展》刊物的早期编委。曾任数学会南京分会副理事长。1956 年去北京参加编制中国科学院十年科学发展远景规划，同年冬和关肇直、田方增、徐利治去苏联参加国际泛函分析会议，应邀作了题为"广义逆算子的特征函数展开"的报告，深受与会者的欢迎。

曾远荣于 1994 年 2 月 2 日在南京病逝，享年 91 岁。他个子不高，体格健壮，走起路来，铮铮有声。生平专心攻研数学，别无其他爱好。原住鼓楼大钟亭宿舍，前有一池塘，绿树成荫，环境颇为幽静。学生来拜访时，话题总是离不开数学。他的夫人唐浩然尊重科学，全力支持曾远荣的学术研究。生有一子一女，均不修读数学。

二、学术成就

曾远荣是中国研究泛函分析的先驱者之一，从 20 世纪 30 年代起，他就陆续发表了很多重要论文。在不可分 Hilbert 空间、算子谱分解、关于双直交系展开及线性算子的广义逆等方面表现出独特的见解并取得很多突出成果，在学术界产生了重大的影响。1932 年他引进了维数不加限制的实、复数域或四元数体上的酉空间 H，并进行了系统的研究。他建立了 H 上的抽象 Fourier 分析概要，引进了超完备性、弱超完备性、弱完备性概念，给出最佳逼近表示。对于给定的函数系 $\{f_p\}$，与通常情形类似，有正 Hermite 矩阵 $E(p'p'') = (f_{p'}, f_{p''}), p', p'' \in P$，这里 P 是指标集，未必可数。定义广义 Hermite 二次

型 J_σ 为

$$J_\sigma a_p \bar{b}_p = \sum_{p',p'' \in \sigma} a_{p'} E_\sigma(p'p'') \bar{b}_{p''},$$

$$J_\sigma b_p f_p = \sum_{p',p'' \in \sigma} b_{p'} E_\sigma(p'p'') f_{p''},$$

以及其极限 J。给出酉空间中元借用 J 展开的一些充要条件，建立了广义 Bessel 不等式、Parseval 公式与 Fourier 展开：

$$J(f,f_p)(f_p,f) \leqslant (f,f), \quad J(g,f_p)(f_p,g) = (g,g), \quad g = J(g,f_p)f_p,$$

并证明后二者与一般 Parseval 公式 $(g,f) = J(g,f_p)(f_p,f)$ 等价。值得注意的是，对于 H 中单参数族 $\{g_t\}_{t \in N}$，在条件：(i) 对一切 $s \leqslant t$ 有 $(g_s,g_t) = \|g_s\|^2$ 与 (ii) $g.l.b.\ \|g_t\|^2 = 0$ 之下，每个 f 在 H_g 的投影算子作用下，有 Hellinger 积分表示：

$$T_g f = \int_{-\infty}^{\infty} \frac{\mathrm{d}(f,g_t)\mathrm{d}g_t}{\mathrm{d}(g_t,g_t)},$$

其中 H_g 表示由 $\{g_t\}$ 确定的子空间。由此又导出一套 Fourier 分析（原论文中称 Fourier situation）。例如，Bessel 不等式与 Parseval 公式是这样的：

$$\int_{-\infty}^{\infty} \frac{\mathrm{d}(f,g_t)\mathrm{d}(g_t,f)}{\mathrm{d}(g_t,g_t)} \leqslant \|f\|^2, \quad \int_{-\infty}^{\infty} \frac{\mathrm{d}(f,g_t)\mathrm{d}(g_t,f)}{\mathrm{d}(g_t,g_t)} = \|T_g f\|^2.$$

设 H 为完备酉空间，H_0 为其稠密线性子空间，A 为定义于 H_0 上的泛函变换。那么算子 A 为自伴的，$A^* = A$，当且仅当存在唯一的投影谱族 $\{E_t\}_{t \in R}$ 使下列表示成立：

$$A = \int_{-\infty}^{\infty} t\,\mathrm{d}E_t (在 H 上), \quad I = \int_{-\infty}^{\infty} \mathrm{d}E_t (在 H 上),$$

其中抽象 Stieltjes 积分指依范数收敛意义。由于通常处理谱分解的方法不能应用，曾远荣在他所得的谱表现定理的证明中巧妙地设计两个线性可逆算子 R，S：

$$R(f_1,f_2) = (Af_1 - f_2, Af_2 + f_1),$$

$$S(f_1,f_2) = (Af_1 + f_2, Af_2 - f_1),$$

其中 $f_1, f_2 \in H_0$，括号指内积。可以证明，R，S 均有有界逆算子，且逆算子是稠定的。它们有下列性质：

(i) 在 R^{-1}，S^{-1} 映 $H_0 \times H_0$ 的值域上 A^2 有定义；

(ii) R，S 互为自伴的，其逆亦然，RS 与其逆算子均为正定 Hermite 的且有关系式

$$RS = SR = A^2 + I, \quad R^{-1} + S^{-1} = 2S^{-1}AR^{-1};$$

(iii) A 与 R^{-1}，S^{-1} 两者均可换，$R^{-1}A$，$S^{-1}A$ 均连续。一个线性算子 T 与

A 可换当且仅当它与 R^{-1}（或 S^{-1}）可换。

于是经过较为复杂的论证，便可确定自伴算子 A 的相关投影族 $\{E_t\}_{t\in R}$ 满足下列条件：

(a) A 与每个 E_t 可换且每个连续线性算子与 A 可换时必与 E_t 可换；

(b) $E_t(A-tI)$，$(I-Et)(A-tI)$ 分别是负、正 Hermite 算子；

(c) 对 $Af=tf$ 有 $E_t f=0$。

曾远荣正是由此导出上述谱表现定理。

在数学文献上，酉空间上线性算子的谱分解被称为一种"数学杰作"（master piece of mathematics）。曾远荣的博士论文中的成果对当时算子谱论的发展是一个突破。他讨论的内积空间不仅是实、复数域上的，而且是四元数体上的，并且算子本身也不限于有界情形。得出的自伴算子的唯一分解由绝对连续部分、奇异部分与点谱部分构成，同时还给出相应函数的展开。特别是对两种具有连续谱的算子均运用了 E. D. Hellinger 积分作为射影算子。而此前即使对可分 Hilbert 空间上有界算子情形，也未出现过类似的三部分解。可见他的一些工作较 F. Riesz，F. Rellich，H. Lowig 等为早。

值得指出的是，在 N. Dunford & J. T. Schwartz 的一部关于算子理论的总结性名著 *Linear Operators*（NY. & London，Interscience，1958）中曾引用了曾远荣的多篇论文，而此事极为罕见。

关于积分方程理论中的 Schmidt 问题方面，他获得一类泛函方程有解的充要条件。考虑在实复数域或四元数体上完备酉空间 H 上的泛函方程

$$(f_p,f)=c_p, \quad p\in P \tag{1}$$

的解。问题是由通常的第一类 Fredholm 积分方程及其数值近似化引起的，那里讨论的函数与积分核分别属于平方可积空间。问题的提法是这样的：设 $\{f_p\}_{p\in P}$ 为 H 中任意给定的元系，$\{c_p\}$ 为任意数系。问在什么条件下，方程 (1) 有属于 H 的解？若有解，解有什么表示？

引进记号，矩阵 E'，E^* 分别定义为

$$E'(p'p'')=(f_{p'},f_{p''}), \quad E^*(p'p'')=E'(p'p'')+c_{p'}\bar{c}_{p''},$$

而 R'_σ，R^*_σ 分别为有限矩阵 E'_σ，E^*_σ 的唯一广义逆（关于广义逆，下面将更为详细介绍）。曾远荣的关于解的刻画定理如下。

定理 方程 (1) 有解的充要条件是下列等价条件中之一成立：

(i) $\lim\limits_\sigma \sum\limits_{p',p''\in\sigma} \bar{c}_{p'} R^*_\sigma{}^*(p'p'') C_{p''} \neq 1$；

(ii) Hermite 二次型 $\sum\limits_{p',p''\in\sigma} \bar{c}_{p'} E'(p'p'') C_{p''}$ 仅当 $c_p\equiv 0$（对每个 $p\in\sigma$）时

为零且 $l.u.b. \sum\limits_{p',p''\in\sigma} \bar{c}_{p'} R_\sigma^*(p'p'') C_{p''} < \infty$；

（iii）存在常数 C，使 $\left|\sum\limits_{p\in\sigma} \bar{a}_p c_p\right| \leqslant C\left\{\sum\limits_{p',p''\in\sigma} \bar{a}_{p'} E'(p'p'') a_{p''}\right\}^{\frac{1}{2}}$ 对每个有限集 $\sigma\subset P$ 与任意数系 $\{a_p\}$ 成立；

（iv）存在常数 $C_0\in[0,1)$，使 $\left|\sum\limits_{p\in\sigma} \bar{a}_p c_p\right| \leqslant C_0\left\{\sum\limits_{p',p''\in\sigma} \bar{a}_{p'} E^*(p'p'') a_{p''}\right\}^{\frac{1}{2}}$ 对任一数系 $\{a_p\}$ 成立。

关于解的表示有下列定理。

定理 当方程（1）有解时，一个特解由广义 Riesz 公式 $f_* = \lim\limits_\sigma \sum\limits_{p',p''\in\sigma} f_{p'p''} R_\sigma'(p'p'') C_{p''}$ 给出，且它与广义 Schmidt 公式 $f_* = \lim\limits_\sigma \sum\limits_{p',p''\in\sigma} f_{p'} R_\sigma^*(p'p'') C_{p''} (1-d)^{-1}$ 相一致，其中 d 为膨胀式极限（swell）。

他还用模函数（modular function）与 Hermite 矩阵来刻画方程（1）有解的充要条件。有趣的是属于 E. H. Moore 的广义 Bessel 不等式与广义 Riesz-Fischer 定理在这里得到了应用。

关于酉空间中广义双直交展开，我们知道 P. R. Boas Jr 于 1940 年给出了一个展开原理。Bary 与 Taldekin 讨论了收敛问题。曾远荣则给出原理的推广与加强，以便有更多的应用，同时得出新的收敛定理。设 E^* 为 P^2 上一任意的半正定或正定 Hermite 矩阵，具有坐标 $E_*(p'p'')$，$p',p''\in P, P$ 为指标集，未必可数。$\{g_p\}$ 为一距离空间或酉空间 H 上的一般函数系，假定 H 是完备的，左线性的实、复数域或四元数体上的空间，同时 $\{g_p\}$ 也未必是线性独立系。设 $\{\psi_p\}$ 为有界线性泛函系，满足

$$\psi_{p'}(g_{p''}) = E_*(p''p'),\ p',p''\in P$$

则称两个系 $\{g_p\}$，$\{\psi_p\}$ 构成一双直交。称 $\{f_p\}$ 对 $\{g_p\}$ 完全协调（或配套），如果对任何有界线性泛函 L 有 " $L(g_p)=O(p)$ 蕴含 $L(f_p)=O(p)$ "。称 $\{f_p\}$ 关于 $\{g_p\}$ 有界，是指存在常数 $C>0$，使

$$\left\|\sum\limits_{p\in\sigma} a_p f_p\right\| \leqslant \left\|\sum\limits_{p\in\sigma} a_p g_p\right\|$$

对任意有限集 $\sigma\subset P$ 与任意数 $\{a_p\}$ 成立。定义关于 E_* 的泛函积分 J_* 如下：

$$J_* a_p f_p = \lim\limits_\sigma \sum\limits_{p',p''\in\sigma} a_{p'} R_*^\sigma(p'p'') f_{p''}$$

其中 R_*^σ 为有限方阵 $E_*(p'p'')$ 的 Moore 广义逆。H 中的 E_* 基指的是这样的系 $\{g_p\}$，它配合其对偶系 $\{\psi_p\}$ 而成双直交系，对每个 $h\in H$ 有依强收敛意义的展式 $J_* \psi_p(h) g_p$。于是有配套的对称性定理。

定理 设 H 中两个系 $\{g_p\}$，$\{f_p\}$ 是相互有界的。则 $\{g_p\}$ 为与 $\{f_p\}$ 配

套的 E_* 基，其充要条件是 $\{f_p\}$ 为与 $\{g_p\}$ 配套的 E_* 基。

由此优美的定理立可推出相应的 Boas 定理与 Paley-Wiener 定理的一种推广。

关于酉空间中元的弱展开，他给出一个依 E_* 模的充要条件。令 H_g 为系 $\{g_p\}$ 的闭包，P_g 为至 H_g 上的直交投影，E_g 为 $\{g_p\}$ 的 Gram 矩阵 $(g_{p'}, g_{p''})$，并令 $j_g a_p h_p$ 为类似于 $J_* a_p g_p$ 的那种强极限，在那里用 E_g 代替 E_* 且用 $\{h_p\}$ 代替 $\{g_p\}$。称 H_g 中唯一的系 $\{h_p\}$ 满足 $(g_{p'}, h_{p''}) = E_* (p'p'')$ 的为关于 $\{g_p\}$ 的 E_* 伴随系。数系 $\{c_p\}$ 称为 E_* 模的，如果存在常数 C，使对每个数系 $\{a_p\}$ 有

$$\left| \sum_{p \in \sigma} c_p \bar{a}_p \right|^2 \leqslant c \sum_{p', p'' \in \sigma} a_{p'} E_* (p'p'') \bar{a}_{p''}.$$

一个 Hermite 矩阵 U 称为 E_* 模的，若上面不等式左边用 $\left| \sum_{p', p'' \in \sigma} a_{p'} U(p'p'') \bar{a}_{p''} \right|$ 代替仍然成立。分别用下、上模 $\underline{M}_* (U)$、$\overline{M}_* (U)$ 表示 $J_* c_{p'} U(p'p'') \bar{c}_{p''}$ 在条件 $J_* c_p \bar{c}_p \leqslant 1$ 之下一切 E_* 模系 $\{c_p\}$ 的下、上确界。那么有下面的定理。

定理 为了 $\{g_p\}$（与某个伴随系）构成双直交系，积分 $J_* c_p g_p$ 对每个 E_* 模 $\{c_p\}$ 弱收敛以及每个 $g \in H_g$ 有弱展开，其充要条件为 E_* 与 E_g 为互模的。

这便大大减弱 A. J. Pell 与 S. Lewin 有关结果关于系数 $\lambda \in (0, 1)$ 的限制条件。此外，广义 Paley Wiener 不等式也被证明成立：

$$(\overline{M}_* (E_g))^{-1} J_* (f, g_p)(g_p, f) \leqslant \| P_g f \|^2 \leqslant (M_* (E_g))^{-1} J_* (f, g_p)(g_p, f).$$

此后，曾远荣对双直交系 $\{h_p\}$，$\{g_p\}$，又证明了下列收敛定理。

定理 (i) 设 E_g 关于 E_* 的下模 $\underline{M}_* (E_g)$ 为正的，并令

$$C_p^{(\sigma)} = J_g \sigma(f, g_{p'}) E_* (p'p), \quad p' \in \sigma, \ p \in P,$$

则当 σ 膨胀时，有 $M_* ((f, h_p) - c_p^{(\sigma)}) \to 0$，对每个 $p \in P$。

(ii) 设 $\underline{M}_* (E_g) > 0$ 且 E_g 的各横行均有 E_* 模，则 $H_h = H_g$；若元 φ 满足条件

$$\limsup_{\sigma} J_{*\sigma} J_{*\sigma} (\varphi, h_{p'}) E_g' (p', p'')(h_{p'}, \varphi) < \infty,$$

则依弱收敛意义有 $J_* (\varphi, h_p) g_p = \varphi P_g$。

我们着重指出曾远荣对线性算子广义逆的重大贡献。关于积分算子的广义逆，最早是由 I. Fredholm 于 1903 年提出的。1920 年 E. H. Moore 首先给出矩阵的广义逆。自然，广义逆与线性方程的解密切相关。1933 年曾远荣推广 Moore 的广义逆概念，在 Hilbert 空间中引进线性算子的广义逆。我们知

道，自 20 世纪 50 年代出现了 R. Penrose 条件之后，广义逆在微分积分方程、数理统计、优化理论、经济学与计算数学等方面获得了广泛应用，广义逆概念表现出其极端重要性，有许多专著出版与许多国际会议召开。例如，由 M. Z. Nashed 等于 1975 年主持召开的 Generalized Inverses & Applications 会议；Ben-Israel，Adi & Greville，N. E. Thomas，C. W. Groetach，C. R. Rao 等的专著。这些著作中都多次引用曾远荣的论文，其中有的还详细引述 T 广义逆概念与存在性定理。有些定理仅是结论的陈述，迟至 1968 年 E. Arghiriade 才给出了证明。

设 H, H^1, H^2 均为完备的酉空间，不限定是否可分，维数是否有限，而相关数域可以是实、复数域或四元数体。A^{12} 为 H^1 到 H^2 的稠定线性算子，定义域为 $D^1 \subset H^1$，值域为 $R(A) = DA^{12}$。再设 R^{21} 为定义于 D^2 上的稠定线性算子，P^1，P^2 分别为到 $D^2R^{21} \subset H^1, D^1A^{12} \subset H^2$ 的投影算子。称 R^{21} 为 A^{12} 的广义逆，如果下列条件满足：

$$D^1A^{12} \subset D^2, \ D^2R^{21} \subset D^1；A^{12}R^{21} = P^1, \ R^{21}A^{12} = P^2.$$

设 X, Y 为 H 的子空间且 $X \subset Y$。称 Y 关于 X 是分解的，如果任一元 $f \in Y$ 在 $\overline{X}$ 上的直交投影仍属于 X；亦即 $Y = X \oplus (Y \cdot X^\perp)$。用 $N(A)$ 表示算子 A^{12} 的零空间，即 $N(A) = \{f^1 \in D^1 : f^1A^{12} = O^2\}$。

广义逆的存在且唯一的判别法如下：

定理 稠定于 D^1 上的线性算子 A^{12} 有广义逆，其充要条件是 D^1 分解 $N(A)$。此时 A^{12} 有唯一（极大）广义逆 R^{21}_*（具极大定义域），任一其他广义逆均为 R^{21}_* 的缩小，且有

$$D(R^{21}_*) = D^1A^{12} \oplus (D^1A^{12})^\perp, \quad N(R_*)^* = (D^1A^{12})^\perp.$$

如果算子 A 有逆 R，则显然满足算子方程 $AXA = A$。一般地，此方程的广义逆解可能是无限的，下列定理便刻画此方程的解。

定理 设 S^{21} 为稠定域 $D(S)$ 上的线性算子，满足下列条件：

$$ASA = A(在 D 上)，\quad P^2SP^1(N(A)^\perp) = S(在 D(S)上)，$$

则在 S 的缩小算子集中存在 A 的一个广义逆 S_*，具有极大定义域并满足

$$D(S_*) = D^1A \oplus [D(S)(D^1A)^\perp].$$

进而对 A 有广义逆 R 情形，还证明了 A, R 均有闭延拓的几项等价条件。

定理 算子 A 与其广义逆均有闭延拓等价于下列 5 个条件中的任一个：

(i) R^* 为 A^* 的广义逆；

(ii) $\widetilde{R}$ 为 $\widetilde{A}$ 的广义逆，这里 $\widetilde{A}$ 表示 A 的最小闭延拓；

(iii) $A \subset (\widetilde{R})^{-1}, R \subset (\widetilde{A})^{-1}$；

(iv) $N(\tilde{A}) = \overline{N(A)}, N(\tilde{R}) = \overline{N(R)}$;

(v) $\overline{D^1(A)} = \overline{N(R^*)}, \overline{D^2(A)} = N(A^*)$.

曾远荣对广义逆闭算子的性质与分类作了进一步的讨论。设线性算子 A ： $H^1 \to H^2$ ，它的定义域是 $D(A)$ ，用 $D_r(A)$ 表示 A 的零空间的直交补。对于正 Hermite 算子 Q ，令

$$\underline{M}_Q(I) = \inf\{(h,h) : h \in D(Q), (hQ,h) = 1\},$$

而 $M_r(Q)$ 为算子 Q 在其定义域上的下确界。再设 W 为 A 的等距乘子，B_1, B_2 分别为 A ，A^* 的等价矩阵。

定理 闭算子 A 有唯一的闭广义逆 R 且算子 R^* 与 A^* 互为广义逆。其次有

$R = W^* B_1^{-1} = B_2^{-1} W^* = B_2^{-1} A_* B_1^{-1}$（在 $D(R)$ 上）；

$W = B_1^{-1} A$（在 $D(A)$ 上），$W = AB_2^{-1}$（在 $D(R^*)$ 上）；

$R = (Q^{22})A^*$（在 $D(R) \cdot D(A^*)$ 上），这里 $Q^{22} = A^* A$。

定理 为使闭算子 A 有广义有界逆，其充要条件是下列条件之一成立：

(i) 算子 P^1 为 Q^{11} 模的，这里 $Q^{11} = A^* A$ ；

(ii) 算子 Q^{11} 为关于 $(Q^{11})^2$ 模的；

(iii) 方程 $x^1 A^{12} = \Phi^2$ 正规解，对 $\Phi^2 \in D(A^*)$ ；

(iv) 方程 $x^1 A^{12} = f^2$ 对每个 $f^2 \in H^2$ 有逼真解；

(v) 空间 $D^1 A$ 为闭的；

(vi) 不等式 $\underline{M}_r(Q^{11}) > 0$ 与 $|(h^1 A, h^2)| \leqslant C \| h^1 A \| \cdot \| h^2 A^* \|$，对 $h^1 \in D(Q^{11})$ ，$h^2 \in D(Q^{22})$ 成立。

注意，在（ii）中说 Q^{11} 为关于 $(Q^{11})^2$ 模的，是指不等式 $(h^1, h^1 Q^{11}) \leqslant C(h^1, h^1 (Q^{11})^2)$ 对任一 $h^1 \in D(Q^{11})^2$ 成立。

对于有限矩阵情形，Toeplitz 与 Julia 曾考虑过分成七类不同型。曾远荣则根据完全不同的原则，分为 16 种类型。由这一原则，引出算子 A 的谱、点谱、连续谱、剩余谱与豫解集等概念，它们借用算子的逆的局部性质来确定。下面列出分类表（仅写出 8 种为例）：

Ⅰ. D^1 闭，$D^1(A)$ 闭：$\underline{M}_r(Q^{11}), \underline{M}_r(Q^{22}), \underline{M}_{Q^{11}}(I^1), \underline{M}_{Q^{22}}(I^2)$ 全正

H^1A, H^2	H^2A^*, H^1	$\underline{M}(Q^{11})$	$\underline{M}(Q^{22})$	AR	RI	$\lambda = 0$	
						A	A^*
=	=	+	+	I^1	I^2	豫解集	豫解集
=	≠	0	+	P^1	I^2	点谱	剩余谱

H^1A, H^2	H^2A^*, H^1	$\underline{M}(Q^{11})$	$\underline{M}(Q^{22})$	AR	RI	$\lambda = 0$	
						A	A^*
$\neq$	$=$	$+$	0	I^1	P^2	剩余谱	点谱
$\neq$	$\neq$	0	0	P^1	P^2	点谱	点谱

II. D^1 闭, $D^1(A)$ 非闭: $\underline{M}_{Q^{11}}(I^1), \underline{M}_{Q^{22}}(I^2)$ 为正, $\underline{M}_r(Q^{11}), \underline{M}_r(Q^{22})$ 为 0

H^1A	H^2A^*	$\underline{M}((Q^{11})^{-1})$	$\underline{M}((Q^{22})^{-1})$	AR	RI	$\lambda = 0$	
在 H^2 中	在 H^1 中			在 H^1 中	在 $D(R)$ 中	A^*	A^*
稠	稠	$+$	$+$	I^1	I^2	连续谱	连续谱
稠	不稠	0	$+$	P^1	I^2	点谱	剩余谱
不稠	稠	$+$	0	I^1	P^2	剩余谱	点谱
不稠	不稠	0	0	P^1	P^2	点谱	点谱

如上面刻画闭算子广义逆的条件所看到的，广义逆与方程的逼真解有密切关系。仍设 A^{12} 为 Hilbert 空间 H^1 到 H^2 的闭右线性算子，所谓方程 $x^1 A^{12} = g^2 (g^2 \in H^2$ 为给定的) 的逼真解，是指 H^1 中的元 x^1_* 使范数 $\| x^1 A^{12} - g^2 \|, x^1 \in H^1$ 达到极小。具最小范数的逼真解称为极端逼真解，它是唯一的。曾远荣给出解存在的判别法。令 $N(A)$ 为 A^{12} 的零空间，$D(A)$ 为 A^{12} 的定义域而 $R(A)$ 为 A^{12} 的值域。设 $g \in H^2$，考虑方程

$$x^1 A^{12} = g^2 \tag{2}$$

定理　为使方程（2）有解，当且仅当下列条件之一成立：

(i) 存在常数 C，使不等式 $|(h,g)|^2 \leqslant C(hAA^*, h)$ 对一切 $h \in D(AA^*)$ 成立，用 $M(g)$ 表示这样的常数 C 中最小者；

(ii) 存在常数 $C_0 < 1$，使不等式 $|(h,g)|^2 \leqslant C_0(hAA^*, h) + |(h,g)|^2$ 对一切 $h \in D(AA^*)$ 成立；

(iii) g 直交于 $N(A^*)$ 且存在常数 C_1，使不等式 $|(h,g)|^2 \leqslant C_1(hAA^*, h)$ 对一切 $h \in D(AA^*) \bigcap (H \oplus N(A^*))$ 成立。

对两个方程情形，也有公共解存在的类似刻画。

关于逼真解的刻画，有下列定理。

定理　为使方程（2）有逼真解，当且仅当下列条件之一成立：

(i) 存在常数 C，使不等式 $|(h,g)|^2 \leqslant C(hAA^*, h)$ 对一切 $h \in$

$D(AA^*) \bigcap (H \oplus N(A^*))$ 成立，用 $M(g)$ 表示这样的常数 C 中最小者；

(ii) $gW^* \in D(A^*)$，这里 W 是实现典则分解 $A = WK$ 中的部分等距算子，K 是正自伴算子。

此外，极端逼真解还可以由解序列的极限得到。逼真解常数取 $x_*^1 = g^2 (A^{12} (A^{12})^*)^{-1}$ 的形式。

曾远荣在泛函分析方面的突出贡献，源于他的学术思想，这种思想对后世特别是对他的学生有重要影响。

首先是他的专心致志献身科学的精神。一旦投身研究，即专心致志，穷思冥索，往往废寝忘食，忘却了时间。吃饭时夫人催了又催，也不上餐桌，令人等得着急。与人讨论问题时，从无时间限制，"尽兴而返"，他是尽兴也不返的。青年时期在美留学，除了自己动手做饭以外就是念书，什么地方也不去玩，棋牌娱乐，他一窍不通，连小说也不看。他家里书籍成堆，到处乱放，床下墙角全是书。自 1950 年受聘南京大学直至去世的 44 年间，全国的名山大川他一处未去。数学是他的生命，是他的寄托，两者融化为一。

其次是他的严密谨慎的学风。数学是逻辑严谨的科学。他引进一个概念，引证一段资料时，务求准确无误。学生获得一个结果时，他一定要学生写下来给他看。在教学中的一些容易含糊的说法他特别注意。如说"几乎处处连续"，他很不赞成，认为应说"不连续点集为零测度集"；线性泛函扩张定理的证明，他强调指出，有的书缺少应用超限归纳法这重要的一步。他常对学生说定积分中的极限与函数极限概念之间存在本质的区别；说 Weierstrass 连续而处处不可微函数，利用 Cantor 三分集构造奇异函数以及 Weierstrass 无穷乘积中收敛因子的作用很值得学生思考。从而培养学生的细致入微、精益求精的功夫。

学习泛函分析，他要求学生多学具体的知识，如具体的函数空间、方程以及物理知识。做研究工作时，要学生不要满足于一般结果，敢于大胆猜测，穷追不舍，直至获得最好的结果。实际上不论你交送什么样的结果，他都没有满意的时候，而是提出又一些问题，叫你再去思考。

在他晚年时，尽管身体多病，仍然关心数学的发展，表示对抽象分析学的看法。这里从他的一份书面报告中摘录一段，此报告是应 1979 年 11 月第二次全国泛函分析学术交流会（济南）而作，时年他已 76 岁。会议期间看过这份报告的与会者，对报告评价很高。

1. 引言

几十年来，"泛函"被古典分析方面极端保守者污蔑为"软性分析""依样画葫芦"。它甚至给人这样的印象：仅仅推广，或空洞，不能解决具体问题。其实不然，请看它的几个作用：①无穷维的工作带动有穷维的工作。如代数中赋值论受到 Frechlet 空间的启发，正常（normal）方阵来源于 Toeplitz 正常无穷方阵，矩阵的极分解先是由 von Neumann 在 Hibert 空间得出的。在一些代数域上最小二乘法中线性方程组"矛盾度"与"逼真解"，首先是在内积空间中建立的。②有时把泛函分析的重要理论特殊化到分析学中却意外地取得了崭新而深刻的成果，如 Hardy 空间、Hardy 代数、算子的连续谱、算子的三部分解。③增添新特色的推广。如由 Minkowski 空间到 Banach 空间，由射影几何到连续几何，遍历理论，可微映射等。④与其他远近学科的联系、相互补充与提高，如群表示论、Banach 几何、几何分析等。

2. 线性与非线性方面

值得研究的一些课题（1~5 为线性方面，其余为非线性方面）：①谱论，特别是内积空间中自伴算子谱论。②广义函数。③广义逆算子。④积分。⑤算子代数。⑥隐含映射定理。⑦变分方法。⑧不动点定理。⑨解析泛函数。⑩单调映射。⑪应用泛函有 Volterra, Moisil, R. Thom 关于力学、生物学、突变理论等；von Neumann, Segul Wightman 关于量子力学、量子场论。

3. 趋势

1900 年 Hilbert 在国际数学大会上提出了 23 个问题，却未料到他自己几年后在泛函分析上划时代的创造性贡献。展望是困难的，只是进行了一点试估。

（1）线性算子与非线性映射的结构与行为

算子、映射的分解的唯一性的意义；分解各部分之间的关联；种种类型；积分表示；算子、映射的分类；精细结构；结构的逆问题；摄动；对于含参元映射的作用或反应；对应于变动的原集的象集。此方面缺少系统工作。

（2）无穷维空间上的代数拓扑、微分几何、微分拓扑

这三方面早有引人注意的开端，Schauder（1930），Leray-Schauder（1934），Leray（1935，1945，1950）在代数拓扑方面。Michal, Vitali 在微分几何方面。至于无穷维微分拓扑，Liusternik, Morse（1930）的著作提出了函数空间的拓扑学、泛函拓扑学。1956 年以来 R. Thom 的奇点与突变（catastrophe）理论一直起突出作用。别的作者还有无穷维空间上的旋转与准旋转，示性类，拓扑群之间的可微准同构变换。今后将取得更大成就。

（3）赋范代数

指实、复、四元数体上代数，很需要取得个体元素的结构并提出谱论。

集体方面，亟待推动、发展的研究有因子（factors）、理想、维度函数、整个代数的分解以及代数（环）与代数拓扑之间的更多更深的关联。

（4）分支理论

在理论与应用上，分支问题都是十分重要的。近年来已发展成一套理论，希见到对下列问题的贡献：映射的不同分支的比较，逼近，摄动，重复度（联系多元实、复分析，无穷维代数几何，力学）。

（5）渐近法

种种意义下奇点邻域性态，边界性质，Picard 局势，光滑技术，Tauber 型问题，各种现象分类与应用。

（6）具体问题，经验方法（heuristic methods）

近 20 年来对于分析中一些具体问题的研究提出了新方法，发现了新特点，它们刺激泛函的发展。例如，Atiyah-Singer 指数公式，偏微分方程。至于无穷维空间上线性、非线性 F-G 偏微分方程，不久会有更出色的贡献。

科技上行之有效的经验方法，缺少数学论证，但不宜否定。将来经过寻绎理解，大概会建立其另行陈述结果。试回忆 Heviside 运算微积的遭遇吧。

（7）典型问题

例如典型性的向量场。自守映射，多元复变的解析映射，十分需要现代化。加深问题提法、处理、新观点、新概念、尖锐的新成果。与泛函结合会相得益彰。统一理论以及与群论相结合。

4. 结语

看来，很需要联系比较：①同一问题的各种不同提法，同一问题的各种不同嵌入（参阅 Bull. AMS，1979，p. 212），以及同一问题的各种不同解法。②非常重要的是，拓扑的种种改变，深入细致检查。这些改变对问题的影响，如复杂化、简单化、模糊性等。③另一重要的广泛问题，如何认识一项研究工作的前进水平。④实现的种种可能性。研究来源于实际的问题，若所获结果无实体对应，那么这些尽可保存作为某类性能的参考。已出现的虚数、理想数、运算微积（$D^{1/2}$）、广义逆、广义函数等大有意义。联想起"四元玉鉴"的祖颐序里的一句话"用假象真，以虚问实"，而此法实际上为"用假求真"。

1950 年南京大学数学系恢复招生。教分析学的人很少。系主任孙光远与孙增光亲自讲授微积分。曾远荣那时刚来校，接连为学生开设分析中的线性变换、近世代数、实变函数、泛函分析等课程，教学极为严谨，强调踏实牢固的基础训练。当时用 I. P. Natanson 的《实变函数论》以及 L. A. Lyusternik 与 A. P. Sobolev 合著的《泛函分析概要》作教材，曾远荣能揭示内蕴，讲法高超，书写也很简洁。往往定理的证明写完了，讲授也就结束。这时他拍拍手上的粉笔灰，连说："好极了，好极了!"一般学生只顾抄笔记，哪知妙在何处。只有少数尖子学生，方能领悟其中的奥妙，像可测函数的构造，G. Vitali 覆盖引理及其应用，精微之处他都一一点到，而学生要到日后才能领悟。他要求学生对数学概念一点也不能含糊，如自伴算子与对称算子的差异，奇异性在函数、测度与算子方面的含义。他告诫学生不能避难就易，如果难的重要，就要迎难而上，分步骤一步一步地学好它们。

从 20 世纪 30 年代初开始，曾远荣在泛函分析的教学与研究上辛勤耕耘了 60 个春秋，一丝不苟，兢兢业业，培养造就了一批数学人才。早期在清华大学，他招收徐贤修为研究生。在西南联大工作时，国际上著名物理学家杨振宁曾听过他的课。已故著名数学家关肇直出自他的门下。新中国成立前，作为他的学生突出的有著名数学家田方增、江泽坚与徐利治。新中国成立后在南京大学期间，他是数学系唯一的一名一级教授，长期任函数论教研室主任。为了促进国家的科学技术发展，他积极筹建计算数学专业，带领一批中青年骨干开展学术讨论班，系统地学习数值分析、逼近论与计算方法，同时力荐徐家福去苏联学习计算机科学。这在当时难以理解，现在计算机科学如此重要，足见他的远见。

郑维行当时是教研室秘书，在他的指导下，走上了科学研究的道路，成为博士生导师。以后他招收了三批研究生，专攻泛函，他们后来都成为学术骨干。在南大的有王声望、马吉溥、沈祖和与鲁世杰等，成绩卓著，全是博士生导师。

1994 年曾远荣已逾 90 岁高龄，虽然年高多病，仍常到系图书室查阅文献，关心学术动态、资料建设并积极提出教改建议。自云：虽然退休，仍要努力，贡献自己的晚热。他不赞成"余热"的提法，说"晚热有时是很强烈的"。这种一辈子献身科学事业别无他求的精神，令后辈钦佩不已。在他逝世后，亲属根据他的遗愿将千册图书赠给单位。

2004 年 12 月 28 日至 30 日，他的弟子马吉溥与陈述涛、王玉文、李树杰等在哈尔滨师范大学隆重召开了一次"纪念曾远荣教授百年诞辰"的国际会议。美国著名数学家 M. Z. Nashed 应邀与会，着重报告了曾远荣对算子广义逆的奠基性工作，获得好评。尤其值得庆幸的是，在此次会议上，"曾远荣泛函分析研究中心"宣告成立，马吉溥任主席，张恭庆任名誉主席。

曾远荣诞辰已逾百年，仙逝已逾十载，他在泛函分析领域奠基之功与杰出贡献以及治学严谨与献身精神将永放光芒，令后学永志不忘。

注：在撰写本传时，得到南京大学师维学与美国佐治亚南方大学郑世骏提供的宝贵资料，作者谨对他们表示衷心感谢。

曾远荣的主要论著

[1] TSENG Y Y. Expausions according to a given system of functions [J]. Bull Amer. Math. Soc. , 1933 (39)：26-27.

[2] TSENG Y Y. The characteristic value problem of Hermitian functional operators in a non-Hilbertian space [J]. Bull Amer. Math. Soc. , 1933 (39)：27.

[3] TSENG Y Y. Spectral representation of self-adjoint functional transformations in a non-Hilbertian space [J]. Sci. Rep. Nat. Tsing-hua Univ. , 1935 (A3)：113-125.

[4] TSENG Y Y. On Schmidt's problem in the theory of integral equations [J]. Sci. Rep. Nat. Tsing-Hua Univ. , 1936 (A3)：299-316.

[5] TSENG Y Y. Gencralized biorthogonal expansions in metric and unitary space [J]. Proc. Nat. Acad. SciUSA, 1942 (28)：170-175.

[6] TSENG Y Y. Expansions according to an arbitrary system of functions in hyper-Hilbert space [J]. Sci. Rep. Nat. Tsing-Hua Univ. , 1947 (A4)：286-312.

[7] TSENG Y Y. Sur les solutions des equations operatrices functionnelles entre les espaces unitires, solutions extremales, solutions virtuelles [J]. Comptes Rendus, Paris, 1949 (228)：640-641.

[8] TSENG Y Y. Generalized inverses of unbounded operators between two unitary spaces [J]. Dakl Ak Nauk SSSR, 1949 (67)：431-434.

[9] TSENG Y Y. Properties and classification of generalized inverses of closed operators [J]. Dakl Ak Nauk, SSSR, 1949 (67)：607-610.

[10] TSENG Y Y. Virture solutions and generalized inverses [J]. Uspihi Math Nauk, 1956, 11 (6)：213-215.

[11] 曾远荣. 关于内积空间中双直交系的几点体会 [J]. 南京大学学报（自然科学版），1956 (2)：17-28.

参考文献

[1] 郑维行，王声望. 曾远荣 [M] //程民德. 中国现代数学家传（第五卷）.
　　南京：江苏教育出版社，2002：56-67.
[2] 徐家福. 中央大学名师传略续编 [M]. 南京：南京大学出版社，2006.

　　（原载于《20 世纪中国知名科学家学术成就概览：数学卷（第一分册）》
第 133~145 页，科学出版社，2011 年）

　　撰写人：郑维行（南京大学数学系），马吉溥（南京大学数学系）

吴大任

吴大任（1908—1997），广东高要人。几何学家、教育家。1930年毕业于南开大学数学系。1937年至1946年先后在武汉大学、四川大学任教授。1942年至1946年任四川大学数学系主任。1946年回南开大学任教授。1949年至1961年任南开大学教务长，之后任副校长至1983年。1981年受聘为国务院学位委员会理科学科评议组成员。曾当选中国数学会副理事长、名誉理事长，天津市科协副主席、名誉主席。他的研究领域为积分几何、微分几何与齿轮啮合理论。他是我国积分几何研究的先驱之一。他主编的《微分几何讲义》《空间解析几何引论》均获国家教材一等奖。他与人合作的"齿轮啮合原理"的研究得到了1978年全国科学大会的表彰和1979年天津市科技成果一等奖。他关于齿轮啮合理论的研究，指导天津机械研究所设计出世界一流的蜗轮蜗杆副。他在教育理论及教育实践上贡献突出。他对我国教育工作的许多建议被中央采纳。他还翻译出版数学著作7部。他的高尚人格和道德风范受到人们交口称赞。

一、简 历

吴大任祖籍广东省高要县，祖父吴桂丹生于1855年（清咸丰五年），21岁应考秀才，名列第一；24岁乡试中举；34岁殿试中进士，任翰林院编修，被封为记名御史。吴大任的父亲吴远基也是科举出身，曾任河北曲周县知县，后在天津任旅津广东学校校长，更多时间编写高要县县志。吴大任的堂兄吴大猷是世界著名的物理学家。

吴大任1908年出生于天津，6岁时随全家迁回广东，1919年毕业于高要县立模范小学；曾先后在肇庆和广州上私塾，阅读了大量古籍和小说，奠定了他扎实的语文基础。他 1921 年考入南开中学，1926 年毕业时与吴大猷一起被免试保送入南开大学，并因"成绩特别优秀"而免交学宿费。他起初在物理系，一年后被数学系系主任姜立夫举荐，与陈省身一起转入数学系。姜立夫知识渊博，他对吴大任一生的教学、科研、着书、翻译及为人均有很大影响。大学期间，吴大任作为南开大学理科学会学术组负责人，曾主编《理科学报》。当时该校每个学院每学年只设一个奖学金名额，吴大任 4 年中在理学院独得两次（另两次被吴大猷得到）。1930 年他以"最优等成绩"毕业，并考取清华大学奖学金研究生。1933 年，他又考取首届中英庚款公费留学生。1934 年他在伦敦与陈鸴结婚。1935 年，他以拓扑群和射影几何方面的两篇论文完成答辩，在伦敦大学取得"带优异符号"的硕士学位后，到德国汉堡大学做访问学者。他发表了关于积分几何的两篇论文，有较高创造性，导师德国数学家 W. Blaschke 认为他已经足以取得博士学位；但因公费资助期限将至，短期内又难以办齐从访问学者转读学位的手续，他决定按期回国，坦然放弃了博士学位。

1937 年回国后，吴大任受聘于武汉大学任教授；半年后因抗日战争随学校西迁四川乐山。1942 年他又转到四川大学任教。在两校任教期间，他开设了微积分、高等代数、微分几何、非欧几何、复变函数、点集拓扑和代数拓扑等十多门课程。

1946 年吴大任回到母校南开大学任教。1948 年 5 月起他曾暂代教务长 3 个月。

1949 年 1 月天津解放，吴大任深感振奋。5 月，他被任命为南开大学教务长，由此他的工作重心转移到学校行政工作方面，一直持续了 34 年。1956 年吴大任加入中国共产党，1961 年任南开大学副校长。他为南开大学保持良好学风、提高教育质量、开展科学研究、壮大师资队伍、培养青年教师做了大量的具体工作，取得良好的效果。1956 年冬，吴大任参加了高等教育赴苏访问团，任综合大学组组长，并起草了上报教育部的两个报告。

"文化大革命"中，吴大任受到严重迫害。1973 年，他恢复了学校的部分行政工作。1978 年吴大任被选为中国数学会副理事长；1983 年起为名誉理事长。1980 年起任天津市数学会理事长。自 1957 年至 1979 年他参加了教育部组织的高考命题领导小组。1962 年至 1990 年，他还兼任高等教育部数学力学教材编审委员会副主任。1959 年起，他担任天津市科协副主席，1987 年后为名誉主席。1978 年他参加了全国自然科学规划会和科学大会。1981 年他受聘为国务院学位委员会第一届理科学科评议组成员。1982年受聘为《中国大百科全书数学卷》编委兼几何拓扑学科的副主编。1983年，他辞去南开大学副校长的职务。1985年后受聘为全国自然科学名词审定委员会第一届和第二届委员。1995年3月退休。

吴大任1938年在德国数学杂志上发表的两篇论文，是我国关于积分几何方面最早的研究。他第一个对椭圆空间的积分几何作了系统的研究。他对齿轮啮合理论的研究及应用做出了重大贡献。在非欧几何方面和圆（球）索几何方面，他也做出了一些有价值的工作。

吴大任在担任教务长和副校长期间，仍然任课。他先后开设了微积分、高等微积分、微分几何、高等代数等课程。他的讲课脉络清晰，板书规范，简明严谨，语言准确，启发性强，引人入胜，深受学生欢迎。1959年他编写的《微分几何讲义》获全国科技图书一等奖和国家教委教材一等奖。他主编的《空间解析几何引论》获国家教委教材一等奖及国家级教学成果二等奖。

1997年3月19日，吴大任因患癌症在天津逝世，享年89岁。

二、学术工作

吴大任的学术工作主要在积分几何方面和齿轮啮合理论方面。

吴大任是我国最早从事积分几何研究的数学家之一。他在1938年发表了"关于积分几何的基本运动公式"及"关于椭圆几何"两篇论文。第一篇把积分几何的基本运动公式推广到平面上被具有多重点的曲线所包围的区域。该论文的思路和方法可以推广到 n 维空间运动主要公式。第二篇首次系统地论述了椭圆空间的积分几何理论，证明了椭圆空间的基本运动公式。后来，他还证明了关于欧氏平面和空间中的凸体弦幂积分的一系列不等式，并由此导出一些关于几何概率和几何中值的不等式。

积分几何源于古典的几何概率，探索如何将概率思想运用于几何以获得有意义的结果，特别是有关凸体和整体微分几何方面的结果。该研究领域的开拓者是 W. Blaschke 和由他领导的汉堡大学讨论班。20世纪30年代，陈省身、吴大任、L. Santaló 都是这个班的成员。1935—1939年间 Blaschke 和他的学生以"积分几何"（Integralgeornetrie）为总标题发表了一系列论文。吴大任发表了编号为26和28的两篇论文。积分几何最基本的概念为 H. Poincaré 引入的"运动密度"，居于中心地位的成果则是"基本运动公式"。二维欧氏空间中的基本运动公式由 Blaschke 导出，即著名的 Blaschke 基本运动公式。吴大任则首次将积分几何的研究引向椭圆空间，得到包括椭圆空间中基本运动公式在内的一些重要成果。这些成果对当时的积分几何发展具有重要意义。

欧氏空间 $\mathbf{R}^n$ 中的子集 K 称为凸集，如果 K 中的任何两点 x,y 必为包含于 K 中一线段的端点。设 K 为 $\mathbf{R}^n$ 中的有界凸集（即 K 包含在以原点为中心的某个球内），设 $\mathrm{d}G$ 为直线的密度，σ 为直线 G 与 K 相交截出的弦长，积分

$$I_m = \int\limits_{G \cap K \neq 0} \sigma^m \mathrm{d}G$$

称为凸集 K 的弦幂积分，序列 $\{I_m\}(m = 0,1,\cdots)$ 称为凸集 K 的弦幂积分序列。诸 I_m 间的不等式称为弦幂积分不等式。经典的等周不等式可表述为 $L^2 - 4\pi A = I_0^2 - 4I_1 \geqslant 0$，其中 L,A 分别为平面凸集 K 的周长和面积。其中很重要的一组不等式，是诸 I_m 与 I_1 之间的关系式。

Blaschke 得到了平面 $\mathbf{R}^2$ 中凸集 K 的弦幂积分序列 $\{I_m\}$ 与 I_1 之间的关系，但有小的错误，经吴大任订正并表述为以下形式：

$$I_2 \leqslant \frac{16}{3\pi^2} I_1^{\frac{3}{2}}$$

$$I_m \geqslant \frac{2 \cdot 4 \cdots \cdot m}{3 \cdot 5 \cdots \cdot (m+1)} 2^{m+1} \pi^{-m} I_1^{\frac{m+1}{2}}, \quad m = 4,6,8,\cdots$$

$$I_m \geqslant \frac{1 \cdot 3 \cdots \cdot m}{2 \cdot 4 \cdots \cdot (m+1)} 2^m \pi^{-(m+1)} I_1^{\frac{m+1}{2}}, \quad m = 3,5,7,\cdots$$

吴大任还得到了空间 $\mathbf{R}^3$ 中凸集 K 的弦幂积分序列 $\{I_m\}$ 与 I_1 之间的不等式关系[①]，即

$$\left(\frac{m+2}{\pi^2} I_m\right)^3 - \left(\frac{3}{\pi^2} I_1\right)^{m+2} \begin{cases} \geqslant 0, & m = 0 \\ = 0, & m = 1 \\ \leqslant 0, & m = 2,3 \\ = 0, & m = 4 \\ \geqslant 0, & m \geqslant 5 \end{cases}$$

他的这一结果，是自 Blaschke 关于弦幂积分的研究工作以后的重大突破，是积分几何与凸体理论的一项重要成果。它的重要意义还在于它对于任意维欧氏空间 $\mathbf{R}^n$ 中凸集 K 的弦幂积分研究的启示作用。吴大任在正式发表此结果之前就无私地将论文的预印本寄给任德麟参考，正是在吴大任这一工作的启发下，任德麟建立了 $\mathbf{R}^n$ 中凸集 K 的弦幂积分的统一不等式。

吴大任给出了 $\mathbf{R}^2$ 和 $\mathbf{R}^3$ 中一些线性空间偶的密度公式，并由此讨论了关于凸集的一类特定类型的几何概率问题。这些几何概率均可用凸集的一些整体

① 吴大任. 关于凸集弦幂积分的一组等周不等式 [J]. 南开大学学报（自然科学版），1985（1）：1-6.

不变量简洁地表出。他还利用 $\mathbf{R}^2$ 和 $\mathbf{R}^3$ 中的弦幂积分不等式，给出了这些几何概率的最大值。简述如下：

(1) 在 $\mathbf{R}^2$ 中，设 N 表示由点 P 到直线 G 的垂线，Q 表示垂足，则有密度关系

$$\mathrm{d}P \wedge \mathrm{d}G = \mathrm{d}P_N \wedge \mathrm{d}Q_N \wedge \mathrm{d}N$$

其中 $\mathrm{d}P_N$，$\mathrm{d}Q_N$ 依次表示 P，Q 在 N 上的密度。若 $P \in K$，$G \cap K \neq \emptyset$，则 $Q \in K$（因此线段包含在 K 中）的概率为

$$\frac{I_2}{LA} \leqslant \frac{8}{3\pi} \approx 0.84882$$

其中 L 和 A 分别表示凸集 K 的周长和面积。

(2) 在 $\mathbf{R}^3$ 中，设 N 为由点 P 到平面 L_2 的垂线，Q 为垂足，则有密度关系

$$\mathrm{d}P_N \wedge \mathrm{d}L_2 = \mathrm{d}P_N \wedge \mathrm{d}Q_N \wedge \mathrm{d}N$$

其中 $\mathrm{d}P_N$，$\mathrm{d}Q_N$ 依次表示 P，Q 在 N 上的密度。若 $P \in K$，$L_2 \cap K \neq \emptyset$，则 $Q \in K$ 的概率为

$$\frac{I_2}{MV} \leqslant \frac{3}{4}$$

其中 V 为 K 的体积，M 为 K 的边界 ∂K 的平均曲率积分。

(3) 在 $\mathbf{R}^3$ 中，设 N 为由点 P 到直线 G 的垂线，Q 为垂足，E 为 P 和 G 所决定的平面，t 表示线段 PQ 的长，则

$$\mathrm{d}P_N \wedge \mathrm{d}G = t \cdot \mathrm{d}P_N \wedge \mathrm{d}Q_N \wedge \mathrm{d}N_E \wedge \mathrm{d}E$$

其中 $\mathrm{d}P_N$，$\mathrm{d}Q_N$ 的意义如前，$\mathrm{d}N_E$ 表示 N 在 E 上的密度。若 $P \in K$，$G \cap K \neq \emptyset$，则 $Q \in K$ 的概率为

$$\frac{2I_3}{AV} \leqslant \frac{4}{5}$$

其中 V，A 分别表示 K 的体积和表面积。

(4) 在 $\mathbf{R}^3$ 中，设 N 为两直线 G，G' 的公垂线，Q 和 Q' 是垂足，ω 表示 G 和 G' 间的角，则

$$\mathrm{d}G \wedge \mathrm{d}G' = \sin^2\omega \cdot \mathrm{d}Q_N \wedge \mathrm{d}Q'_N \wedge \mathrm{d}G_E \wedge \mathrm{d}G'_N \wedge \mathrm{d}N$$

其中 $\mathrm{d}Q_N$，$\mathrm{d}Q'_N$ 是 Q，Q' 在 N 上的密度，$\mathrm{d}G_N$，$\mathrm{d}G'_N$ 是 G，G' 绕 N 的角密度。若 $G \cap K \neq \emptyset$，$G' \cap K \neq \emptyset$，则 $Q \in K$，$Q' \in K$ 的概率为

$$\frac{I_2}{A} \leqslant \frac{1}{4}$$

其中 A 表示 K 的表面积。

在推导以上几何概率的上界估计时，用到 $\mathbf{R}^2$ 和 $\mathbf{R}^3$ 中弦幂积分不等式以及 Minkowski 不等式，而这些不等式等号成立的充要条件是 K 为圆盘或球体。

在非欧几何方面，1955 年吴大任把他在抗日战争期间关于三维空间非欧几何运动的研究作了补充。他用三维空间的点来代表一维射影变换而得到一种（以一个实母线二次曲面为绝对形的）非欧几何空间一般运动的表达式。

在齿轮啮合理论的研究方面，20 世纪 70 年代初期，因理论联系实际，为经济建设服务的需要，南开大学数学系成立了齿轮啮合研究组，吴大任为组长，成员有严志达和骆家舜。这项研究工作持续了十几年，取得了一系列成果，建立了独特的理论体系，处于国际领先地位。严志达给出了诱导法曲率的公式。吴大任在严志达工作的基础上，对共轭齿面的几何理论作了系统阐述。天津机械研究所的工程师张亚雄和齐麟，向吴提出某蜗轮齿面与当时的理论结果有出入的问题；吴由此着手研究"二次包络理论"。日本学者酒井高男和牧充的文章中也提出了"二次接触现象"，但缺乏理论推导。吴大任在此基础上，对二次接触现象和二次包络理论作了严谨的数学处理，得到系统的结论；又把该理论应用于直接展成法和间接展成法，并得出平面二次包络中的具体公式。吴大任把得到的结果写成"关于第二次接触"的论文，于 1976 年在广州的一个会议上印发。他还特别强调，一定要把理论上证明了的东西制造成实用的工业品，推向市场去检验。吴大任与人合作的"平面二次包络环面蜗杆传动"研究项目，从数学上严格论证了二次包络原理，为研制工作打下了坚实的理论基础，对制造二次包络蜗轮蜗杆副的机械行业的生产实践具有指导意义，其中关于"两类界点"的阐述，对齿轮刀具设计的指导十分精辟，进一步完善了齿轮刀具设计的理论。机械部、冶金部和天津机械研究所等单位把这些成果应用于实践，取得了很好的效果。张亚雄和齐麟运用这些成果，研究设计出性能优异的新型蜗轮蜗杆副，生产出世界一流的系列产品，畅销国内外。吴大任、严志达等人合作的"齿轮啮合原理"的项目获 1978 年全国科学大会奖，还获得 1979 年天津市科技成果一等奖。吴大任、骆家舜与张亚雄、齐麟合作的论文"平面二次包络弧面蜗杆传动"也获得 1981 年天津市科协优秀学术论文一等奖。吴大任开设了关于齿轮的课程，1978 年后与骆家舜合作招收了两届"微分几何和齿轮啮合理论"的研究生。吴大任与骆家舜还合著了《齿轮啮合理论》，1985 年由科学出版社出版；后来又由吴翻译成英文，定名为《共轭齿面的几何理论》，1992 年由新加坡世界科学出版社出版。

在圆素和球素几何方面，早年姜立夫提出对称实二阶方阵和 Hermite 方阵依次代表平面上的 Laguerre 圆和空间的 Laguerre 球，用相应的 2×4 阶矩阵

代表 Lie 圆和 Lie 球。根据姜立夫生前的意愿，吴大任一直积极协助中山大学的黄树棠、杨淦对姜倡导的圆（球）素几何进行整理并继续研究。吴大任和黄树棠合作，得到辛反演的辛等价类、各类的标准型以及各类辛反演下的不变圆集。在他的帮助下，黄树棠结合辛反演不变圆集的分析得到了辛反演的辛相似类，杨淦则分析了辛反演的不变球集。

三、行政工作

1949 年 4 月，天津市市委文教部长黄松龄找吴大任，希望他出任南开大学教务长。吴大任看到，在共产党领导下，国家政治开明、社会安定，教育事业前途光明，人际关系也大为改善，感到也许可以做点事情，就答应试一试，以一年为期。但没有想到，这一干就是 34 年，先是任教务长，1961 年以后任副校长。

吴大任对于他领导的教务处工作抓得很紧，既注重全面管理，又与各系领导密切联系，还深入基层，到理科各系听课。在南开大学学报复刊、创办理科学报，以及后来重建南开大学出版社上，他都起了重要的作用。

1961 年吴大任被任命为副校长，主抓教学和科研工作。当时校党委要全面整顿教学秩序，加强基础课和严格学籍管理。为此，吴大任亲自主持制定了新学则，对学生入学、考核、毕业、奖惩等进行了全面的规定，这使南开大学的教学工作很快规范化。

"文化大革命"结束后拨乱反正，1978 年杨石先被重新任命为南开大学校长，吴大任、滕维藻、胡国定为副校长。

1979 年，吴大任作为天津市教育访问团副团长到日本神户访问；1982 年，他作为南开大学访问团副团长到美国访问，并主持拟定了和美国几所大学的合作协议。

20 世纪 80 年代上半期，吴大任与胡国定一起，花费了很大的精力，创造各种条件，成功地推动并协助陈省身回国工作，于 1985 年创办了南开数学研究所。吴大任提出的"立足南开，面向全国，放眼世界"的办所方针，被陈省身采纳。南开数学研究所成立二十多年来，对于在国内培养高级数学人才、促进国内外的数学学术交流和提高国内数学水平，做出了突出的贡献。

四、教育、教学思想

在长期的教学科研工作和学校领导工作实践中，吴大任积累了丰富的教学管理经验，形成了一系列正确的教育、教学思想和理论。1950 年至 1993 年他关于教育与科学方面的会议报告、发言、文章、信件等，仅收入《吴大任教育与科学文集》（南开大学出版社，2004 年）的就有 83 万字。

他一贯重视加强基础教学和基本技能训练，提出了因材施教、文理结合、理工结合的办学思想。他重视提高教育质量，强调对学生高标准的要求。他高度重视学科建设和师资队伍建设，重视发展交叉学科、边缘学科，亲自抓教师，特别是骨干教师培养规划的制定和落实。

他认为教育的目的是使人得到全面发展。他认为最要紧的是引导学生学好基础课，学好最核心的东西。在他的领导下，南开大学对基础课和基础实验始终抓得很紧，保证了教学质量。

在实践中，他针对学年制专业太专、基础太窄、课程太多、计划太死的弊端，极力主张实行学分制。他主张总学分不要太多，应多给学生一些选择权。他也提倡学生跨系跨专业选课，以培养复合型人才；并进而提出实行主辅修制和双学位制。

他在 1978 年建议改变"文化大革命"后学制缩短太多的状况。1979 年 3 月，他又写信给时任教育部长的蒋南翔，并转送邓小平、方毅，提出"紧急呼吁"，建议延长学制。之后，邓小平 4 月 20 日在吴大任的来信上批示："拟同意。改制的具体措施由教育部制定。"1981 年，全国中小学学制延长至 12 年。

1981 年，他建议设立与国家科委平行的国家教育委员会，以统筹协调并领导全国教育工作。1984 年他再次提出该建议。1985 年，国家教委成立。

五、翻译工作

吴大任的数学基础、汉语基础和外语基础都很好，所以翻译成果颇丰。吴大任翻译了十几部数学书，其中与夫人陈䓨合作翻译的有三部。

第一部是 M. Bocher 的《高等代数引论》。1935 年由商务印书馆出版。

吴大任翻译的第二部书是与夫人陈䓨合译的《函数论》。1936 年至 1937 年，吴在德国汉堡大学听了 E. Artin 的"复变函数论"课。Artin 称赞 K. Knopp 著的一套两卷《函数论》：此书虽小而写得美妙。吴大任和陈䓨从 1937 年夏起，用了一年多时间完成了《函数论》（德文版）译稿，1947 年由商务印书馆出版。

1954 年，吴大任与南开大学数学系的几位教师一起翻译了俄文教材 G. E. Shilov 的《线性空间引论》。

"文化大革命"后，特别是 1983 年辞去副校长职务后，吴大任花费了较多的时间用于翻译，译了四部数学著作。

第一部是《积分几何与几何概率》。这是《数学及其应用百科全书》（Encyclopedia of Mathematics and its Applications）的第一卷，作者是 L. A. Santaló，1991 年由南开大学出版社出版。第二部是《初等微分几何》。1940 年前后吴大任、陈鹴用文言文翻译了 Blaschke 的《微分几何讲义》第一卷，但没有整理出版。《初等微分几何》（德文版）是 K. Leichweiss 根据 Blaschke 的意愿把前书增订写成的。吴、陈在过去译稿的基础上翻译了此书，1992 年由北京大学出版社出版。

第三部是《整体微分几何》。作为《数学演讲》（Lecture Notes in Mathematics）丛书第 1000 卷的这本书，作者是 H. Hopf，前面有陈省身写的序，1987 年由科学出版社出版。

Hopf 是微分几何和拓扑学大师，该书是由两位听讲者根据其笔记整理成的，错误较多。吴大任译完后写了一份书面材料列举发现的问题，并附了一个勘误表。原书 1989 年出版的第二版前有 R. Voss 作的序，序中提到第二版已经接受了吴的意见。

第四部是《精确数学和近似数学》（德文版）。这是吴大任与陈鹴合译的。它是 F. Klein《高观点下的初等数学》的第三卷。第三卷没有英译本，出版社请吴、陈把它从德文译成中文。这本书还涉及哲学、天文、气象、物理、生理、测量等学科，很难翻译。于 1993 年由湖北教育出版社出版。

关于翻译数学书，吴大任颇有体会，在《我的译作生涯》中作了总结。

例如关于"数学名词"，吴大任写道："我的原则是：①若非万不得已，绝不自拟新记号；②在现成的名词中，选择其最能准确代表有关概念的一个，不受外文的字面影响；③可能的话，不用人名作为形容词；④删繁就简；⑤尽可能避免常用的字，以免和叙述文字混淆。"

又如关于"数学语言"，吴大任写道："我译作的时候力求把精确的数学内容与通畅的、合乎汉语语法的文字统一起来。"许多读者都认为，吴大任翻译的数学著作，不但准确、简明，而且特别符合汉语的规范，易读易懂。

六、道德风范

吴大任坚持真理，襟怀坦白，顾全大局，淡泊名利，始终把自我价值的实现与党和国家及南开大学的事业紧密联系在一起。他严于律己，宽厚待人，以身作则，团结同志。他光明磊落，廉洁奉公，处事公正，从无帮派。他的无私精神和工作业绩赢得了人们的爱戴，他的崇高品格和道德风范为人们所敬仰。

吴大任历来正义感很强，早在 1945 年期间，他在四川大学就积极参加反对迫害进步教授的活动。1948 年 8 月，国民党在天津疯狂逮捕进步人士。为了逃避搜捕，一名地下党员教师将两个可能上黑名单的学生带到吴大任家，请他帮忙掩护。吴大任及夫人以极大的勇气安排两个学生在自己家中住了一夜，表现了对进步学生的关心和爱护。

1956 年教师评级时，吴大任被评为一级教授。但他见一些德高望重的老先生还不是一级，所以坚决不肯接受，把名额让给了别人。

吴大任与人为善、乐于助人的品行被领导、同事、朋友、下属和学生交口称赞。曾在逆境中得到他的帮助与恩泽的人，举不胜举。

"文化大革命"中，吴大任受到非人的批斗，但坚持绝不牵连别人的原则；对于自己的"罪行"，虽然不得不"交代"和"批判"，但也坚守事实。"文化大革命"后，他丝毫不计较受到的严重伤害，重新又积极投入学校的工作。当他得知有的同志无意复出时，便劝告说："现在拨乱反正，我们不愿担负一些责任是说不过去的。"这体现出他以大局为重、以国家为重的气度和胸怀。

在吴大任生命垂危之际，当教育部领导到医院看望他，问他有什么话要说时，他只说了"希望中央增加教育投入，以便教育事业有更大发展"一句话，表现了一位老教育家心中惦念国家、忠诚教育事业的高风亮节。

吴大任和他的清华同窗陈省身、柯召

第二部分 人物篇：四川著名数学家传稿选辑

143

吴大任的主要论著

[1] WU T J. Integralgeometrie 26：über die Kinematische Hauptformel [J]. Math Z，1938（43）：212-227.

[2] WU T J. Integralgeometrie 28：über Elliptische Geometrie [J]. Math Z，1938（43）：495-521.

[3] WU T J. Projectivities on a line and non-Euclidean motions in space [J]. Science Record，1942（1）：59-61.

[4] WU T J. On pairs of curves in non-Euclidean space [J]. Science Record，1947（2）：31-36.

[5] WU T J. Der dual der grundformel in integralgeometrie [J]. J. Chinese Math Soc.，1948（2）：199-204.

[6] WU T J. Über geometrische Wahrscheinlichkeiten [J]. Science Quarterly, Wuhan Univ.，1948，7（3）：1-12.

[7] 吴大任. 一维空间的投影变换与三维空间的非欧运动 [J]. 南开大学学报（自然科学版），1955（1）：1-18.

[8] 吴大任. 微分几何讲义 [M]. 北京：高等教育出版社，1959.

[9] 南开大学空间解析几何引论编写组. 空间解析几何引论 [M]. 北京：高等教育出版社，1978.

[10] 吴大任. 关于凸集弦幂积分的一组等周不等式 [J]. 南开大学学报（自然科学版），1985（1）：1-6.

[11] 吴大任，骆家舜. 齿轮啮合理论 [M]. 北京：科学出版社，1985.

[12] 黄树棠，吴大任. 拉氏圆的辛反演 [J]. 南开大学学报（自然科学版），1986（1）：1-11.

[13] 黄树棠，吴大任. 圆（球）素几何（二）：拉氏圆辛反演一文的注记 [J]. 南开大学学报（自然科学版），1987（1）：1-4.

参考文献

[1] 骆家舜. 吴大任 [M] //卢嘉锡. 中国现代科学家传记：第 3 卷. 北京：科学出版社，1992：21-27.

[2] 陈鹗，萧永震. 吴大任 [M] //程民德. 中国现代数学家传：第 2 卷. 南京：江苏教育出版社，1995：123-140.

[3] 崔国良. 吴大任教育与科学文集 [M]. 天津：南开大学出版社，2004.

[4] 任德麟. 吴大任教授对积分几何的贡献. 2007.

[5] 周家足. 吴大任先生对积分几何的贡献. 2007.

（原载于《20世纪中国知名科学家学术成就概览：数学卷（第一分册）》第151～159页，科学出版社，2011年）

撰写人：顾沛（南开大学）

柯 召

柯召（1910—2002），字惠棠。数论学家。1910年4月12日生于浙江温岭县。1933年清华大学算学系毕业，1935年赴英国曼彻斯特大学留学，师从著名数学家莫德尔（Modell）研究数论。1937年获博士学位。

1938年，柯召学成回国，在四川大学任教，并于1939年任数学系主任。新中国成立后，历任重庆大学教授，四川大学教授、副教务长、数学研究所所长、副校长、校长、名誉校长。1955年被聘为中国科学院数理化学部学部委员（1993年改称中国科学院院士）。1954年起连续当选为第一至第七届全国人大代表，曾任四川省第四、第五届政协副主席，九三学社中央副主席及四川省主委和成都市主委，中国数学会副理事长、名誉理事长及四川省数学会理事长、名誉理事长。

1983年柯召被选为中国数学会名誉理事长，1998年获中国科学院资深院士称号，1999年获得何梁何利科技进步奖。

柯召在数论、组合论领域有重要贡献，是中国近代数论、组合论的创始人之一。他关于不定方程卡特兰问题的研究结果与方法，在国际上誉为柯氏定理、柯氏方法，至今仍被广泛引用。在20世纪60年代，柯召与国外数学家爱尔特希及拉多合作的一个组合论定理——爱尔特希-柯-拉多定理，文献上称为一个里程碑式的成果。

柯召是一位优秀的教育家，为国家培养了好几代优秀的数学人才。同时，在发展四川的教育科技事业方面，他做出了特殊的重要贡献。

2002年11月8日，柯召在北京逝世。

一、简　历

1910 年 4 月 12 日，柯召出生于浙江温岭的一个平民家庭。父亲柯伯存在当地一家布店里作店员，母亲骆明是家庭妇女。家中收入平平，尚可度日。柯召 5 岁那年，父亲便开始教他读书识字，训教甚严。1921 年柯召 11 岁时，本已可升中学，父亲见他年龄尚小，便让他念了 1 年私塾。他良好的古文素养便是从这时开始逐渐打下基础的。

当时，有一位名叫肖仲劼的同乡在杭州安定中学任教，父亲考虑到这个学校好，又有人关照，于是 1922 年刚满 12 岁的柯召便离家数百里到了杭州安定中学就读。杭州是有名的文化古城，求学的好地方。学校里良好的学习环境、丰富的知识，都引起了他浓厚的兴趣。课余假日，同学们出去远足旅行时，他总是留下来读书，思考数学问题，倒也自得其乐。安定中学的水准甚高，柯召在这里勤奋地学了 4 个年头，基础打得极为扎实。

1926 年，柯召中学毕业（四年制）后，随即考入厦门大学预科，1928 年升入厦大数学系。当时，北方的许多名教授如鲁迅、林语堂等人，都曾来到厦大任教。名家的风范和学识对青年人特别具有吸引力，慕名而来竞争入学的人特别多。柯召报考厦大也有这方面的原因。

1930 年，柯召在厦大数学系学满两年后，决定要到条件更好的清华大学去。为筹措学费，他教了 1 年中学，次年通过考试转学到清华大学算学系。当时，系里的教授有熊庆来、孙光远、杨武之、郑桐荪等，和柯召一起听课的有陈省身、华罗庚、吴大任和许宝騄。华是系上的职员，陈和吴是研究生，柯和许是本科生。后来，他们 5 人都成了数学名家，足见清华教育质量之高。熊庆来知道柯召家境不好，便安排他改微积分作业本，每月报酬 20 元。那时伙食费每月大约 5 元就足够了，这使他免去衣食之忧，得以安心求学。在厦门大学时，柯召曾改过化学系学生卢嘉锡（化学家，曾任中国科学院院长）的数学作业。后来他们在一起叙旧时，卢嘉锡还以此为据，称自己是学生。

1933 年，柯召以优异的成绩毕业。当时，清华的淘汰率极高，毕业时仅剩他和许宝騄二人，而且他们都是从三年级转学来的。同届从一年级入学的 30 多名学生，不是留级便是被淘汰了。其实，柯召也有侥幸之处。在清华，体育课由著名的马约翰教授严格把关，游泳不及格是不能毕业的。柯召不爱运动，更不会游泳，实难闯过这一关。好在他是从三年级转学来的，已经没有体育课，否则毕业时定会遇到麻烦。

在清华，老师和同窗都是出类拔萃的优秀人才。他们朝夕相处，不仅学识上大有进步，生活也很充实。学余时，柯召常到杨武之家中下围棋，屡局不倦。杨是芝加哥大学博士，专长数论。柯召和华罗庚都受他指导，又有共同爱好，师生情谊尤深。

1933年，柯召毕业后应姜立夫聘请，到天津南开大学数学系任助教。那时南开数学系只有他一个助教，任务甚重。他教过复变函数、实变函数和理论力学等多门课程。不过，助教的待遇也颇丰，每月80元，第二年又升到每月100元。

1935年，柯召考上了中英庚款的公费留学生。同时考上的有毕业于中山大学的李华宗，后来他们成了好朋友。柯召的同学许宝騄虽然成绩合格，却因体重不够而落榜，于第二年才考上。主管部门原拟派柯召赴剑桥大学深造，后来应他的要求改派到曼彻斯特大学，因为那里的教授才适合他的研究方向。李华宗则被派往爱丁堡大学学习微分几何。

柯召的导师是著名数学家莫德尔（Mordell）。入学时，他问了柯召的一些基本情况，柯召据实以答，并把在清华时写的论文给他看。莫德尔看后很满意，便同意接收，还把学习年限定为两年（按规定，一般为三年）。莫德尔给柯召的第一个研究课题是"关于闵可夫斯基猜测"。柯召专心琢磨了整整一周，毫无头绪，他便去见老师，说没有找到办法。莫德尔笑笑对他说："这个问题我搞了三年都没有解决。"并向正在他办公室的一位力学教授解释道，"年轻人也许有新的想法"。其实，莫德尔本人便是世界知名的解题高手，攻克过很多难题，"闵可夫斯基猜测"的难度可想而知。他这样做是表明对这位中国学生寄予的厚望。两个月后，柯召完成了一篇很有创见的研究论文。莫德尔看了之后评价甚高，告诉柯说："行了，你的博士论文已可通过。不过，按制度你还要两年以后才能毕业。"他还让柯召到伦敦数学会去报告过这篇论文。在此之前，还没有中国人登上过伦敦数学会的讲台，当时听众惊奇地说："中国人！中国人！"著名数学家哈代（Hardy）也在座，对此印象很深。后来哈代在主持柯召的博士论文答辩时对他说："你已经作过报告了，很好！很好！"就这样，柯召于1937年获得了博士学位。

在曼彻斯特大学的3年，是柯召求学的黄金时代，为他毕生从事数学研究与教育事业打下了坚实的基础。其间，他在《数论学报》《牛津数学季刊》《伦敦数学会杂志》《伦敦数学会会报》等著名刊物上发表了一系列出色的论文。半个世纪后，1990年，美国一位数学家斯勒恩（J. A. Sloane）读了柯召当时的论文之后大为赞叹，说他"很惊异中国人那么早就已做出了巨大的成就"。他曾带信向柯召致意："我拜读了您1938年关于二次型的大作，棒极了！"

当时，在曼彻斯特大学聚集了一批数论新秀，他们当中除柯召外，还有爱尔特希（Erdös）、德范波特（Davenport）、马勒（Mahler）等人，后来都成了著名的数学家。他们相处得十分融洽，大家在一起研究问题，一起到老师家中玩桥牌，师生情谊深厚。这一段美好的日子，柯召至今难忘。柯召与爱尔特希的交谊尤深，两人共同探讨过许多重要问题，合写过多篇重要论文，至今传为佳话。1960年，爱尔特希来中国访问，由柯召接待，老朋友再度合作，共同研究了组合论中的"交集问题"。工作接近完成时，爱尔特希便回英国了。爱尔特希回国后又和拉多（R. Rado）谈起这篇论文，并经拉多修改后于1961年联名发表，这就是著名的"爱尔特希-柯-拉多（Erdös-Ko-Rado）定理"。国际数学界对此工作评价很高，视为组合论中的经典结论，引用该文的文献达百余篇之多。

曼彻斯特数论学派的主要成员：导师莫德尔（左4），柯召（右2），爱尔特希（右1），达文波特（右4），马勒（左1）。1935—1938年，剑桥

1938年，柯召谢绝了导师莫德尔的一再挽留，怀着拳拳报国之心，毅然回到正受日本帝国主义侵略的祖国。按照中英庚款董事会的安排，他和李华宗不约而同来到成都，在四川大学任教。当时川大理学院院长是留学德国哥廷根大学的魏嗣銮博士。魏也是川大数学系的创建人之一，他多方延聘学有成就的留学生来校任教。抗战时期，四川的条件虽差，但毕竟在大后方，还可以办学育才，十分难得。后来，李国平、吴大任、曾远荣等优秀学者，也相继到了川大。

1939 年，柯召到川大第二年的暑期，便接任数学系主任。这时川大为躲避敌机空袭，由成都迁往峨眉，条件更为艰苦。对于这些，柯召并不在意。他主持数学系工作之后，很注意科研工作和学生能力的培养，认为这样才能培养出有真才实学的人才。他曾去函英国邀请他的同学马勒来校任教，马勒接受了好友的邀请，可惜因欧战爆发，交通中断，未能成行。不过学术讨论倒是搞起来了。在川大校史上有这样一段记载："1938—1942 年在峨眉期间，数学系每周设专题研究课，召集全系师生作集体研究，各人阐述自己的研究心得，共同讨论。这种专题研究十分有吸引力，有时学生变成先生，站在讲台上边写边讲，而教师则和同学一起静坐听讲……它造就了一批在数学上锐进不已的人才。"这个专题研究课便是柯召发起的，参加的老师有李国平、李华宗等人，学生有朱福祖、王媛旃等人。柯和李华宗合作的关于矩阵代数的论文，就是这个研究课的产物。朱福祖后来任华东师范大学教授，在数论、二次型研究中颇有建树。王媛旃不幸英年早逝。

1946 年，柯召到重庆大学任教。当时物价暴涨，货币贬值，生活非常清苦。本来他回国时手中尚有一些外币，那是在英国时从生活费中节省下来的。但早已兑换给商务印书馆，用于向国外购买纸张印刷教科书了。到了生活紧张时，兑换来的法币大大贬值，没什么用处了。当时，柯召已经很有名气，聘请他讲课的学校甚多。他曾在重庆蜀都中学等校兼课。重庆是山城，出门非坡即坎，交通很不方便。柯召成天奔跑赶课，劳累不堪，所得也只能勉强糊口。就是在这样的条件下，柯召也没有放弃学术研究。重庆大学曾设立过数学研究所，柯召出任所长，导师有胡坤陞等人，还招有研究生。

1952 年，柯召由重庆大学调任四川大学教授，历任副教务长、数学研究所所长、副校长、校长、名誉校长。1955 年被聘为中国科学院数理化学部学部委员（1993 年改称中国科学院院士）。1954 年起连续当选为第一至第七届全国人大代表，曾任四川省第四、第五届政协副主席、中国数学会副理事长、名誉理事长及四川省数学会理事长、名誉理事长。

1950 年柯召加入九三学社，先后任九三学社第三、四、五届中央委员，第六、七届中央副主席、中央参议委员会副主任委员、名誉副主席。他是九三学社成都分社的主要创始人，曾任九三学社成都市委主委、四川省委主委、名誉主委。

1983 年柯召被选为中国数学会名誉理事长，1998 年获中国科学院资深院士称号，1999 年获得何梁何利科技进步奖。

柯召在数论、代数、组合论等领域有突出成就，发表了近百篇卓有创见的论文，尤其在数论的不定方程和组合论的研究中贡献卓著，在国内外数学界享誉甚高，被称为是"我国近代数论和组合论的创始人之一""中国二次型研究的开拓者"。他关于不定方程卡特兰问题的研究结果，在国际上誉为柯氏定理，他为证明该定理所创造的方法被称为柯氏方法，至今仍被广泛引用。在20世纪60年代，柯召与国外数学家爱尔特希及拉多合作的有关有限集的交集计数的工作，即著名的爱尔特希-柯-拉多定理，推动了组合论的一个分支——极值集论的迅速发展，文献上称为一个里程碑式的成果。20世纪80年代初，柯召担任中国人民解放军总参谋部科学顾问。他带领一批学者进入国防应用数学领域，为研究和解决国防现代化中的数学问题做出了贡献。

柯召是杰出的教育家和科学家，从1938年归国起，他在教育战线辛勤耕耘六十多年，1957年8月，被聘为国务院科学规划委员会数学组组员。1963年和1977年，他先后两度参加制定国家科学发展规划的工作，担任过国务院学位委员会第一届学科评议组成员、国家教委高等学校理科教材编审组成员、《数学学报》编委、《数学年刊》副主编、《四川大学学报》主编、编委会主任、四川省科技顾问团成员、中国国际文化交流中心四川省分会副理事长等多种学术职务，为祖国的科学和教育事业奉献了毕生的精力，为国家培养了好几代优秀数学家，桃李满天下。

尤其难能可贵的是，柯召学成归国后，选择了到四川大学任教授。当时，四川的教育与科学事业非常落后，数学事业也处于刚刚起步的阶段，许多方面还是空白。他毫不犹豫地在学海的蜀道中奋进，把回国后的岁月都献给了四川的科教事业，特别是四川的数学事业，达六十多年。

二、对不定方程与组合论的贡献

（一）柯召的研究领域介绍

不定方程是数论的一个分支，它有悠久的历史与丰富的内容，源远流长。

所谓不定方程，是指这样一类具有有理系数的代数方程或代数方程组，其解的范围是正整数、整数、有理数或代数整数等。通常假定，不定方程的未知数个数大于方程的个数，它可能有多个解，也可能无解，这就是"不定"的含义。

早在公元3世纪，古希腊数学家丢番图（Diophantus）在他的著作《算术》一书中，就研究过若干不定方程，所以不定方程又称为丢番图方程。在数学发展的历程中，许多数学大师，如费马、欧拉、拉格朗日、高斯、库默、希尔伯特等，都从事过不定方程的研究。这些研究大大丰富了数论的内容。20

世纪的后半时期，不定方程领域更有重要进展。例如，著名的希尔伯特第 10 问题于 1970 年得到了否定的回答。此外，还有一些古老的猜想被解决了。特别是英国数学家威尔士（Andrew Wiles）证明了费马大定理。尽管如此，从整体来讲，关于高次的多元不定方程，迄今只有少数特例被人们搞清楚了，还有着广阔的未知领域。另一方面，不定方程与数学的其他分支，如代数数论、代数几何、组合数学等有着密切的联系，在有限群论和最优化设计中，也常常提出不定方程的问题。而且，不定方程的问题通常是很具体特殊的，在其研究中发展起来的方法常常是很有用的。这就使得不定方程这一古老的数学分支仍然持续地吸引着许多优秀数学家的注意，成为数论中的重要研究课题之一。

从 20 世纪 30 年代起，柯召就潜心研究不定方程理论。他涉猎了不定方程的各个主要领域，广有建树。到 80 年代，柯召共发表了上百篇卓有创见的论文，其中不少论文从结果到方法都在国际上产生了重大影响，具有重要的学术价值。

组合数学是一个既古老又新兴的数学分支。现代组合数学的蓬勃发展是在计算机问世和普遍应用之后。计算机科学的产生和发展，极大地促进了组合数学的发展，它因之成为一门极富生命力的新兴数学分支。

在国外，现代组合数学的迅速发展是从 20 世纪五六十年代开始的。1966 年，国外有了专门研究组合论的数学期刊（J. Combinatorial. Math.），有关现代组合数学的著作也相继问世。与之几乎同步，柯召和国内一些数学家（例如万哲先、阳本傅、陆家羲等人）已经涉足了组合数学的研究，并且做出了很好的成果，其中就有著名的爱尔特希-柯-拉多定理。可惜的是政治运动的冲击，延误了组合数学的发展。

柯召关于组合数学的研究成果数量虽然不多，但那却是世界一流的精品，被称为里程碑式的成果。20 世纪 70 年代初，柯召开始了发展中国的组合数学的事业，做了大量的工作，他因之成为中国组合数学的开拓者之一。

（二）中国二次型研究的开拓者

二次型理论，特别是二次型的算数理论，是源于二次不定方程研究而发展起来的研究领域。由于它的丰富成果和广泛的应用，二次型及高次型的研究已发展成为一个独立的数学新分支。

从 20 世纪 30 年代起，柯召在表二次型为线性型平方和的问题方面，在二次型表为不可分解型之和以及二次型的等价分类问题上，做了一系列重要工作，他是中国二次型研究的开拓者。

1. 表平方和问题

设 $f = \sum_{i,j=1}^{n} a_{ij}x_ix_j$ 中是一个整系数正定二次型，R_n 表示最小的正数 r_n，使得对一个任给的 n 元二次型 f，存在 R_n 个线性型 $L_i(x_1,\cdots,x_n) = \sum_i b_{ij}x_j$，有 $f = \sum_{i=1}^{n} L_i(x_i,\cdots,x_n)^2$，这里 b_{ij} 为有理数。

寻求 R_n 的工作始于兰道（Landau）和莫德尔（Mordell）。1937 年，莫德尔证明了 $R_n \leqslant n+3$。同年，柯召对 $R_n \leqslant n+3$ 给出了一个简洁的证明。1938 年，柯召证明了 $R_n = n+3$，从而彻底解决了这一问题。这是他在二次型方面的第一个重要工作。

1940 年，柯召证明了对于任给的非定 n 元幺模（即行列式为 1）二次型 f，存在 $\varepsilon_i = \pm 1$ 和线性型 $L_i(x_1,\cdots,x_n)$，使得 $f = \sum_{i=1}^{n+3} \varepsilon_i L_i$。1957 年，他得出了表整系数恒正二次型为 5 个整系数线性型的平方和的一些充分条件。

2. 不可分解问题

设 f 是一个整系数正定二次型，如果 f 不能表成两个整系数非负二次型之和，就称 f 是 n 元不可分解型。1937 年，莫德尔证明：对于 $n \leqslant 5$，不存在不可分解型，而在 $n=8$ 时有这样的型存在。1938 年，柯召和著名的匈牙利数学家爱尔特希（Erdös）证明：当 $n \geqslant 12$ 时，除开 $n=13$，17，19，23 外，均存在 n 元不可分解型，使这一问题得以基本解决。1958 年，柯召证明了不存在 13 元不可分解型。

3. 关于定出幺模 n 元正定二次型的类数 $C_{n,1}$ 的问题

前人证明了 $n \leqslant 7$ 时 $C_{n,1} = 1$；而 $n=8$ 时 $C_{n,1} = 2$。1938 年，柯召证明了当 $n=9$，10，11 时 $C_{n,1} = 2$。同年，他和爱尔特希证明了对于适当大的 n，$C_{n,1} \geqslant 2^{\sqrt{n}}$。1958 年至 1960 年，柯召利用对于自守变换个数的计算，得出 $C_{12} = C_{13}$，$C_{14} = 4$，$C_{15} = 5$，$C_{16} \geqslant 8$，并且给出了各类的代表型和它们的自守变换的个数。

这些结果至今仍有重要的学术价值。1988 年，在日本召开的国际信息论会议上，美国数学家斯托勒（N. J. A. Stoane）是两位获奖者之一，他同一位中国代表谈到柯召有关二次型的论文时说："我很惊异中国人那么早就已做出了巨大的成就。"后来，斯托勒还去信向柯召致意："我拜读了您 1938 年关于二次型的论文，棒极了！"

（三）柯氏定理，卡特兰（Catalan）猜想的重大突破

数论的大部分内容是研究整数的性质和规律。其中，关于连续整数的性质和规律往往以不定方程的形式表现出来。在这方面有一些深刻结果，柯召关于卡特兰猜想的重要结论便是其中之一。

1842 年，法国数学家卡特兰提出了一个著名的猜想：8 和 9 是仅有的两个大于 1 的连续整数，它们都是正整数的乘幂。这个著名的猜想，可改用不定方程的语言来叙述如下：

不定方程 $x^m - y^n = 1 (m > 1, n > 1)$ 除开 $m=2$，$x=3$，$y=2$，$n=3$ 外，没有其他的正整数解。

卡特兰的这个猜想提出不久，1850 年由勒贝格（V. A. Lebesque）解决了偶数情形之一，即 $n=2$ 的情形。而另一种偶数情形，即 $m=2$ 的情形，却无法解决。过了 70 多年，1921 年，纳盖尔（V. A. Nagell）解决了 $m=3$，$n=3$ 的情形，1932 年，赛尔伯格（S. Selberg）解决了 $m=4$ 的情形。以后很长一段时间就没有进展了，甚至连"是否有三个连续整数，它们都是正整数的乘幂？"以及"方程 $x^2 = y^n + 1 (n > 3, xy \neq 0)$ 是否有正整数解？"这两个较弱的问题都难以解决。其中前一个问题又称为弱型卡特兰问题，后一个问题是勒贝格未能解决的另一种偶数情形，即 $m=2$ 的情形。

1962 年，柯召以极其精湛的方法解决了这两个难度很大的公开问题。他还证明了方程 $x^2 = y^n + 1$ 在 $n>3$ 时，无 $xy \neq 0$ 的正整数解。这是研究卡特兰猜想的重大突破。

2000 年，瑞士青年数学家米哈依列斯库（P. Mihăilescu）利用代数数论中关于分圆域的一个深刻定理，解决了奇数情形的卡特兰猜想（偶数情形是勒贝格和柯召解决的）。到此，这个有一百六十多年历史的数论难题得以完全解决。有关论文于 2003 年发表。文中，米哈依列斯库在回顾攻克卡特兰猜想的历程时，特别提到的两次重大进展就是 1850 年勒贝格的贡献和 1962 年柯召的贡献。

王元院士认为："虽然卡特兰猜想现在已经得到解决，但证明用到的知识较多，亦较复杂。柯召的结果除了是一个历史记录外，还是一个漂亮的初等数论定理。"

莫德尔在他的专著《不定方程》中，把柯召关于方程 $x^2 - 1 = y^n$ 的结果称为柯氏定理。特别是柯召在证明这个定理时，提出了用计算雅可比符号 $\left(\dfrac{Q_p(y)}{Q_q(y)} \right)$ 来研究不定方程的方法，此方法引出了一系列深刻的结果。例如，

1977 年特尔加尼亚（Terjanian）对偶指数费马大定理第一情形的证明，以及 1983 年罗特凯维奇（Rotkiwicz）在不定方程研究中取得的一系列重要结果，都用到了柯召的方法和思想。

关于连续整数有关的不定方程，柯召 1963 年还得到一个完满的结果：

不定方程 $\sum_{j=0}^{h} (x-j)^n = \sum_{j=1}^{h} (x+j)^n$，$h>0$，在 $n>2$ 时无正整数解。

用直观的话来说就是：对于正整数 h，不存在 $2h+1$ 个连续整数，它们的前 $h+1$ 个数的 n 次方之和等于后 h 个数的 n 次方之和，这里的 n 是大于 2 的正整数。

（四）指数型不定方程的一系列结果

1. 爱尔特希猜想的否定

1938 年，爱尔特希猜想，不定方程 $x^x y^y = z^z$ 无大于 1 的正整数解，$x>1$，$y>1$，$z>1$。1940 年，柯召用极其精湛的初等方法证明：当 x，y 互素时，此问题无解；但当 x，y 的最大公约数 $(x, y)>1$ 时，此问题有无穷多组解。柯召给出的解如下：

$$x = 2^{2^{n+1}}(2^n - n + 1) \cdot (2^n - 1)^{2(2^n - 1)}$$

$$y = 2^{2^{n+1}}(2^n - n + 1) \cdot (2^n - 1)^{2(2^n - 1) + 2}$$

$$z = 2^{2^{n+1}}(2^n - n + 1) \cdot (2^n - 1)^{2(2^n - 1) + 1}$$

多年以后，爱尔特希对这一美妙的结果仍然赞叹不已。他说："柯给出的无穷多组解使我十分惊奇，也许这就是方程的全部解。" 1990 年，爱尔特希曾悬赏征求进一步的解答：此方程有无其他的解？此方程有无奇数解？但这两个问题至今仍未解决。

1957 年，柯召又讨论了类似于上述方程的另外几类指数型方程：$x^y \cdot y^x = z^z$，$x^y \cdot y^z = z^x$ 和 $x^x \cdot y^z = z^y$，证明了在 $x>1$，$y>1$，x 和 y 的最大公约数 $(x, y)=1$ 时，都没有整数解。但在 $(x, y)>1$ 时各有无限多组解存在，并求出了 x，y，z 的一些参数表达式。同年，柯召和他的学生陆文端又得出了一些其他的参数表达式。1964 年，柯召和孙琦又把前述结果推广到了不定方程

$$\prod_{i=1}^{k} x_i^{x_i} = z^z, \quad k \geqslant 2, \quad x_i > 1 \ (i = 1, \cdots, h)$$

上，证明了此方程有无穷多组解，并给出了一类解的参数表达式。

2. 关于商高数的猜想的研究

有一个关于商高数的猜想（H）：对于商高数 a，b，c 和正整数 x，y，z，

如果有 $a^2+b^2=c^2$ 和 $a^x+b^y=c^z$，那么 $x=y=z=2$。

易证，对于商高数

$$a=2n+1, \quad b=2n(n+1), \quad c=2n(n+1)+1, \quad n>1, \qquad (*)$$

猜想（H）在 $1\leqslant n\leqslant 5$ 时成立。

对于这一猜想，柯召有过许多工作。例如，他证明：

（1）对于（$*$）式中的数，在 $n=1$，4，5，9，10（mod 12）时，（H）都能成立。

（2）对于（$*$）式中的数，如果：

① $n\equiv1$（mod 2）且有奇数 p 存在，使得 $2n+1\equiv p^s$，$s>0$。

② $n\not\equiv3$（mod 4），且有奇数 $p\equiv3$（mod 4）存在，使得 $2n+1\equiv0$（mod p）。

①和②有一成立，则（H）成立。

（五）三次不定方程问题

解三次以及三次以上的不定方程，往往很困难。特别是当变元也是三个以上的情形，至今还没有有效的方法来处理它们。

1. 莫尼赫猜想的证明

莫尼赫（W. Mnich）猜想：不存在这样的三个有理数，它们的和为 1，它们的乘积也是 1。即不定方程 $x+y+z=xyz=1$ 无有理数解。

这个问题在很长时间内曾使数学家束手无策。实际上，这一猜想等价于：不定方程 $x^3+y^3+z^3-xyz=0$，$(x,\ y,\ z)=1$，无 $xyz\neq0$ 的有理数解。1960 年，柯召以其扎实的代数数论功底，证明了这一猜想。近年来，不定方程 $x+y+z=xyz=1$ 已推广到各种代数域，引出了一系列深刻的结果。

2. 另一类三次不定方程

对于不定方程

$$x^3\pm1=Dy^2 \tag{1}$$

$D>2$，D 无平方因子且不能被 $6k+1$ 形状的素数整除。20 世纪 40 年代，Ljunggren 证明了方程（1）最多只有一组正整数解 x，y，1981 年，柯召、孙琦用初等方法证明了方程（1）仅有整数解 $x=\pm1$，$y=0$，从而完全解决了方程（1）。10 年之后，Cohn 给出了另一个初等证明（Quart. J. Math. Oxford 2 (1991)，$27\sim30$）。

（六）数的几何和代数数论方面的工作

柯召是最早从事几何和代数数论研究的中国数学家之一。

20 世纪 30 年代，莫德尔曾经提出下面一个属于数的几何的问题。

给定 n 个具有实系数的齐次线性型

$$\xi_i = \sum_{j=1}^{n} a_{ij} x_j \quad (i = 1, \cdots, n)$$

其行列式 $|a_{ij}| = \pm 1$，是否存在不依赖于诸系数 a_{ij} 的正常数 $k_n < 1$ 和一组正常数 $\lambda_1, \cdots, \lambda_n$，满足 $\lambda_1 \cdots \lambda_n = k_n$，使得下列不等式仅有整数解 $x_1 = x_2 = \cdots = x_n = 0$。

$$\left| \sum_{j=1}^{n} a_{ij} x_j \right| \leqslant \lambda_i \quad (i = 1, \cdots, n)$$

对于 $n=3$，Szekeres 用几何方法给出了 $k_3 = \dfrac{1}{6}$，Erdös 和 Grunwald 指出可改进为 $k_3 = \dfrac{1}{4}$。对此，柯召给出了一个算术的证明。

设 D 为一无平方因子的有理整数，$Q(\sqrt{D})$ 表示一个二次域，如果 $D>0$，决定 $Q(\sqrt{D})$ 所有欧氏域，这曾经是 20 世纪 30 年代代数数论的重要研究课题之一。当时，$Q(\sqrt{D})$ 是否欧氏域，尚有三种情形没有决定，它们是：

（1）$D = p = 24n + 13$（$n>1$），p 是素数。

（2）$D = p = 8n + 1$（$n>1$），p 是素数。

（3）$D = pq$，$p \equiv q \equiv 3 \pmod 4$ 或 $p \equiv q \equiv 7 \pmod 8$ 且 $pq > 57$，这里 p，q 是素数。

1938 年，柯召和 Erdös 证明了 p 适当大，当 $p \equiv 13 \pmod{24}$ 或 $p \equiv 1 \pmod 8$ 时，$Q(\sqrt{p})$ 不是欧氏域。从而解决了上述（1）（2）两种情形，为欧氏域的最后解决做出了贡献。

（七）极值集合论的一个里程碑：爱尔特希-柯-拉多定理

（1）EKR 定理。在组合数学这门学科中，图只是组合学家研究的基本结构之一。这门学科的另一个重要分支就是对于集合系统的研究。集合系统最常见的就是某个 n 元集合的某些子集所成的族。这个领域里的极值问题，目的就在于决定或估计一个集合系统中满足某些条件的集合的最大数目。例如，这个领域的最早结果是德国数学家 Sperner（Emanuel Sperner，1905—1980）在 1928 年得到的。他的结果称为 Sperner 定理。

1961 年，柯召和他的好友爱尔特希、拉多联名发表了一篇论文。文中给出了一个计算有限集相交子集族的子集个数最大值的定理，即爱尔特希-柯-拉多定理，简称 EKR 定理。它的意思可以说明如下：

一个集合族，如果其中任意两个集合都相交，就称为相交族。因为集合 $\{1,2,\cdots,n\}$ 的任意子集和它的余集不能同时属于 $\{1,2,\cdots,n\}$ 的若干子集构成的相交子集族。所以 $\{1,2,\cdots,n\}$ 的若干子集构成的相交子集族的大小最多是 2^{n-1}。这个上界是可以达到的，例如所有含 1 的子集构成的子集族就是相交子集族。但是，如果确定一个数 k，并且假设相交子集族的所有子集的大小都是 k，又会发生什么情况呢？可以假设 $n \geqslant 2k$，否则这个问题是平凡不足道的。艾尔特希、柯召和拉多证明了这个相交子集族的所有 k 子集个数的最大值是 C_{n-1}^{k-1}。

这个精辟的结论发表后，立即引发了一系列后续的研究工作，成为组合数学中一个经典结果。

1983 年，Deza 和 Frankl 曾撰文专门谈论此定理发表 22 年来对组合论的推动作用。在该文中，作者给出了爱尔特希-柯-拉多定理移植到组合数学不同领域的类似定理和爱尔特希-柯-拉多定理的一些新推广，共 30 余个。因为作者介绍的只是其他综述文章还没有详细介绍过的新结论，也不包括人们应用这个定理证明的新结论，所以仅仅是部分信息。从这样一个不完全的介绍中，我们也充分感觉到了这个定理的重要影响。

在 Fields 奖得主 Timothy Gower's 主编的数学名著《普林斯顿数学指南》中，介绍了对 20 世纪最后一二十年纯粹数学研究中最重要的成果和最活跃的领域。在"极值组合学与概率组合学"条目中，介绍了 EKR 定理及后世数学家的一个优美的证明后说：艾尔特希、柯召和拉多原来的证明比这个证明复杂，但它很重要，因为它引入了一种称为压缩的方法，还可以用来解决许多其他的极值问题（The original proof of Erdos, Ko, and Rado is more complicated than this, but it is important because it introduced a technique known as *compression*, which was used to solve other extremal problems）。

1998 年，Gower 因为在泛函分析与组合学中的贡献而获得菲尔兹奖；《普林斯顿数学指南》这部长达 1000 余页的巨著，获得了美国数学协会（Mathematical Association of America，MAA）2011 年欧拉图书奖。

爱尔特希本人也说过："我被引用得最多的定理多半是我和柯，拉多的定理。"由此可见，此定理引起的后续工作是相当多的。

（2）爱尔特希-柯-拉多定理为什么会产生如此热烈的反响呢？中国科学院数学所王建方教授说："爱尔特希-柯-拉多定理是 1961 年发表的。当时还没有信息科学这个背景，人们只是从这个定理自身的深刻性来看，给予了很高评价。""组合数学对数学的影响，特别是对离散数学的影响非常大。进入信息时代，信息科学技术对人类社会各个领域都产生了巨大影响。信息科学中的系统多为离散系统。伴随着信息科学技术的发展，人们要处理的系统，其规模愈来愈庞大，愈来愈复杂，集成化就成了一个重要方向。集成化就是要把一个大系统化为若干个小系统的集成。这导致了集合的分解。即把一个集合化为其子集的系统，也就是超图。而爱尔特希-柯-拉多定理就是一个极值超图定理。""在信息科学技术高速发展的今天，爱尔特希-柯-拉多定理更加显示出，而且会愈来愈显示出它的重要性和光辉。"

王建方教授还说："柯老对组合数学做出了杰出的贡献。特别是爱尔特希-柯-拉多定理，它是组合数学中一个非常有名的定理，组合数学界人人皆知。很多文献都给予了高度评价，《组合数学手册》称这个定理是极值集合论的一个里程碑（The Erdös-Ko-Rado theorem has proved to be a milestone in extremal set theory，Handbook of Combinatorics，North-Holland，1995，p. 2187）。"这是一个很权威的评价。

《组合数学手册》是当今最有影响的一部组合数学名著，学术界对它的评论是："组合学领域一本极具水准和举足轻重的著作。"该书是由 R. L. 葛立恒（R. L. Graham）、L. 洛瓦斯（Lászlo Lovász）和 M. 格罗侧尔（Grötschel Martin）三位组合学领域最杰出的数学家共同编著的。葛立恒曾担任过美国数学会（American Mathematical Society）和美国数学协会（Mathematical Association of America）的主席，AT&T 实验室首席科学家，美国艺术与科学学院院士，是离散数学在全世界迅速发展的主要设计师之一；格罗侧尔是德国数学家，美国国家工程科学院外籍院士，因在离散数学和计算机科学方面的成就荣膺冯诺伊曼理论奖等多个杰出奖项，2007—2010 年任国际数学联盟的执委会秘书长；洛瓦斯是匈牙利科学院院士，瑞典皇家科学院外籍院士，在离散数学和计算机科学方面做了大量划时代的工作，1999 年获得沃尔夫数学奖，2007—2010 年任国际数学联盟的执委会主席。

《组合数学手册》共介绍了中国数学家的三项贡献，即柯召对组合数学的上述贡献；陈景润在筛法方面的贡献（大偶数表为一个素数及不超过两个素数的乘积之和）；华罗庚与王元在格点方法上的贡献（专著《数论在近似分析中的应用》，并将该专著列为格点方法在高维数字积分之应用的主要文献）。

Graham 能说流利的中文，葛立恒是他自己拟定的中文译名（较多文献的中文译名是"格拉汉姆"）。1989 年，葛立恒和匈牙利科学院外籍院士弗兰克尔（P. Frankl）合作撰写了一篇文章专门讨论爱尔特希-柯-拉多定理的价值，用来祝贺柯召八十寿辰。文章特别指出：爱尔特希-柯-拉多定理是组合数学中一个主要结果，这个定理开辟了极值集合论迅速发展的道路。（The Erdös-Ko-Rado theorem is a central results of combinatorics which opented the rapid development of extremal set theory，《Old and New Proofs of The Erdös-Ko-Rado theorem，四川大学学报（自然科学版），1989，36（专辑），247-257》）

（3）这个定理受到高度评价的另一个原因还在于，它的证明难度很大。《组合数学手册》在谈到这点时指出：这个问题当 $r \leqslant \frac{1}{2}n$ 时更困难，但它被爱尔特希-柯-拉多定理解决了。柯召的研究生陈永川说："我在美国麻省理工学院读博士时，听泰德曼（Tijdeman，组合数学的领袖之一）说过，爱尔特希-柯-拉多定理是非常难的一个结果，要高智商的人才能做出来。"

另一方面，与解决其他数学家发现的重要问题不同，这个问题是他们自己发现的，而且是从另一个初露端倪的数学新领域里发现的问题。这自然也"要高智商的人才能做出来"。

爱尔特希-柯-定理体现的数学优美性也是令人称道的。M. 爱格纳（曾任德国数学会主席）等人的著作《数学天书中的证明》，是一本开阔数学视野、欣赏数学智慧的杰作。书中将此定理作为具有高超的思想、精妙的见解和出色的洞察力，如有神助的佳作之一加以介绍。

（4）这项研究一度被搁置的原因。对这个重要定理，人们感兴趣的另一个问题是：早在 1938 年，柯召和爱尔特希就初步得到了这个结论，为什么 23 年后才发表呢？

的确，1938 年柯召还在英国时，就与爱尔特希一起构想出了这篇论文的雏形，1938 年 3 月 27 日，爱尔特希在给匈牙利数学家图冉（P. Turán）的信中曾提到此事，他说："借助于柯的想法，我得到了那个组合问题在 $r=1$ 时的结论。"

不过，$r=1$ 只是部分结果。因为完全证明的难度较大，一时不能解决。柯召离开英国后，他们对这个问题的研究也就暂时搁置起来。1960 年，爱尔特希来中国访问，柯召和老朋友又继续当年未完成的研究工作，他们再度合作，共同研究了这个组合论中的"交集问题"。工作基本完成后，爱尔特希便回国了。爱尔特希回国后又向拉多（R. Rado）谈起这篇论文，并经拉多修改后才于 1961 年联名发表。

这项研究被搁置的另一个原因多半与当时数学界对组合论的认识不足有关。爱尔特希传记的作者布鲁斯·谢克特认为，在 20 世纪 30 年代，"大多数数学家瞧不起图论，把它视为'拓扑的贫民窟'，组合论则被降为更不受重视的旁支。""这篇文章写于 1938 年，但部分地因为当时数学界对组合论缺乏兴趣，所以迟至 1961 年才得以发表，成为一篇'瞬时之间就成为经典的结果'。"

20 世纪后半叶，在计算机科学和信息科学的推动下，组合论有了迅猛发展。所以，爱尔特希-柯-拉多定理一经发表，立即受到多方关注，产生了热烈反响，很快就成为经典结果，并长久地推动着这门学科的发展。

由于上述成就，到了 20 世纪 70 年代，中国开始发展组合论学科的时候，柯召很自然地成为发起人之一，并对此后的发展做出了重要贡献。

柯召不仅在培养人才、组建组合论学术队伍方面做了许多工作，还亲自动手编写讲义与专著。1974 年，他编写了一份《组合论》讲义，为部队培训班讲授。这也许是国内最早见到的一份《组合论》讲义。1981 年，柯召与魏万迪合作，编写了专著《组合论》（上册），由科学出版社出版。这是国内最早论述有关组合计数的专著之一，成为当时广泛使用的研究生教材。

三、对国防应用数学的贡献

1972 年部队来人请柯召帮助解决他们提出的数学问题，为他们培养人才。从那时开始，柯召就带领着一批青年教师进入国防应用数学这一新的领域。

经过一段时期的教学和调查研究之后，1974 年 6 月，柯召在川大专为部队开一个培训班，为期一年。柯召讲授的课程是组合论，他自己编写教材，由魏万迪作辅导教师。在那个时候，组合论是相当前沿的学科，国内的大学里还没有上过这个课。开始时，有的学员并不理解学习组合论等课程的目的，也感觉不到这些知识有什么用处。但是，当他们返回工作岗位，重新接触研究课题时，竟有得心应手的感觉，他们惊喜地说："这些知识太有用处了。"这批业务骨干在补充了丰富的数学知识后，便迅速成长起来，后来都成了优秀的专家，在工作中做出了重要的贡献。

在研究任务方面，柯召凭借他深厚的数学功底，对一些大计算量问题进行了实质性的简化，从而使问题能够上计算机处理，对方的问题因为这一关键困难的克服而获得解决。

1980 年底，柯召被聘为中国人民解放军总参谋部科学顾问，开始了系统的国防应用数学研究。

柯召在这个领域里的辛勤耕耘，使他和他的集体不但取得了一系列的科研成果，完成了大量的国家任务，获得了应用部门的好评，而且引导了一大批年轻才俊直接站到了新的科学前沿和更广阔的学术舞台。

由于国防科技研究的特殊性，柯召和他的研究集体在从事这项长达十多年的研究工作中隐姓埋名，不能发表任何有关的研究文章。不过有关单位曾多次发文给四川大学，感谢他们的研究成绩和辛勤劳动。有关文件指出：这个研究集体"在 1982 年提交了研究报告若干份，1983 年提交了研究报告若干份，……共计若干份；对有关问题的研究方法、解法、唯一性、计数和生成方法等，给出了有启示性的结果。……"1984 年和 1985 年，该研究集体的成员孙琦、郑德勋、沈仲琦等人共有四项成果获总参三部国防应用数学奖。

四、对发展四川数学事业的贡献

柯召是我国老一辈的数学家，对于开创中国的数学事业，特别是开创四川的数学事业，有重要贡献。1938 年 7 月，柯召学成归国。按中英庚款董事会的推荐，来到四川大学任教授。当时，四川的教育与科学事业非常落后，数学事业也处于刚刚起步的阶段，许多方面还是空白。柯召几乎是从零开始，一步一步地积累，历经数十年努力，终于为四川数学科学的发展奠定了坚实的基础。

由柯召推动和主持的发展四川数学事业的历程中，最重要的有这样几个阶段。

1939 年，柯召回国不久，就担任了川大数学系主任。他锐意改革，在川大形成了四川的第一个数学研究群体，为川大数学系培养了第一批研究型人才。从那时起，数论便逐渐成为川大数学系的学科特色之一，延续至今。

1953 年在向科学进军的日子里，柯召为川大数学系的发展做了大量工作。在他的努力下，根据国家数学科学规划的目标，川大数学系进入了有计划发展的轨道，人才培养工作也开始见到了成效。到 20 世纪 60 年代，四川大学数学系以数论、拓扑学、泛函分析和偏微分方程研究为特色的格局逐渐形成。

在"文化大革命"中后期，柯召不仅自己坚持了教学科研工作，也鼓励青年教师抓业务。一批教师虽然屡受冲击，仍然艰难地开展着研究工作，在困难的环境里逐步成长着，并取得研究成果。他们的工作为"文化大革命"后四川数学的发展作了准备，起了开路的作用。到 1976 年"文化大革命"结束时，川大数学系因之取得主动，及时进入一个快速发展的时期。

1983 年，经教育部批准，四川大学数学研究所正式成立，柯召担任所长。在此期间，四川大学数学系和数学研究所获得国家自然科学奖 2 项，省部级科技成果奖 6 项。新一代的学术团队已基本形成，在人才培养和形成优势学科方面也出现了新的气象。

1984 年以后的二十多年里，川大的数学学科有了更大的进步。至今，川大数学学院已是国家首批数学一级重点学科单位，成为我国为数不多的专业齐全、层次完整的数学高等教育基地与数学研究基地，成为我国西部的数学学科研究中心。由于柯召的开拓以及后继者的努力，四川的数学科学进入了国内先进水平。

关于柯召对四川数学事业的贡献，王元院士给予了高度评价。他说："尤其难得的是柯老将一生都奉献给了发展四川的数学。他从英国回国时，完全可以去昆明西南联合大学执教。那里有他的老师杨武之先生及同学华罗庚、陈省身与许宝騄。他也可以去浙江大学，苏步青先生告诉我，'柯召庚款留学，我是考试委员之一'，苏老对他是了解的。但他却单独去了四川，在四川大学与重庆大学工作。四川当时较之云南昆明就闭塞多了，人才也缺乏多了，他是在一个相对孤立的环境里工作的。柯老完全够得上是一位支援西部建设的先驱。无疑，他本人的学术成就是受到了环境的制约。但另一方面，若没有他数十年来在四川的奋斗，今天的四川数学又将如何？"

柯召与苏步青

五、在人才培养方面的贡献

柯召为国家培养出了好几代优秀的数学家，他们成了我国数学研究队伍中的骨干力量。特别在数论及相关研究领域，几乎每一个时代，都有他的学生活跃在研究前沿。

柯召 20 世纪 40 年代初的学生朱福祖，后来任华东师范大学教授，在二次型和厄米特（HERMITE）型算术理论的研究中颇有建树。20 世纪 80 年代以来，朱福祖在这两方面做了许多重要工作，特别是他利用格的理论对正定么模二次型的构作，受到柯召和艾尔特希的好评。朱福祖在人才培养方面也有出色的贡献。"文化大革命"后，朱福祖培养出不少优秀的研究生，如江迪华（美国明尼苏达大学教授），徐飞（中国科学院数学研究所研究员，国家杰出青年基金获得者，中科院"百人计划"入选人），秦厚荣（南京大学数学系教授，教育部长江学者特聘教授，国家杰出青年基金获得者），等等，都已成为优秀的学者。

柯召 20 世纪 40 年代末至 50 年代初的学生陈重穆，后来致力于代数方面的研究，成为研究有限群的专家，他在群的构造理论的研究中取得了系统的成果。"文化大革命"后，陈所在的西南师范大学逐步成长为国内的群论研究中心之一。陈重穆的学生施武杰、张广祥、张志让等在群论领域都有出色的工作。

柯召在 20 世纪 60 年代初的学生中，孙琦、魏万迪、郑德勋、李德琅等人，既承袭了柯召的研究方向，又开拓了新的研究领域，还培养了不少优秀的新人。孙琦在不定方程、快速数论变换、密码理论等领域，魏万迪在组合论领域，郑德勋和李德琅在二次型领域，都有很好的工作成绩。

20 世纪 80 年代，柯召和他的助手们培养了一批从事数论组合论研究的优秀青年学者，他们做出了相当出色的工作。这里，我们介绍两位代表人物。

万大庆（1964—），1982 年 9 月考上四川大学数学系数论硕士生，导师是柯召和孙琦，1985 年直接攻读博士学位，导师是柯召。1986 年 8 月到美国华盛顿大学继续攻读博士，1991 年获博士学位，导师是 Koblitz。

万大庆的研究领域是数论、代数几何、有限域和 P-adic 分析。万大庆在有限域上代数几何中关于 Dwork 猜想的工作，在国际数学界产生了很大的影响。多位国际一流的算术代数几何学专家，如威尔士（Wiles，Princeton 大学，因证明费马大定理而获得沃尔夫奖）、法廷斯（Faltings，Max Planck 数学研究所，1986 年 Fields 奖获得者）等人，对他的工作给予了很高的评价。

万大庆连续三次获得美国国家自然科学基金的资助。2002 年获中国国家自然科学基金委的海外青年学者合作研究基金（即 B 类杰出青年基金）的资助，同年入选中国科学院百人计划，2002 年 7 月任中国科学院数学所研究员。他还是美国出版的两种国际数学杂志《有限域及其应用》（Finite Fields and Their Applications）和《数论杂志》（Journal of Number Theory）的编委。

近几年来，他每年回国，多次参与主持在中国科学院数学研究所和晨兴数学中心数论和算术代数几何的研讨会，并多次回到母校四川大学讲学，还到北京大学、清华大学、浙江大学、上海交大等校讲学。

陈永川（1964—），1984 年考上四川大学数学系组合数学硕士生，导师是柯召和魏万迪，1987 年赴美国麻省理工学院学习，1991 年获应用数学博士学位。历任南开大学副校长，南开大学数学研究所教授，教育部"核心数学与组合数学"重点实验室主任，并任美国洛斯阿拉莫斯国家实验室客座研究员，《数学学报》中文版、英文版编委，《数学进展》《应用数学进展》《图与组合》杂志编委，《组合年刊》执行编委。陈永川还是第十届全国政协委员，天津市科协副主席，国家自然科学基金委员会评审委员。

1994 年，陈永川获得美国李氏基金会的学术成就奖，并被美国洛斯阿拉莫斯国家实验室授予奥本海默研究员奖。1995 年荣获首届国家杰出青年科学基金，1996 年获得国家教委科技进步一等奖。1997 年获得联合国教科文组织"侯赛因"青年科学家奖，1998 年获得国家教委霍英东奖、中国"五四"青年奖章、中国青年科技奖，1999 年被聘为教育部首届长江学者特聘教授。2011 年，陈永川当选中国科学院院士。

陈永川的主要研究领域有组合计数理论、构造组合学、形式文法、对称函数理论、计算机互联网络、组合数学在数学物理中的应用等，并取得了许多重要的研究成果，他的一项研究成果被称为"陈氏文法"。国际学术界同行认为，他是"世界最领先的离散数学家之一"。

1997 年 11 月，陈永川创立了南开大学组合数学中心。组合数学中心与南开大学的基础数学学科于 2000 年成为教育部"核心数学与组合数学重点实验室"。2002 年又获得了教育部的"应用数学重点学科"。

六、各界对柯召的评价

柯召先生热爱社会主义祖国，忠诚人民的教育事业，努力献身国家的科学事业，为我国的教育事业和科学技术事业做出了重大贡献。

——中国科学院和国家科委

柯召先生是中国教育界的资深学者，是我国老一辈数学家的杰出代表。他热爱祖国，热爱祖国的教育事业，为我国数学科学的发展和数学科学骨干的培养做出了重要贡献。他在代数、数论、组合论等诸多领域成果丰硕，卓有建树，尤其是在数论和组合论的研究中，他始终站在学科发展的前沿，关注学科发展的动向，思想活跃、治学严谨。他的多种著作被广泛使用，影响深远。

——教育部

柯召院士是我国著名数学家和教育家，是我国近代数论和组合论的创始人之一，有很高的学术造诣，为发展我国的数学事业做出了杰出的贡献。

——中国数学会

数十年来，柯召院士在数论、组合论、代数等领域取得了杰出成绩，桃李满天下，为我国教育事业和科技事业做出了重大贡献。他的业绩已载入史册，成为后人学习的典范。

——苏步青（中国科学院院士，曾任全国政协副主席、复旦大学校长）

您是中国现代数学研究和中国现代数学教育的先驱者之一，您为推动中国数学的发展做了很多重要的工作，同时，您还为国家培养了一批杰出的数学工作者。您长期在四川大学工作，不仅对于数学学科，而且对于整个高等教育事业都倾注了大量心血。

——丁石孙（数学家，曾任民盟中央主席、北京大学校长）

回忆当年柯老与陈省身、华罗庚、许宝騄等前辈在数学上做出重大贡献，使中国数学界跃登国际舞台，这一历史功绩，应为我侪后辈所永志不忘。

——吴文俊（中国科学院院士，曾任中国数学会理事长）

您是中国数论与组合数学最早的创始人与开拓者之一，您的工作是有历史意义与国际公认的。它们将是永远激励后辈进取的动力。您为中国培养了好几代数学家，桃李满天下。尤为可贵的是您的爱国情操与奉献精神。1938 年，抗日战争烽火连天时，您拒绝留在英国，毅然回国，到相对偏远的四川，默默地奉献。您还长期担任了中国数学会的领导工作。

除此而外，您是一位淡泊名利、非常超脱与公正、十分可以信赖的数学家，您的品德是有口皆碑的。

——王元（中国科学院院士，曾任中国数学会理事长）
杨乐（中国科学院院士，曾任中国数学会理事长）

柯召先生是我们的前辈学者，对我国的数学研究和教育事业做出了卓越的贡献。多年以来，我们有幸多次在各种会议上和柯先生见面，从他的言行中得到很多教益。柯先生一贯的爱国热情，对数学的深入追求和对青年人的亲切关怀，使我们非常敬佩。

——谷超豪（中国科学院院士，曾任中国科技大学校长）
胡和生（中国科学院院士）

我到川大后，正是"社教运动""文化大革命"那段风云多变的岁月。在集中学习改造、劳动锻炼中，我与柯老有了许多接触的机会。"文化大革命"

之后，形势大好。由于业务上、工作上的关系，见面机会也不少。柯老为人正义；从骨子里淡泊名利；善于从数学系、学校以至国家大局考虑问题；乐于提携后进。我碰到的名人不算少，但柯老给我的印象极为深刻。柯老走了，但他坚持的"科学与民主"的精神，必将更大发扬。

——刘应明（中国科学院院士，曾任九三学社中央副主席、
中国数学会副理事长、四川大学副校长）

柯老长期在四川大学担任教授、系主任、教务长、副校长、校长、数学研究所所长等领导职务，所以他对四川大学的贡献尤为突出。四川大学能发展到今天这样的规模，成为国内一所有影响的重点大学，这与以柯老为代表的老一辈教育家的杰出贡献是分不开的。为此，我们向柯老表示最诚挚的谢意。

——卢铁成（原四川大学党委书记兼校长）

他执教几十年，治学严谨，工作负责，是学校老一辈科学家的代表人物，对川大良好的学术风气的形成有特殊的贡献。

——四川大学校刊《名人录》

他是一位儒雅、温和、宽厚的长者。大小会上，不喜高谈阔论，言语不是很多的。但不是唯唯诺诺的人，有他的看法。

——王于（原中共四川省委统战部长）

柯老待人接物言语不多，但总是和蔼可亲。交朋友是靠得住的朋友。说了话一定算数，哪怕经过很久，都要给你回个话。

——李昌达（原九三学社四川省委秘书长）

他的教诲将永远留在我们心中，激励我们及后辈继承他的遗愿，为国家、为人民多做贡献。

——柯孚久（柯召的女儿，北京航空航天大学教授）

柯老师那杰出的贡献和成就，他那高尚的情操和顽强拼搏的精神，将永远留在我们中间，激励我们把柯老师开创的事业继续下去。

——孙琦（柯召的学生，四川大学数学学院教授）

柯召的主要著作

[1] 柯召. 柯召文集 [M]. 成都：四川大学出版社，2000.

[2] 柯召，孙琦. 初等数论100例 [M]. 上海：上海教育出版社，1979.

[3] 柯召，孙琦. 谈谈不定方程 [M]. 上海：上海教育出版社，1980.

［4］柯召，魏万迪. 组合论（上）［M］. 北京：科学出版社，1981.

［5］柯召，孙琦. 单位分数［M］. 北京：人民教育出版社，1981.

［6］柯召，孙琦. 数论讲义（上、下）［M］. 北京：高等教育出版社，1986，1987.

参考文献

［1］白苏华，孙琦. 柯召传，《中国现代数学家传》（第二卷）［M］. 南京：江苏教育出版社，1995：163-177.

［2］白苏华，孙琦. 柯召与不定方程，中国当代科技精华：《数学与信息科学卷》［M］. 哈尔滨：黑龙江教育出版社，1994：356-366.

（原载于《20世纪中国知名科学家学术成就概览：数学卷（第一分册）》第173~183页，科学出版社，2011年，本文为修改稿）

撰写人：白苏华（四川大学数学学院）

四川大学历史文化长廊的"群贤毕至"部分，介绍柯召的日历造型雕塑

蒲保明

蒲保明（1910—1988），又名蒲保民，数学家。主要从事函数论、微分几何、拓扑学和模糊数学的研究。1910 年 8 月，蒲保明诞生于四川省金堂县。1933 年毕业于成都华西协和高级中学，1937 年毕业于华西协和大学数理系。1941—1946 年任华西协和大学数学系讲师、副教授。1947 年赴美国叙拉古斯（Syracuse）大学研究生院数学系攻读学位，1950 年获哲学博士学位，研究方向是微分几何。同年 9 月，他到美国加州大学贝克莱分校任教。1951 年 2 月归国，回到华西协和大学数理系任教授。1952

年调到四川大学数学系任教授兼系主任。1984 年任四川大学数学系名誉系主任，1978—1988 年任四川大学数学研究所副所长。1988 年病逝。

蒲保明是四川省政协委员（1963—1977），四川省人民代表（1978—），九三学社四川省委员会顾问（1984—），担任过中国模糊数学与模糊系统学会第一届理事长（1983—1985）等重要学术职务。

一、简 历

蒲保明（1910 年 8 月—1988 年 2 月），又名蒲保民，生于四川金堂县。金堂位于成都市东北部 36 公里，地处川西平原与川中丘陵交接地带。四川盆地西北缘的山区里有三条较大的河流汇合在金堂赵镇附近，成为四川四大江流的沱江干流。借水路交通之利，金堂成为四川经济重镇之一。不过由于地势原因，金堂水患频繁，而至多三年就会遇到一次水灾，当地民众生活不易。

金堂的历史可以上溯到春秋时期，但教育并不发达。辛亥革命之后，民国政府教育部着手制定新的学制，并于 1912 年公布实施。但在金堂，青少年的教育主要还是靠当地的旧式书院和私塾，没有条件开办新学。最早的金堂县立中学成立于 1927 年。这之前，希望学习新学的青年人大都选择到成都去念书。

当年的金堂不过是一个小镇而已，这里民风淳厚。蒲保明早年家境清寒，求学艰辛。似乎正是这些境遇，铸就了他治学刻苦，待人诚恳，谦和平易，而处事又带有几分谨慎的风格。幼年时期，蒲保明似乎也没有得到较多的旧式教育，所以他对文史科学不感兴趣，却又特别喜爱科学技术知识。15 岁那年，他来到成都求学。

清朝末期，美国、英国和加拿大的一些基督教会来到成都开办学校，创办了著名的华西协和大学和一些中学。到 20 世纪 20 年代，成都已经兴办了 20 余所教会中学。教会中学开办之初很少收学费，其经费主要由教会提供。蒲保明来到成都后，他首选的自然是费用最低的学校。1925 年，他考入这年刚创办的教会中学——私立高琦初级中学。学校以捐资创办人——华西协和大学国外校董会主席高琦（J. F. Goucher）命名，蒲保明在校方的资助下完成了学业。初中毕业后，他考入另一所教会中学——华西协和中学，完成了高中学业。

1933 年，蒲保明考入成都华西协和大学，就读于理学院数学系。次年，华大数学系与物理系合并为数理系，所以蒲保明是华大数理系毕业生。

四川的近代大学数学教育事业开创于 20 世纪 20 年代。到 30 年代初，川大数学系成立还不到 10 年，华大则更晚。它的理学院成立于 1932 年，设有数、理、化、生及制药 5 个系。而且华大理学院那时的发展建设特点是注重实业教育，所以药学系规模最大，数学系较为薄弱。蒲保明入学那年理学院共有学生 52 人。数学系学生不足 10 人，规模虽小，却不影响老师对学生的认真培养。华大数学系主任张孝礼是引导蒲保明进入数学领域的第一位老师。张孝礼 1927 年华大毕业，1932 年获加拿大多伦多大学硕士学位后回到母校任助教兼数学系主任，1935 年升任教授。他不仅尽量向学生传授近代数学的基本知识，还按照华大数学系的办学目的"培养学生的科学观念及研究能力"，这对蒲保明帮助很大，大学学习使他对近代数学产生了强烈的兴趣。

1937 年蒲保明大学毕业获理学学士学位后，应聘到成都华美女中担任数学教师兼教导主任。担任中学教师期间，他继续学习与研究近代数学，并寻求深造的机会。抗日战争时期，中英庚款董事会曾暂时停止选派留学生，并将中英庚款经费用于补助科学工作人员在国内的研究。1939 年 9 月，蒲保明的申请得到中英庚款董事会批准，资助他作为该会科学研究助理和科学工作人员，在国内从事数学研究。他就近选择了到四川大学数学系做研究工作。当时四川大学聚集着一批留学归来的优秀青年学者，如柯召、李国平、李华宗、曾鼎禾等，他们的到来，使川大数学系在教学与科学研究上都很活跃。1938年8月，川大为躲避日军对成都的空袭迁往峨眉山。这批青年学者因陋就简地在峨眉山麓组成了一个数学研究群体，共同开展研究工作。蒲保明加入这个研究群体后，在柯召、李华宗等人的帮助下学习更多的数学知识，并在李国平的指导下研究复变函数领域的半纯函数，完成了一篇研究论文"单位圆内半纯函数的一致理论"，1942年发表于武汉大学理科季刊。这是蒲保明发表的第一篇研究论文，也是他数学研究生涯的起点。蒲保明选择李国平的研究方向，一定程度上是受张孝礼的影响。张孝礼的研究方向是椭圆型偏微分方程、Bers理论等，函数论背景很强。所以蒲保明的数学知识结构中，复变函数知识较强，利于从半纯函数入手开展数学研究。李国平是对蒲保明帮助很大的第二位老师，是他引导蒲保明开始数学研究工作的。

完成中英庚款资助的数学研究工作之后，1941年9月，蒲保明回到母校华大数学系任讲师，1944年升任副教授。

抗日战争时期，华西协和大学所在地成都华西坝，成了大后方高校集中地之一。1939年，南京金陵大学、金陵女子大学、济南齐鲁大学、东吴大学等教会办的大学迁来华西坝。为了整合教育资源，华大与上述四校合作，采取联合的方式办学，成为抗战史上有名的"五大学联合办学"。1942年初，另一所教会大学北京燕京大学内迁到成都，加入到联合办学的行列中。"五大学联合办学"的模式发挥了各校专家的长处，促进了各校的学术交流。上述内迁大学的数学系中，有不少知名的学者和青年才俊，如齐鲁大学的张鸿基，燕京大学的曾远荣，金陵大学的余光烺、张济华等教授，燕京大学的青年教师关肇直等。在与他们共事和交往中，蒲保明得到的帮助甚大，他的学识有了长足的进步。从这个意义上来说，蒲保明是在国内多位数学家联合培养下成长起来的。

1947年，华西协和大学选派了一批教师赴美国留学，蒲保明和他的老师张孝礼教授都在入选之列。蒲保明获得的是国际红十字会提供的奖学金，就读于叙拉古斯（Syracuse）大学研究生院数学系。1948年获理学硕士学位，1950年获哲学博士学位，研究方向是微分几何。同年9月，他到美国加州大学贝克莱分校任教。蒲保明能够在短短三年内获得硕士和博士学位，进入学科前沿，显然得益于他大学毕业后继续刻苦求学，在国内完成了近代数学基础知识的积累，并得到上述多位数学家的帮助。

1951年2月，蒲保明离开贝克莱归国，回到华西协和大学数理系任教授。

1952年，全国开始大规模的院系调整，蒲保明调到四川大学数学系任教授兼系主任。张孝礼回国后调西南师范学院数学系任教授。

蒲保明到四川大学后，一直在数学系系主任兼教授这个岗位上工作，并致力于发展川大数学系的拓扑学研究。1984年，改任四川大学数学系名誉系主任，但仍担任四川大学数学研究所副所长，直到1988年病逝。

蒲保明担任过四川省政协委员（1963—1977）、四川省人民代表（1978—）、九三学社四川省委员会顾问（1984—）等社会职务。

蒲保明的重要学术职务有：中国数学会理事（1980—），基础数学博士导师（第一批，1981—），中国模糊数学与模糊系统学会第一届理事长（1983—1985），中国数学会成都分会理事兼秘书长（1954—1978），四川省数学会副理事长（1978—1987），名誉理事长（1987年后），东北一般拓扑学会顾问，高等学校理科数学力学教材编审委员会委员，以及多种数学丛书和杂志的主编、编委，等等。

二、蒲保明的主要学术贡献

蒲保明的主要研究方向是函数论、微分几何、点集拓扑学、模糊数学四个方面。

（1）半纯函数。这是蒲保明的第一个研究方向。半纯函数属复变函数论的分支。1942年，蒲保明发表的论文"单位圆内半纯函数的一致理论"从某些方面推广了奈望林纳（Nevanlinna）定理。20世纪50年代到川大后，他继续这一方向的研究工作，1956年，他推广了李国平和瓦利隆（G. Valiron）关于无限阶半纯函数的一个定理，1957年，他推广了关于波莱耳（Borel）方向的熊庆来定理与波莱耳定理。熊庆来和李国平等人对此均有好评，认为他的结论改进了国内一些学者的工作。同时，他指导学生从事这方面的研究，发表过数篇论文。

（2）微分几何。这是蒲保明留美期间的研究方向。1952年，他讨论了二维不可定向黎曼流形的不等式 $A \geqslant kl^2$，对同胚于二维射影平面和莫比乌斯带的黎曼流形 M 给出了最佳 k 值 $\frac{2}{\pi}$，不等式 $A \geqslant \frac{2}{\pi}l^2$ 称为"蒲保明不等式"或"蒲保明定理"。

陈省身将蒲保明不等式与 Loewner 和 Blatter 的不等式统一叙述如下：

设 M 表示一个紧致二维黎曼流形，A 表示它的面积，$l = \inf l(\gamma)$，其中 γ 遍历所有不同伦于 0 的封闭可求长曲线，$l(\gamma)$ 是它的长度。Loewner，蒲保明，Blatter 的不等式分别为：

$A \geqslant \frac{\sqrt{3}}{2} l^2$　（M 同胚于环面）；

$A \geqslant \frac{2}{\pi} l^2$　（M 同胚于射影平面）；

$A \geqslant \tau_g l^2$　（M 是亏格为 g 的可定向曲面）。

最后一个公式中的 τ_g 是一个常数，它的下界是 $\frac{\pi}{2} \frac{1}{((g+1)!)^{1/g}} \approx \frac{\pi e}{2g}$。

1973 年，陈省身还提出一个问题：

设 M 是一个同胚于 $2n$ 维实射影空间的黎曼流形，令 V 是它的体积，$L = \inf L(\gamma)$，其中 γ 遍历 M 的非同调于 0 的 $2n-1$ 维子流形，$L(\gamma)$ 是 γ 的 $2n-1$ 维体积。人们猜测 $V^{2n-1} \geqslant C_n L^{2n}$，其中 C_n 是一个常数，确定它的条件是：当 M 有常曲率时，此不等式的两端相等。

当 $n=1$ 时，这个不等式就化成蒲保明不等式。

20 世纪 70 年代以来，仍有人试图推广该结果，到 90 年代仍未获成功（以后情况不详）。陈省身和杨忠道都介绍过他的这项工作（见参考文献［2］和［3］）。

（3）点集拓扑学。蒲保明是推进我国点集拓扑学研究的学者之一。20 世纪 50 年代回国后，他在川大开辟了这一研究方向。当时，我国数学家在拓扑学领域的研究力量主要在代数拓扑学方向，国家需要有一批从事点集拓扑学研究的学者。1959 年，江泽涵和张素诚在"《十年来的中国科学——数学（1949—1959）》拓扑学"一文中指出：我们应该注意到，十年来国内拓扑学者的工作在点集拓扑学方面远比代数拓扑学方面少。今后在代数拓扑学与点集拓扑学之间应当按适当的比例，使它们同时发展。实际上，蒲保明做的正是这项工作，而且卓有成效。60 年代以来，蒲保明和他的学生在点集拓扑学的广义紧性和收敛性、完全仿紧性等方面进行了研究，取得了若干成果，在国内较有影响。四川大学成为国内研究点集拓扑学有特色的学校之一。1963 年，四川大学数学系关于点集拓扑学的研究项目被列入国家十年科研规划。1978 年，四川大学数学系研究项目"点集拓扑的研究"获全国科学大会奖。

模糊拓扑学与点集拓扑学的关系非常紧密。所以，当年蒲保明发展点集拓扑学的另一个重要意义在于，它为在川大数学系开辟另一个数学新方向——模糊拓扑学奠定了基础。

（4）模糊拓扑学。蒲保明是开辟中国模糊拓扑学研究的学者之一。1970年，模糊拓扑学的研究在国际上刚露苗头，蒲保明就和刘应明等青年教师一起组织起一个模糊数学讨论班，利用政治运动的间隙时间，时断时续地开展研究工作。由于入手较早，"文化大革命"后，模糊拓扑学逐渐成为川大数学系最具特色的新研究方向之一。

1977年，他和刘应明合作的论文解决了关于Fuzzy点的概念及其邻近构造以及收敛性这两个基本问题，被认为是模糊拓扑学的奠基性工作，受到很高的评价。他们的这项成果，作为"不分明拓扑学基础性研究"项目获1982年国家自然科学奖四等奖。

1983年，中国模糊数学与模糊系统学会成立，蒲保明担任第一届理事长。

三、对川大数学系的贡献

1952年院系调整后，川大数学系形成了一个教学科研都颇具特色、学科门类较为齐全的学术队伍，气象为之一新。作为系主任，蒲保明不仅积极开展数学研究工作，也积极支持数学系的教学工作。他几乎讲授过数学系所有的基础课。他对数学基础知识非常熟悉，讲课非常投入，有时甚至离开教材内容，在课堂上自言自语地去品味数学中的优美之处。他常喜阐述不同数学结论之间的逻辑关系，这利于引导学生从整体角度去理解这门课或它的某个章节部分，对学生很有帮助。

除讲授多门基础课外，蒲保明还围绕发展点集拓扑学的计划，在高年级讲授了拓扑学和维数论等课程，编写了这两门课的讲义，同时在青年教师中组织了讨论班，学习集合论和拓扑学的专著与论文，并逐渐开展点集拓扑学的研究工作。20世纪60年代，川大数学系的拓扑学研究列入国家数学科学规划之后，发展势头也不错，形成了特色。"文化大革命"中，蒲保明及时支持川大数学系拓扑组的青年教师将研究目标从经典拓扑学转向模糊拓扑学，在川大数学系模糊拓扑学研究迅速崛起、进入学术前沿的历程中，蒲保明是奠基人之一。

"文化大革命"后，蒲保明招收过四届硕士研究生和两届博士研究生，担任了多项学术职务，虽然他非常负责地工作，但毕竟年事渐高，还是逐步从第一线的研究工作中退下来。蒲保明业余爱好不多，他的生活离不开数学，伴随他晚年生活的日子就是在关心和阅读数学文献和研究论文中度过的。1988年蒲保明去世，时年78岁。

数学年刊编委会（1987），左起：苏步青、柯召、隗瀛涛、蒲保明、陈民德

四、既平凡又不平凡的一生

蒲保明的一生，可说是既平凡又不平凡。

说平凡，是因为他生活淡泊，处事平稳，生活经历中并无惊人之遇，也无大的坎坷。他在四川大学担任数学系主任时，待人平易，办事谨慎，毫无架子，人缘甚好。也许正是这些原因，在历次政治运动，甚至"文化大革命"那样的大风大浪中，他都是有惊无险，平安度过。例如，1970 年 6 月左右，全系师生奉命到部队农场接受"再教育"，蒲保明的行李都搬到车上，等待出发了，系上的教师和干部见他体弱多病，不堪劳顿，便为他说情，竟蒙恩准留了下来。这在当时，应当算是优惠的照顾了。当然，蒲保明也有他的见解，只是不愿争论，很少表露而已。"文化大革命"中期，有一次蒲保明做学术报告，谈到数理逻辑中的永真式，他突发联想，竟说道："例如，亚里士多德的理论便是永真式，几千年来都是正确的，别的都打倒了，但是亚里士多德是打不倒的……"这番话引起了听众会心的笑声，却没有人去抓他的辫子。

蒲保明一生的不平凡之处在于他酷爱数学，执着地追求着学术上的造诣。他兴趣不广，交往也不多，多数时间是待在家中读书自愉。他勤于思考，治学刻苦，特别习惯夜读。夜深人静之际，在抽象思维的天空中遨游，这是只有学者才能领略的乐趣。蒲保明平时谈吐不多，但一谈到学术问题又常常是滔滔不绝，讲个不停。在课堂上，有时讲到精彩之处，他竟然自我陶醉起来，抬头向着天花板，闭上眼睛，如数家珍似的侃侃而谈，完全沉溺在优美的数学境界之中。

蒲保明去世前几年，身体已经很虚弱，他多次病危，又奇迹般地从死亡线上返回。在校园里，人们常常看到他步履蹒跚，扶杖而行，手里提着的多半是书籍。病中的他仍然执着地追求着他的目标，可谓"虽九死其犹未悔"。

蒲保明的夫人何瑞华，是华西医科大学的药学专家，工作十分出色。在他们家中，悬挂着华西医科大学校方赠送的壁挂，显示着她出色的工作业绩。他们伉俪情深，相依为命。蒲保明多次病重入院，若非夫人及早安排，延医求治，恐怕早已不在人世了。蒲保明逝世后，她难以掩盖丧夫之痛，便用更加勤奋的工作来填补那突然出现空白的时空。她还有一件未了之事，就是为蒲保明完成一份提供给英国剑桥国际传记中心的材料，以此来寄托对丈夫的哀思。材料完成后，她松了一口气，似乎无所牵挂了。就在蒲保明故去的第二年，何瑞华也不幸逝世，随夫而去。

蒲保明去世后，叶落归根，魂返故里，夫妻双双葬于金堂县革命公墓。这里苍松翠柏，一片静谧，对于劳顿一生的蒲保明夫妇，是理想的安息之地。

金堂盛产红橘，遐迩闻名。金秋时节登高而望，漫山遍野的柑橘树上都挂满了红澄澄的果实。它似乎象征着对蒲保明一生的评价，象征着故乡人民对这位赤子的告慰。

蒲保明夫妇有三子一女，次子蒲思立承父业，亦从事拓扑学研究。

蒲保明的主要论著

[1] PU B M. On the unified theory of meromorphic functions in the unit circle [J]. WuHan Univ. J. Sci. , 1942, 8 (1)：3. 1-3. 14.

[2] PU B M. Some inequalities in certain nonorientable Riemanian manifolds [J]. Pacific J. of Math. , 1952 (2)：55-71.

[3] 蒲保明. 圆内无限级半纯函数的 Borel 点 [J]. 四川大学学报（自然科学版），1956 (2)：31-40.

[4] 蒲保明. 圆内无限级半纯函数的 Borel 向 [J]. 四川大学学报（自然科学版），1957 (1)：41-60.

[5] 蒲保明，张琴生. $(m，n)$-紧性与分离性 [J]. 四川大学学报（自然科学版），1962 (2)：53-62.

[6] 蒲保明，费培之. 完全仿紧空间 [J]. 四川大学学报（自然科学版），1963 (2)：73-74.

[7] 蒲保明，张琴生. $(m，n)$-网的一点注记 [J]. 四川大学学报（自然科学版），1964 (3)：85-87.

[8] PU B M, LIU Y M. Fuzzy topology Ⅰ：Neighborhood structure of a

fuzzy point and Moore-Smith convergence [J]. J. Math. Analysis and Applications，1980，76（2）：571-599.

[9] PU B M，LIU Y M. Fuzzy topology Ⅱ：Product and quotient spaces [J]. J. Math. Analysis and Applications，1980，77（1），20-37.

[10] PU B M，LIU Y M. A survey of some aspects on the research work of Fuzzy topology in China，Advances in Fuzzy Sets [M]. Possibility Theory & Applications，Edited by Paul P. Wang，Plenum Press，1983：31-36.

[11] 蒲保明，蒋继光，胡淑礼. 拓扑学 [M]. 北京：高等教育出版社，1985.

参考文献

[1] 白苏华. 蒲保明传，《中国现代数学家传》（第一卷）[M]. 南京：江苏教育出版社，1994.

[2] 陈省身. 陈省身文选——传记、通俗演讲及其他 [M]. 北京：科学出版社，1989：83-85.

[3] 杨忠道. Blaschke 猜想 [J]. 数学进展，1985，14（4）：321-333.

[4] 江泽涵，张素诚.《十年来的中国科学——数学（1949—1959）》拓扑学 [M]. 北京：科学出版社，1959：107-127.

（原载于《20 世纪中国知名科学家学术成就概览：数学卷（第一分册）》第 200～205 页，科学出版社，2011 年，本文为修改稿）

撰写人：白苏华（四川大学数学学院）

第二部分 人物篇：四川著名数学家传稿选辑

李国平

李国平（1910—1996），广东丰顺人。数学家，教育家。1955 年当选为中国科学院学部委员（院士）。1939 年留学归国后任四川大学数学系教授。1940 年起又受聘任武汉大学数学系教授。曾任武汉大学数学系主任、副校长、数学研究所所长，中国科学院武汉数学物理研究所所长、名誉所长，中国科学院数学计算技术研究所所长，国家科委武汉计算机培训中心主任；中国数学会理事、名誉理事，中国系统工程学会副理事长兼学术委员会主任，湖北省科协副主席，湖北省暨武汉市数学学会理事长、名誉理事长等职务。还曾任《数学物理学报》主编，《数学年刊》副主编。学术研究工作涉及半纯函数的值分布理论、准解析函数论、微分方程与差分方程、数学物理等领域。尤其在半纯函数的 Borel 方向与填充圆的统一理论方面取得了重要成就，在数学物理方面的研究受到理论和应用学科的广泛重视。他还是科学研究工作的组织者和领导者，一贯主张边缘学科理论的研究与多学科的相互交叉渗透，倡导数学在国民经济与国防建设方面的应用。一生共发表学术论文近百篇，自撰或与学生合作撰写了 18 部学术专著。

一、人生经历

李国平是广东省丰顺县砂田乡黄花村人，生于 1910 年 11 月 15 日，逝世于 1996 年 2 月 8 日。李国平幼名海清，字慕陶，父亲李省三是裁缝，母亲一生务农。他 10 岁前在家乡读私塾，11 岁进广州市南海第一高小就读，后考入广东省高师附中（即后来的中山大学附中），1929 年再从高师附中考入中山大学数学天文系。从高中到大学时期李国平是在听课、自学和在中学代课的紧张活动中度过的，这一方面是为生计所迫，另一方面也锻炼了自己，为他日后终生从事数学研究与教育奠定了基础。1933 年他毕业于中山大学，随即受聘于广西大学数学系任讲师。1934—1936 年他东渡日本，在东京帝国大学做研究生，接受当时的数学系主任、著名函数论专家竹内端三和辻正次的悉心指导。早在中大读书期间李国平就发表了一些学术论文，到东京后又发表了几篇关于半纯函数值分布理论方面的文章，这些文章得到我国数学界前辈熊庆来的重视和赏识。1937 年经熊庆来提名推荐，他以中华教育文化基金会研究员的身份赴法国巴黎大学 Poincaré 研究所继续做研究工作。1939 年抗日战争初期，他毅然回国，希冀以教育和科学拯救国家，旋即被聘为四川大学教授。此时他年富力强，才华横溢，一面教学一面带领青年教师搞研究。当时为避战乱四川大学搬迁到峨眉山，武汉大学内迁到乐山，不久他又受聘为武汉大学教授。自此以后李国平一直在武汉大学任教，直至逝世。

新中国成立后，李国平满腔热情地投入国家建设，倾其毕生心力于科学和教育事业。他先后担任了武汉大学数学系主任，副校长，校务委员会副主任，数学研究所所长；曾任中国科学院数学计算技术研究所所长，中国科学院武汉数学物理研究所所长、名誉所长，国家科委武汉计算机培训中心主任，中国系统工程学会副理事长兼学术委员会主任；历任中国数学会理事、名誉理事，国家科委数学学科组成员，湖北省科学技术协会副主席、顾问，湖北省暨武汉市数学学会理事长、名誉理事长；还担任《数学物理学报》主编，《数学年刊》副主编，《数学杂志》与《系统工程与决策》名誉主编。他 1956 年加入中国共产党，曾被评选为全国先进工作者，全国教育先进工作者，湖北省、武汉市劳动模范，第四、第五、第六届全国人大代表。

二、学术成就

李国平的主要学术研究工作涉及半纯函数的值分布理论、准解析函数论、微分方程与差分方程理论、数学物理等领域。

自 1935 年起，李国平陆续在《日本数学杂志》《巴黎科学院院报》等著名学术刊物上发表了一系列关于半纯函数（又称亚纯函数）值分布理论的研究论文。半纯函数的值分布理论起源于 Picard 和 Borel 在 19 世纪末关于整函数值分布理论的研究工作。20 世纪初，人们把兴趣转到半纯函数，Nevanlinna 示性函数、级与型、Borel 方向与填充圆、例外值等成为研究的中心问题。一些国际著名的函数论专家纷纷投入其中，取得了许多重要成果。1936—1938 年，李国平在 Blumenthal 函数型与 Valiron 函数型及熊庆来函数型之外提出了构造更为精细、应用更为广泛的新函数型以规则化半纯函数类。新函数型的提出不仅把若干分散的研究纳入一个总的框架，而且运用统一的方法去处理。它不仅简化了复杂的计算，使之更为精密、规范，而且在更高的层次上提出了诸多问题加以研究并得以解决，例如重值与 Borel 方向、整函数的 Lagrange 插值收敛性、无限级整函数的两组填充圆问题、圆内半纯函数聚值点问题等，从而把值分布理论的研究导向一个新的境界。李国平把这些成果称为半纯函数聚值线的统一理论，以区别于此前 Blumenthal 等人，包括熊庆来以及他本人的研究工作。这些文章的发表立即受到学术界的高度重视，被认为是值分布理论方面的重要成果。法国著名数学家 Valiron 逐篇为之评介，熊庆来也多次撰文给予肯定和赞扬。在有关中国数学发展历史的重要文献《十年来的中国科学——数学（1949—1959）》中，李国平的以上工作被一一列举和评述。之后，李国平还研究了整函数序列的完全性，建立了新的半纯函数的唯一性定理。为了解决 Denjoy 提出的奇异积分与解析函数的关系，李国平引入了半纯函数的伴随与强伴随 Weierstrass 函数概念并成功地建立了两者之间的精确关系。他关于半纯函数的有理函数表写，圆内半纯函数的聚结集理论突破了保加利亚学派的局限，实现了理论上的新进展。此外，他还将 dela Vallèe-Poussin 关于周期整函数的构造性质扩展到概周期整函数，提出并且研究了函数构造理论中的转化原则等。1958 年他把关于值分布理论的部分研究成果总结在《半纯函数的聚值线理论》一书中，该书是国内出版最早的关于值分布理论的专著，对我国后来的值分布理论研究具有重要影响。

在准解析函数理论方面，李国平早在 1939 年就在法国《巴黎科学院院报》上发表了"关于新的准解析函数族"与"关于准解析函数理论的一个基本定理"的重要论文，他首先给出了关于实数序列规则化和函数族规则化的准则，以此为基础建立了一套新的准解析函数理论，从中得到了若干新的准解析函数类并研究了它们的构造，论证了全纯函数族 H_1 与准解析性以及 Fourier 积分与准解析函数族的关系。20 世纪 40 年代他对 Dirichlet 级数与概周期准解析函数族的关系进行了全面研究，以后还研究了该理论在常微分方程组准解析解方面的应用，即以某些准解析函数为系数的微分方程的封闭性，所得结果全面推进了 Mandelbrojt，Lalaguë，Favard 等人的工作。他的这些研究工作由于战争环境时断时续，其成果除发表在法国《巴黎科学院院报》上外，有的还刊登在当时的《武汉大学理科季刊》上，大多数则收集在专著《准解析函数论》一书中。值得一提的是，1956 年李国平应邀赴东德参加了由当时世界上 127 位数学家组成的《数学词典》编委会，其间担负了《准解析函数论》等词条的撰写任务。这表明他的研究工作是受到国际同行认可和重视的。

出于理论联系实际的目的，李国平很早就重视微分方程与差分方程理论的研究，关心它们的广泛应用背景。1954 年他受国家教育部委托，与申又枨、吴新谋合作在北京举办了微分方程讲习班（即"暑期综合大学数学研究座谈会"），自己动手编写讲义《常微分方程通论》并且亲自讲解，为我国建立微分方程的研究队伍做出了宝贵的贡献。他把自己关于函数论方面的研究成果运用到这一领域，着重研究了微分方程的解析理论。他先后研究了自守函数与 Minkowski-Donjoy 函数的内在联系并将它们应用于 Riemann 边值问题，研究了等角写像的边界性质和全纯函数的边界性质、Cauchy 型积分与奇异积分方程解的正规性、闭合性并应用于平面弹性理论；他还研究了准解析函数与半纯函数对差分方程组的应用。这些工作在流体力学与弹性力学方面具有重要的实用价值。

20 世纪 60 年代以后，李国平把主要精力转向数学物理研究领域。他很早就认识到数学对于自然科学各领域的渗透作用，重视数学理论在国民经济发展中的作用。经过努力探索，他建立了一系列数学模型，描述了各相关领域物质运动的客观规律，为进一步的深入研究奠定了可靠的数学基础。他以一系列丛书的形式总结了这些成果。1961 年他从电磁流体力学中中小扰动波方程与传输线方程的相似性出发提出了电磁流体力学的特性阻抗概念，阐述了电磁流体力学波的工程理论。1976 年他在研究地震弹性波方程时应用同样的观点，导出了地震弹性波的特性阻抗，讨论了地震弹性波传播的工程理论。

1965 年，他把纤维丛理论应用于基本粒子的研究，提出了纤维丛的微积分概念并用以探讨基本粒子的内外运动。据此他提出了一个猜想：光子的反光子并不是它自身，由外运动引出的两种方程是分别描述正反两种光子的。此外，他还引进了地质点的概念，提出了岩石统计力学的理论框架；以外微分形式为工具，阐述了半导体各向异性能带理论；研究了牛顿天体力学 N 体问题的相对论修正案等。这些成果引起了理论界和应用领域的广泛重视。

李国平的研究领域十分广泛，并且在许多问题上取得了系统的、原始创新的成果。在我国现代数学发展的进程中，李国平以持续不断的努力和辛勤耕耘做出了自己的一份独特的贡献，成绩斐然。他一生共发表近百篇学术论文，组织编撰了《函数论》《数学物理》《系统科学》三套丛书，其中自撰或由学生整理手稿合作撰写的有《半纯函数的聚值线理论》《自守函数与闵可夫斯基函数》《近代函数论》《准解析函数论》《算子函数论》《电磁风暴说》《数理地震学》《导体与半导体》《一般相对性量子场论》（Ⅰ，Ⅱ）等 18 部学术著作。有些手稿还有待于进一步整理出版。

三、领导科研工作

李国平对于科学事业的贡献还体现在他对科学研究工作和科学研究队伍的组织领导方面。他不仅是一位出色的战斗员，而且是一位卓越的指挥员。

1956年，李国平参加了由周恩来总理亲自主持召开的全国十二年科学远景规划会议。会议中他是数学组、计算技术组、半导体组和自动化组的成员并负责函数论发展规划的起草工作。我国科学技术的宏伟前景给予他巨大的鼓舞，尽快提高科技水平、建设富强繁荣的社会主义国家的远大目标无疑是对他强劲的召唤。他愈加关注数学对于国民经济和国防建设的实际应用，积极倡导数学与其他科学技术领域的交叉和边缘学科理论的研究。他在探索中不断前进，20世纪60年代初明确提出了"一个主体，两个翅膀"的科学研究设想。"主体"是数学、计算机科学与系统科学三者的结合，主张发展数学与应用数学，发展计算数学并改进计算技术，同时开发系统科学的基础理论。"翅膀"之一是数学与物理科学（包括天文、地学、化学和工程技术）相结合，研究宏观和微观物理现象的数学规律性；"翅膀"之二是数学与生命科学相结合，研究生物和生命运动的数学规律性。他希望以此为线索探求数学应用的具体途径，并且为纯粹数学提供新内容、新思想和新方法，使纯粹数学本身得到发展。这无疑是一个高屋建瓴、富于前瞻性的科学研究规划。为了实现这个规划，他身体力行，部分地中断了他所熟悉的函数论的研究而转向数学物理。在以后30多年的岁月里，他含辛茹苦，披荆斩棘，承担着难以想象的重负与压力，通过勤奋工作为数学物理及系统科学开辟了新路。这充分体现了他在科学研究中不计个人得失，勇于进取的大无畏精神。实际上早在50年代中期，他就受命创建并领导了中国科学院武汉数学研究室，后扩建为中国科学院数学计算技术研究所，克服重重困难带领青年科技人员进行计算机的研制和应用研究。该所的骨干力量80年代中期成为中国船舶工业总公司数字工程研究所的主力，在国家最急需科技人才的关键时刻有力地支援了工业和国防建设。他还领导开展了控制论与系统科学的研究，在他的长期推动和指导下，取得了很好的成绩并直接应用于武汉钢铁公司等大型企业的生产实际中去。可惜由于"文化大革命"十年动乱，正常的研究工作无法开展，费尽气力组建起来的科研队伍被拆散，他的规划受到极大挫折，几陷于不复之地。

20世纪70年代末期我国迎来了科学的春天，大地复苏，科学和教育事业出现了转机。他抓紧时间以惊人的毅力重建了武汉大学数学研究所、中国科学院武汉数学物理研究所，参与创办了国家科委武汉计算机培训中心。作为主要发起人创建并领导了中国系统工程学会等学术团体。他还与其他老一辈数学家一起创办了《数学物理学报》《数学杂志》《数学年刊》等学术刊物，创办和恢复了湖北省暨武汉市数学学会、湖北省系统工程学会等学术团体，亲自主持召开了第一、第二届全国"数学物理学术讨论会"，为新时期我国科技事业的繁荣与发展做出了新的贡献。

四、教书育人

李国平60多年的教育生涯为国家培养了大批数学专门人才，包括一批数学精英。据不完全统计，有五位院士，数十名博士生导师，至于教授、研究员等入门弟子逾百人。其中很多人是各个学科领域、各个单位的学术带头人或骨干，真可谓桃李满天下、硕果累累。直到耄耋之年，他还坚持带博士和硕士研究生，怀着"登高人向东风立，捧土培根情更急"的殷切心情指导学生迅速成长，希望他们成为国家有用之才。

回顾李国平的一生，不仅可以看到他在科学事业上丰硕的成果，而且可以看到他无私奉献、奋发进取的精神，不仅有超然面对夷险直曲、毁誉无所萦怀的道德风范，而且有权势莫能屈、困苦莫能折的人格魅力。他襟怀坦荡，率真成性，自出天然。对照他一生的业绩、理念和作为，对于我们今日的科学研究、教书育人和自律都是很有启迪的。

主张以自学为主。李国平教书育人，诲人不倦，在传授科学知识的同时不忘教育学生做人和治学。他经常结合自己的亲身经历劝导学生加强自学，强调自学在整个学习过程中的作用。他认为"古往今来有大成就者必以很强的自学能力为基础"，"真正的学问不是靠老师教出来的，是学生自己钻研出来的"，"大学问家不是别人送给的，是自我造就的"，鼓励学生奋发成才。他所说的自学不光指主动汲取知识，把学习过程由被动化为主动，还有鼓励学生不盲从老师，要发扬创造精神的含义。他要求学生学知识要吃得苦、有韧性。他回顾自己当年在东京帝国大学读书和在巴黎做研究工作时条件都很艰苦，多数时间是一天两餐饭，有时一天只吃一餐，一是为了省钱买书，二是为了节约时间在图书馆多看书。当时印刷条件也很差，他常常把新出版刊物上的论文整篇抄录下来，然后细细研究。这样做往往要比别人花费更多时间，然而他却比别人更早更快地拥有了研究资料。每当谈及这些，李国平便情不自禁地流露出喜悦的神情。

主张教育要与实际结合。李国平认为教育就是要培养经世济用之才，主张知行合一，学生要在实践中增长才干，为此教育一定要联系实际。他要求学生在学习专业知识的同时要学会从实践中提出问题加以研究和解决，在此过程中提高自己的聪明才智。他常用古人所说"一屋不扫，何以扫天下"教育学生从小事做起，自己动手。20世纪60年代初他曾多次借学生到工厂、工地和农村去劳动的机会不辞劳苦地办读书班，引导学生开展讨论，动手解决实际问题，联系实际写论文，对教改进行了大胆的探索和尝试。他指导研究生，总是把学生推到第一线进行学术研究的磨炼和捶打，着眼于学科发展的大局和前沿的研究课题，不失时机地引进来交给学生去学习研究。80年代初，他看准国际潮流提出了函数论的随机化、多复变函数论以及算子函数论等课题让学生去研究，举办讨论班，带出了一批研究生。他反对近亲繁殖、固守一隅，从不以自己的研究兴趣和专业范围去束缚学生，而是鼓励学生独立创新，直至开辟新的研究方向。因此，他的学生遍布数学乃至计算机学科、系统科学的许多学科领域。

一生酷爱诗词书法。李国平除数学研究外，一生热爱中国传统文化，特别是酷爱诗词书法。他的诗词与书法珠联璧合，每有所感辄口吟笔书，终生乐此不疲。虽然这是他的业余爱好，但数十年孜孜不倦的执着耕耘和诗词中体现出的高尚情操与艺术品位不能不使人叹服。早在中大读书时，出于对古典诗词的浓厚兴趣，他就兼修了中文系的古代文学诸课程。以后含英咀华，深得要旨。40岁前曾自辑诗作百首为《慕陶室诗稿》，惜已无存。后有《海清集诗钞》《梅香斋词》等800余首，80华诞前夕集结为《李国平诗词选》出版。他还打破"词为诗余"的传统观点，认为"词非诗余，实为诗综"，并以数学家的缜密思维和实证精神撰写了《词中诗辑要》和《苏东坡诗中词百首》以为佐证。他的诗词题材丰富，或歌颂党和国家，盛事志庆；或抒怀寄友，描绘山川形胜。读他的诗词觉意境高远、格调清新、感情真挚，这正是他集科学家与诗人于一身的胸襟与情操的真实写照。他与苏步青、钱学森、关肇直、胡世华、吴文俊、谢健弘、叶述武、许国志和画家关山月、张振铎等友人常以诗词寄情或唱和，一些往返酬唱遂成为世间流传甚广的佳话。李国平的书法笔锋雄健、气势洒脱、自成一格。他曾任湖北省书法协会名誉理事，其书法作品被勒于武昌黄鹤楼、汉阳晴川阁和广东丹霞山供人们永久观瞻。

献身祖国，心系天下。李国平从新旧社会的强烈对比中认识到共产党的伟大，脚踏实地为党工作，对于实现社会主义现代化的宏伟目标从不动摇。他一向以国家和人民的利益为言行准则，不计较个人恩怨得失。"文化大革命"中他被打成反动学术权威，多次挨批斗，还被拉到他曾经办过试验班的工厂和农村去"消毒";因为1956年到东德编撰《数学词典》而被诬为里通外国。就是在这样的情况下,他强忍巨大的悲痛,仍然勤奋工作,有时白天挨批,晚上仍坚持搞学术研究。他盼望"文化大革命"早点结束,好一门心思建设四个现代化。"文化大革命"结束后,他又时常教育学生向前看,不去纠缠历史旧账,努力创造新成绩。实际上他时刻都在以他对国家对事业的坚定信念感染着学生。

李国平对于普通工人农民都怀有朴素的感情。当然他更爱才惜才,对于青年才俊爱护提携有加。人们知道王柔怀是我国知名的微分方程专家,王第一次见到李国平是在四川乐山的一个茶馆里,他当时一面在技校读书一面打工,生活拮据然而酷爱数学。听说面前喝茶的是大名鼎鼎的李教授就大着胆子向他诉说苦衷。李国平看他十分诚恳就给几道题让他做,"考试"过关之后李国平帮他转了学,之后又收他为入门弟子。岂知当年的这一举动为国家成就了一位数学家。

生命不息,奋斗不止。李国平的一生是坚韧不拔、勇于进取的一生,也是生命不息、奋斗不止的一生。正如他在一首五言绝句中所写的"筹算平生志,沈潜不计年"。前面已经提到李国平功成名就之后毅然从纯粹数学的研究转向数学物理的事实。他的学生都还记得,20世纪50年代末60年代初,李国平组织科研小组进行计算机的研制攻关。万事开头难,在经受一次次挫折之后,面对庞大的机体、缓慢的速度和惊人的误差,有人犹豫了,陆续退出来。但李国平深知这一工作的重要性,选择坚持下去,集中精力提高速度、减少误差,几乎到了废寝忘食的地步。后来终于研制出中南地区第一台数字模拟式电子计算机。他甚至还在70多岁高龄时受聘为武汉大学空间物理系兼职教授和中国科学院武汉物理研究所兼职研究员,帮助那里的电离层观测站和波谱研究室解决科研中遇到的疑难问题。这些都属分外工作,从来不领取任何报酬。晚年的李国平仍坚持到办公室上班,风雨无阻,他除了每年照常带一两名研究生之外,还时有研究论文发表。此外他还出版了《算子函数论》,撰写了《亚培尔函数论》《推广的黎曼几何及其在偏微分方程中的应用》等书稿。他还计划撰写《算子物理学》一书,可惜未及完成即因病去世。在他最后一次住进医院之前,他还在关心国内外数学研究的进展。清理遗物时,新出版的法国《巴黎科学院院报》等学术期刊仍赫然摆在他的案头。

李国平逝世后,湖北省和武汉市人民政府于2001年为他铸造了全身铜像,立于周围高校林立的武昌光谷广场,以此彰显其业绩,光大其精神。

李国平的主要论著

[1] LI G P. On meromorphic functions of infinite order I [J]. Jap J. Math, 1935 (12): 1-16.

[2] LI G P. On meromorphic functions of infinite order II [J]. Jap J. Math, 1935 (12): 37-42.

[3] LI G P. On the unified theory of meromorphic functions I [J]. Proc. Phys. Math Soc. Jap. , 1936 (18): 182-187.

[4] LI G P. On the unified theory of meromorphic functions II [J]. J. Fac. Univ. Tokyo, Sect, 1937 (13): 153-286.

[5] LI G P. On the Borel's directions of meromorphic functions of infinite order [J]. J. Fac. Univ. Tokyo, Sect, 1937 (13): 39-48.

[6] LI G P. On the directions of Borel of meromorphic functions of finite order >1/2 [J]. Compositio Math, 1938 (6): 285-295.

[7] LI G P. Sur les valeurs multiples et les directions de Borel des fonctions meromorphes [J]. C R Acad Sci, Paris, 1938 (206): 1784-1786.

[8] LI G P. Sur un theoreme fundamental dans la theorie des fonctions quasi-analytiques [J]. C R Acad Sci, Paris, 1939 (208): 1625-1627.

[9] LI G P. Sur des nouvelles classes quasi-analytiques des fonctions [J]. C R Acad Sci, Paris, 1939 (208): 1783-1785.

[10] LI G P. Sur les series de Fourier et les classes quasi-analytiques des fonctions presque-periodiques [J]. 武汉大学理科季刊, 1948 (9): 1-16.

[11] LI G P. Sur l'approximation des fonctions analytiques presque-periodiques [J]. 武汉大学理科季刊, 1948 (9): 17-31.

[12] 李国平. 关于具特征函数之非线性常微分方程的新理论 [J]. 数学学报, 1954 (4): 467-477.

[13] 李国平. 关于半纯函数之唯一性问题 [J]. 武汉大学自然科学学报, 1957 (1): 45-53.

[14] 李国平. 关于正级半纯函数的随伴 Weierstrass 函数 [J]. 武汉大学自然科学学报, 1957 (1): 17-25.

[15] 李国平. 函数构造理论在微分方程理论中的应用 [J]. 武汉大学自然科学学报, 1957 (2): 1-7.

[16] 李国平. 解析函数构造理论中的两个基本原则及其推广 [J]. 数学学报,

1957 (7)：327-339.

[17] 李国平. 论半纯函数的有理函数表写 [J]. 武汉大学自然科学学报，
    1958 (1)：65-73.

[18] 李国平. 半纯函数的聚值线理论 [M]. 北京：科学出版社，1958.

[19] 李国平. 各向异性能带理论 [J]. 武汉大学学报（自然科学版），1977
    (1)：45-70.

[20] 李国平. 关于二体问题经相对论修正后的解 [J]. 武汉大学学报（自然
    科学版），1977 (4)：20-28.

[21] 李国平. 一般相对性量子场论张量、旋量及混合量分析学（1）[J]. 郑
    州大学学报，1978 (2)：1-31.

[22] 李国平. 自守函数与闵可夫斯基函数 [M]. 北京：科学出版社，1979.

[23] 李国平. 近代函数论 [M]. 武汉：武汉大学出版社，1983.

[24] 李国平. 准解析函数论 [M]. 武汉：武汉大学出版社，1984.

[25] 李国平. 算子函数论 [M]. 武汉：武汉大学出版社，1996.

参考文献

[1] 李国平. 函数论中的若干问题 [R]. 中国科学院武汉数学物理研究所研
    究报告. 1980.

[2] 范文涛，刘培德，欧阳才衡. 李国平传，中国高等学校中的中国科学院院
    士传略 [M]. 北京：高等教育出版社，1998：38-40.

[3] 丁夏畦. 李国平论函数论与数学物理 [M]. 济南：山东教育出版
    社，2002.

[4] 刘培德. 创始辟路一代宗师——李国平院士的生平与业绩 [J]. 武大校友
    通讯，2005 (2).

（原载于《20世纪中国知名科学家学术成就概览：数学卷（第一分册）》
第 229~236 页，科学出版社，2011 年）

撰写人：范文涛（中国科学院武汉物理与数学研究所），刘培德（武汉大
学），欧阳才衡（中国科学院武汉物理与数学研究所）

第二部分　人物篇：四川著名数学家传稿选辑

187

杨宗磐

杨宗磐（1916—1976），江苏镇江人。数学家。研究领域为分析、几何学和概率论。清华大学肄业。1941 年毕业于日本大阪帝国大学（今大阪大学）理学部。曾任北京大学、北京师范大学讲师，北京大学副教授。1946 年秋到四川大学任数学系教授，1949 年 12 月成都解放，杨宗磐被留用，先任四川大学数学系清点小组组长，后任数学系主任。新中国成立后，历任四川大学教授、数学系主任，北洋大学教授，南开大学教授、概率教研室主任。著有《数学分析入门》《半序空间引论》《概率论入门》。杨宗磐曾任《数学通报》编委会编辑、中国数学会翻译委员会委员、中国数学会天津分会常务理事、高等教育出版社特约编审。

一、学术生涯

杨宗磐的祖先是随清朝入关的蒙古镶红旗人。因其祖父杨智昆住在江苏省镇江市（原称镇江府丹徒县），故杨宗磐的籍贯写成江苏镇江。由于杨宗磐的父亲杨恩华 1926 年左右从北京移居大连，在旅顺师范学堂任中文教员，因此杨宗磐也就在大连日本中等学校学习。由于不愿忍受做亡国奴的耻辱，杨宗磐 1933 年离开大连，先是到长春做过打字员，后于 1934 年春到北京志成中学读高三。1935 年毕业后考入清华大学。先是入化学系，第二年转入数学系。杨宗磐是熊庆来第二次出国前的最后一班学生。当时在清华任教的还有华罗庚、曾远荣、徐贤修等，华罗庚教他初等微积分。熊庆来 1957 年在中国科学院数学研究所欢迎会上讲到 20 世纪 30 年代"那时可注意的优秀的同学不少"时，提到了清华的杨宗磐。1937年7月日寇入侵华北，清华大学等学校被迫南迁，杨宗磐在清华大学二年级肆业。1938年4月杨宗磐入日本大阪帝国大学（现大阪大学）数学系学习，1941年3月毕业，获理学士学位。由于成绩优异，被留校任助教。1942年完成了一篇Riemann面方面的论文，发表在日本《东北数学杂志》（1943）。

　　1942年10月杨宗磐回到北京。1943年1月被聘为北京大学讲师，不久又在北京师范大学兼课，讲授实变函数、复变函数、一般拓扑学等课程。抗战胜利后，杨宗磐于1946年秋到四川大学任数学系教授，讲授实变函数、一般拓扑学、方程式论、初等微积分等课程。此时他把部分精力放在《分析入门》讲义的修改上，通篇大修订达4次左右。1949年12月成都解放，杨宗磐被留用，先任数学系清点小组组长，后任数学系主任。1950年8月获准离校北上，任天津北洋大学数学系教授，讲授实分析、一般拓扑学、群论、射影几何等课程。1951年北洋大学与河北工学院合并成立天津大学。1952年院系调整，杨宗磐被调到南开大学数学系任教，并任函数论教研室主任。1957年因工作需要杨宗磐又开始研究概率论。1958年南开大学取消函数论教研室，11月杨宗磐又任南开大学概率论教研室主任，1962年春再任函数论教研室主任。

二、治学态度与学术研究

　　杨宗磐治学严谨，求真求实，从难从严。他经常讲："治学要一丝不苟，基础要打好。"他学而不厌，诲人不倦，一生的最大乐趣是闭门读书，专心致志地做学问。杨宗磐博览群书，数学知识极为广博。他在分析方面精通数学分析、实变函数、复变函数、泛函分析；在几何方面精通拓扑学、射影几何、Riemann面理论。他也精通概率论。他在数学界曾被称为是一部数学的"活字典"。1973年，杨宗磐已经经历了"文化大革命"的极大磨难，还处在一个"被管制"的状态，而当陈省身第一次回南开大学做微分几何方面的学术报告时，杨宗磐不仅参加了，而且还当场提了一个有关的问题。在座的无不感到惊讶！

　　杨宗磐讲课逻辑严密，条理清楚，板书工整。他对学生作业的要求严格，批改作业极为认真，对那些好学的学生和年轻教师非常爱惜和器重，总是以极大的热情指导他们求知的门径。他经常会把答案和有关参考文献工整地写在烟盒纸上交给所问问题的学生或青年教师。组织讨论班是杨宗磐学习和指导学生及青年教师的重要方法，从20世纪50年代的概率论讨论班到60年代的泛函分析讨论班都是如此。参加过这些讨论班的学生和青年教师无一例外地感到不仅从中学到了知识，更重要的是学到杨宗磐那种一丝不苟、精益求精的治学之道。特别是杨宗磐极其尊重别人的工作。无论是他本人的读书笔记，还是他写的文章或书，只要是别人向他提供了一些想法、建议或补证，他都会把有关人的名字列上。

数学是杨宗磐的生命。"文化大革命"中无论是被审查，打扫厕所，或是到农场"改造"，每天早上他总是要偷偷地做几道数学题。杨宗磐的生命实在也是离不开数学！

三、学术著作

1958 年，科学出版社出版了杨宗磐的《数学分析入门》，该书共 32 万字，是他从 1943 年开始讲授了四五遍的《分析入门》讲义改写而成的。杨宗磐在该书内容简介中说："这本书试图清理一下入门阶段数学分析里学到的一些基本概念，目的要尽可能缩短入门书同近代著作之间的距离。"此书论证严格，理论深入，是学习数学分析难得的一本好书，也是一本不好入门的"入门"书！华罗庚在他的《高等数学引论》第一卷第二分册的序言中说："在写作的过程中参考过杨宗磐的《数学分析入门》。"

1960 年杨宗磐曾去中国科学院数学研究所讲学，后来他把讲稿整理成《半序空间引论》，1964 年由科学出版社出版，全书 13 万字。

杨宗磐还把他多年的讲稿整理成《概率论入门》，1981 年由科学出版社出版，全书 31 万字。关肇直在该书的序言中说："这部书与一般教科书、入门书有很大的不同，著者在他对概率的数学基础的深刻理解之下举了大量正面与反面例子，并以细致的分析帮助读者对于这门学科获得确切的知识，这是本书突出的特色。相信学过概率论基础课程的人通过阅读这部书会加深对概率论的理解。"

此外杨宗磐有遗著《泛函分析九讲》和《复变函数论》。

杨宗磐的主要论著

[1] 杨宗磐. 黎曼理论的研究 [J]. 日本东北数学杂志，1943（49）.
[2] 杨宗磐. 近代数学概观（第三册）[M]. 上海：中华书局，1951.
[3] 杨宗磐. 在闭共形黎曼面的一个基本位函数及其应用 [J]. 数学学报，1954（4）：279-294.
[4] 杨宗磐. 一个存在定理 [J]. 数学学报，1954（4）：295-299.
[5] 杨宗磐. 剳记三则 [J]. 南开大学学报，1955（1）：34L.

［6］杨宗磐. 黎曼的 H 函数及雅可比反问题的函数论叙述［J］. 南开大学学报，1956（1）：9.

［7］杨宗磐. 关于 Riesz 算子［J］. 数学进展，1956（2）：187.

［8］杨宗磐. 关于贝尔性质的几点注意［J］. 数学学报，1956（6）：83-91.

［9］杨宗磐. 关于条件期望的一点注意［J］. 数学进展，1957（3）：658-661.

［10］杨宗磐. 关于贝尔性质的几点注意 Ⅱ［J］. 数学学报，1958（8）：95-101.

［11］杨宗磐. 数学分析入门［M］. 北京：科学出版社，1958.

［12］杨宗磐. 关于条件期望的一点注意 Ⅱ［J］. 数学学报，1959（9）：330-332.

［13］杨宗磐. 半序空间引论［M］. 北京：科学出版社，1964.

［14］杨宗磐. 关于贝尔性质的几点注意 Ⅲ［J］. 数学学报，1965（15）：495-499.

［15］杨宗磐. 关于格环的两个定理［J］. 数学学报，1965（15）：574-581.

［16］杨宗磐. 概率论入门［M］. 北京：科学出版社，1981.

参考文献

杨光伟. 杨宗磐［M］//程民德. 中国现代数学家传：第 2 卷. 南京：江苏教育出版社，1994：294-304.

（原载于《20 世纪中国知名科学家学术成就概览：数学卷（第一分册）》第 355～357 页，科学出版社，2011 年）

撰写人：周性伟（南开大学数学系）

周学光

周学光（1927—2012），四川省资中县人。拓扑学家。1948 年毕业于四川大学数学系并留校任教。1950 年应吴大任邀请到南开大学数学系任教至 1998 年退休。在代数拓扑和微分拓扑方面做出了许多重要研究成果。在 20 世纪 50 年代末 60 年代初，举出反例指出 Shiraiwa 定理有错误并加以改正，为此而建立的特征上同调运算被同行专家称为"周运算"。1988 年建立了有限链复形方法，使得 Ext 群的计算大为简化，同行专家评论此方法为周首创。1985 年获国家教委优秀成果奖。曾任国家自然科学基金委员会基础数学评审专家组成员、天津市数学会理事长、南开大学数学系主任等职，为南开大学基础数学学科成为重点学科做出了重要贡献。

一、学术生涯

1927 年 6 月 5 日（农历）周学光出生在四川省资中县的一个农民家庭。仅仅小学毕业的父亲为人忠厚老实，虽曾借助于亲戚的帮助当过禁烟视察员，但由于没有上下应付的本事，半年后就被迫回家了。小时候的周学光身体强壮且聪颖好学。上小学时，数学老师常常让他到黑板上做数学题给大家演示。参加数学竞赛，他总能获奖。小学毕业时他以优异成绩考上了四川省立资中中学。

读初中时，正是中国抗日战争最艰苦的时期。四川虽是国民政府的大后方，但由于日本飞机的不断轰炸，学校被迫搬到乡下，生活、学习环境极为艰苦。初中毕业后，周学光考入著名的成都七中（当时的名称是成都县立中学）。

高中的学习、生活条件要好许多，这使他能集中精力用在学习上。在这里周学光努力学习，只用了三个学期就自学完了高中三年的数学和物理。同时他的老师胡鹏还经常借一些大学的数学书籍给他读。通过和胡鹏老师的接触，周学光对数学产生了浓厚的兴趣。1944 年，17 岁的周学光以同等学历报考大学并同时被四所学校录取，基于对数学的兴趣，他选择了四川大学数学系。

20 世纪 30 年代，抽象代数被引入组合拓扑学，原来的 Betti 数及挠系数被纳入 Abel 群之中成为同调群。之后，随着上同调、同伦论、纤维丛和同调代数的引进，拓扑学的面貌产生了巨大的改变，同时也成了数学的一个重要分支。抗战胜利后，中央研究院数学研究所在南京成立。40 年代中期，陈省身将国外代数拓扑的研究动态介绍到国内，并带领一批年轻学者进行代数拓扑学的研究工作。后来，这批年轻人，比如吴文俊、廖山涛、杨忠道、孙以丰、陈杰等都成了著名的拓扑学家。

在南京，陈省身开设拓扑学课程、组织代数拓扑讨论班，并主持影印了一批当时最新的代数拓扑书和《代数拓扑论文集》。此时在四川大学读大学三年级的周学光已经学习了杨宗磐讲授的《一般拓扑学》，并且杨宗磐也给了他一些关于一般拓扑学的题目让他做。但是周学光对点集拓扑学似乎并没有太大的兴趣，相反，他的同学陈杰从中央研究院寄来的几本代数拓扑书却使他产生了浓厚的兴趣。但是，在当时的四川大学并没有人懂代数拓扑，周学光只好凭着顽强的毅力和对代数拓扑的浓厚兴趣自学其基本理论和最新进展。1948 年周学光自四川大学毕业，对代数拓扑怀有极高兴趣的他很想去中央研究院数学所跟陈省身学习一段时间。当时的川大数学系主任曾远荣也想推荐他到中央研究院做研究助理，以便于他继续在代数拓扑方向的学习和研究。但由于当时正值国内解放战争时期，南京数学所编制基本冻结，周学光只好留在四川大学做助教至 1950 年。在四川大学期间，周学光先后自学了 H. Seifert 和 W. Threlfall 合著的《拓扑学》（1948 年江泽涵将该书译成中文），W. Hurewicz 的《维数论》，P. S. Alexandroff 和 H. Hopf 合著的《拓扑学》及《代数拓扑论文集》中的一些重要论文。这为他以后的研究工作打下了坚实基础。

1950 年，应吴大任的邀请，周学光来南开大学任教，开始了他在南开的教学与科研工作。20 世纪 50 年代初，南开的科研之风还不盛行，学术交流也不多。周学光在自己的摸索中继续代数拓扑的研究。1956 年，他的第一篇论文"关于 Borsuk 的绝对同伦扩张性质的讨论"在《数学学报》上发表。从此他一边教学，一边开展研究工作，并在随后的几年里有多篇重要论文在国内杂志上发表。他于 50 年代中后期起多次主讲数学分析等本科生基础课，并取得很好的教学效果。其中使人至今记忆犹新的是：1956年他主讲的数学分析结课时，学生代表向他献花以表达同学们的敬佩和感激之情。1955年，周学光第一次开设代数拓扑课。1960年至1966年作为学术带头人在南开开设代数拓扑专门组。在这个专门组中，他讲授组合拓扑学、同伦论、纤维丛等课程，组织讨论班，培养了拓扑专门组学生七十多人，其中指导研究生两人。正当南开的拓扑组在逐步壮大的时候，1965年周学光和他的研究生、助手全部奉命到农村搞"四清"。1966年当他们回到学校时，"文化大革命"已经开始了，一切研究工作全部停顿。"文化大革命"期间，他和全国其他院校的老师一样，去工厂做过工，到农村下过乡，唯独不能做的是研究拓扑。粉碎"四人帮"以后的1978年，周学光得以恢复研究工作，并开始继续招收研究生。1981年，他被国务院学位委员会评为全国第一批基础数学博士生导师。在随后的十几年中，培养指导硕士、博士研究生、博士后近三十人。其中许多人已成为有关方面的专家教授。1981年至1987年周学光先后担任南开大学数学系副系主任和系主任职务，为南开大学基础数学学科成为重点学科做出了重要贡献。20世纪80年代末90年代初，他还曾担任国家自然科学基金委员会基础数学评审专家组成员和天津市数学会理事长。

生活中的周学光是一个很简朴的人，一年四季都穿在脚上的单布鞋和出门提在手里的菜篮子使人很难把他和一个教授联系在一起。但是在教学和科研中他又是一个非常认真、非常严谨的人，为此他也"得罪"过不少人。他曾因某论文中的证明方法不是最简方法而在审稿时建议直接退稿，也曾在某次国内拓扑学会议上当面指出报告人证明中的不完整之处。周学光对每一位学生，在生活上都给予热情关怀，而在学术研究上又严格要求。周学光学识渊博、思维敏捷，在他的带领下，在南开大学已经形成了一个代数拓扑的研究团队。这个团队在稳定同伦、Adams谱序列和Adams-Novikov谱序列的研究方面还是很有特色的。近十多年来，这个团队已在国内外重要杂志上发表数十篇高水平的论文。

二、学术成就

周学光主要从事代数拓扑学与微分拓扑学的研究工作，特别是同伦理论及其应用的研究工作。自1956年以来，周学光共发表研究论文30余篇，取得了许多在国内外有广泛影响的重要成果，是我国同伦论理论的奠基人之一。他对同伦论研究的主要成就有：推广了 Serre 关于 Hurwicz 同态的定理，确定了 $(n-1)$ 连通空间的 $(n+2)$ 维同伦群，确定了 $(n+2)$ 维多面体到 $(n-1)$

连通空间所有映射的同伦分类，指出了 Shiraiwa 定理的错误并予以改正，建立了特征上同调运算，建立了计算 $Ext_{A_p}^{s,t}$（Z_p，Z_p）的有序链复形方法，并在此基础上得到了球面稳定同伦的许多族新元素等。

1953 年，J. P. Serre 将 Hurwicz 定理推广到了 $(n-1)C$ 连通空间。所谓 $(n-1)C$ 连通空间 X 指：令 C 是一个 Abel 群组，当 $r<n$ 时，$\pi_r(X)$ $\in C$。

在这个条件下 Serre 得出：自然同态 Φ_n：$\pi_n(X) \to H_n(X)$ 是 C 同构，即 kerΦ_n 和 Im$\Phi_n \in C$。利用这个结论，Serre 得出了许多关于球面同伦群的性质。但在这篇论文中，Serre 并没有得出关于 Φ_{n+r}：$\pi_{n+r}(X) \to H_{n+r}(X)$ 在 $r \geq 1$ 时的结论。1958 年，周学光在他的"同伦群与同调群的关系及其应用"一文中推广了 Serre 的结果。

设 Q 是一个非空的素数集而 $C(Q)$ 表示这样一些群的集合，它的元素的阶数 r 有限且 r 的素因子都属于 Q。对于整数 k，令 $S(k)$ 表示所有满足 $2p-3 \leq k$ 的素数的集合。周学光在这篇论文中证明：对 $(n-1)C(Q)$ 连通空间 X，$\Phi_m:\pi_m(X) \to H_M(X)$，当 $n \leq m \leq 2n-2$ 时是 $C(Q \cup S(m-n))$ 单同态，而当 $n \leq m \leq 2n-1$ 时是 $C(Q \cup S(m-n-1))$ 满同态。这个结论给出了 $(n-1)$ 连通空间 X 的同伦群 $\pi_{n+r}(X)$ 和同调群 $H_{n+r}(X)$）在 $1 \leq r \leq 2n-2$ 时一目了然的关系。

由此还可以得出结论：当 $n \leq m \leq 2n-2$ 时 $\pi_m(X)$ 的秩就是 X 的 m 维 Betti 数。随后，周学光在"同伦群和上同调群的上乘积"一文中得出：对于 $(n-1)$ 连通空间 X，$\pi_m(X)$ 的秩在 $2n-1 \leq m \leq 3n-2$ 时可以用 X 的 Betti 数和 X 的上同调群的上积结构不变量的适当关系式表示出来。这些结果引起国际同行专家的重视。

周学光的以上结果，得到了 $(n-1)$ 连通空间 X 的 $n+r$ 维同伦群 $\pi_{n+r}(X)$ 的许多信息。但是，要完全确定 $\pi_{n+r}(X)$ 及 $(n+r)$ 维多面体到 $(n-1)$ 连通空间映射的同伦分类，随着 r 的增加而变得非常困难。20 世纪 50 年代初，张素诚、Hilton 和 Pontrjagin 各自独立地确定了 $\pi_{n+1}(X)$。1953 年 S. Eilenberg 在国际拓扑会议上提出了当时需要解决的一些问题，其中包括：

（Ⅰ）确定 $(n-1)$ 连通空间 X 的 $(n+2)$ 维同伦群 $\pi_{n+2}(X)$；

（Ⅱ）$(n+2)$ 维多面体到 $(n-1)$ 连通空间映射的同伦分类问题。

1954 年，日本拓扑学家 K. Shiraiwa 在 American J. Math. 上发表的论文中称：①当 $n \geq 3$ 时，任意一个抽象定义的 A_n^3 上同调系统同构于一个 A_n^3 多面体的上同调系统。②两个 A_n^3 多面体的伦型相同当且仅当他们的上同调系统是同构的。③两个 A_n^3 多面体 L 与 K 之间上同调系统之间的同态可以由映射 f：$L \to K$ 实现。而这个 A_n^3 上同调系统只包括：整系数上同调群，模 2 和模 4 上同调群，Bockstein 运算 Δ，Steenrod 平方运算 Sq^2，Whitehead 运算 μ 和经过变形的 Adem 运算 Φ_1，Φ_2。这就是当时著名的 Shiraiwa 定理。而根据 Shiraiwa 定理，人们似乎看到了解决问题（Ⅰ）与（Ⅱ）的办法。但实际上 Shiraiwa 定理是错误的。

1958 年周学光首先在《科学记录》杂志上发表的论文"Steenrod 运算与同伦群（Ⅰ）（Ⅱ）"中举出反例说明 Shiraiwa 定理不成立。反例如下：

首先令 $Y = (S^n \cup_2 E^{n+1}) \vee S_1^{n+2} \vee S_2^{n+2}$ 为在模 2 的 Moore 空间的一点粘接上两个 $(n+2)$ 维球面，易知：Y 的 $(n+2)$ 维同伦群 $\pi_{n+2}(Y) = Z/4 \oplus Z \oplus Z$ 其生成元为 β，t_1，t_2，其中 β 的阶数是 4。在 Y 上用两种办法分别粘接上两个 $n+3$ 维胞腔得到空间 X_1 和 X_2，其中 X_1 的粘接映射为 $2^q t_1 - \beta$，$2^p t_2 - 2\beta$：$S^{n+2} \to Y$，X_2 的粘接映射为 $2^q t_1 - \beta$，$2^p t_2$，其中 $p \geqslant q+1 \geqslant 2$，则易知：Shiraiwa 定义的上同调系统对 X_1 和 X_2 来讲是完全同构的，但是它们的同伦群却不同。

$$\pi_{n+2}(X_1) = Z/2^{q+1} \oplus Z/2^{q+1}, \quad \pi_{n+2}(X_2) = Z/2^p \oplus Z/2^{q+2}.$$

通过这个例子周学光发现：要想使两个 A_n^3 多面体的 $n+2$ 维同伦群同构，仅要求它们的整系数上同调群，模 2 和模 4 上同调群，Bockstein 运算 Δ，Steenrod 平方运算 Sq^2，Whitehead 运算 μ 和经过变形的 Adem 运算 Φ_1，Φ_2 相同是不够的。要想使它们的同伦群同构，还需要有更多的 Adem 运算。1960 年，周学光在《中国科学》（英文版）上发表论文"Steenrod 运算与同伦群（Ⅰ）（Ⅱ）"。在这篇论文中，周学光定义了一系列的 Adem 运算 φ^1，φ^2，…，φ^q，…，并通过这些 Adem 运算给出了 A_n^3 多面体 X 的 $n+2$ 维同伦群的 2 分量群中 Hurwicz 同态核部分 $C(\pi_{n+2}(X), 2) \cap \Phi_{n+2}^{-1}(0)$ 的描述，并由此完全确定了 X 的 $n+2$ 维同伦群。自然地，为使两个 A_n^3 多面体有相同的同伦群，需要它们有相同的：整系数上同调群，模 2^i 上同调群，Bockstein 运算 Δ，Steenrod 平方运算 Sq^2，Whitehead 运算 μ 和经过变形的 Adem 运算 φ^1，φ^2，…，φ^q，…，φ^∞。

随后（1960 年），周又发表论文"同调群与连续映射（Ⅰ）（Ⅱ）"。在这篇论文中他推广了 J. H. C. Whitehead 关于 A_n^2 多面体的结论，以正确方式描述了 Shiraiwa 关于 A_n^3 多面体的结论并完全确定了 $(n+2)$ 维多面体 Y 到 $(n-1)$ 连通空间 X 映射的同伦类 $\pi(Y, X)$。

周学光关于纠正 Shiraiwa 定理的论文发表后，在国际拓扑界引起广泛而强烈的反响。著名拓扑学家 J. F. Adams 在美国的《数学评论》中以大量篇幅介绍了他的工作。Adams 在评论中认为所举的反例正确，但对第二类上同调运算 φ^{q+1} 在确定 A_n^3 多面体的同伦群中所起的作用尚存疑问，表示有待于更详细的证明才能予以承认。为此，Adams 曾写信给周讨论这个问题。但 20 世纪 60 年代，我国与西方许多国家还处在敌对状态。周没有给 Adams 回信，而于 1963 年发表了"关于'Steenrod 运算与同伦群'一文的声明"，对 Adams 提出的疑问予以详细说明。Adams 在随后撰写的评论中表示认同。他的这几篇论文多次被引用。H. J. Baues 在他的专著 *Algebraic Topology* 和在 Topology 杂志上发表的几篇论文中引用了周学光的一些结果。日本拓扑学家 Shimada 在介绍上同调运算的一篇论文中称第二类上同调运算 φ^q 为周运算。另外，苏联拓扑学家 Posnitkov 在其 60 年代所著的《同伦论进展》中以大量篇幅介绍了周学光 50 年代以来的一系列工作。

1964 年，周学光在"上同调运算与同伦型（Ⅰ）（Ⅱ）"一文中对任意单连通空间 X 和正整数 $n \geqslant 2$，建立了一种多值的特种上同调运算 T_n。令 X_n 为在 X 中消去 n 维同伦群中 Hurwicz 同态 $\varPhi_m : \pi_n(X) \to H_n(X)$ 的核和高维同伦群以后得到的空间。对任意空间 Y，T_n 的定义域 $D_{T_n}(Y)$ 是 $\oplus_{i=1}^n H^i(Y, H_i(X))$ 的一个子集，T_n 的像为 $H^{n+1}(Y, H_{n+1}(X))$ 的一个子集。在该文中，周得出结论：对任何单连通空间 X 和维数 $\leqslant n+1$ 的 CW 复形 Y，X 的上同调系统到 Y 的上同调系统之间的同态 λ 可以由空间之间的映射 $f : Y \to X$ 来实现的充分必要条件是这个同态 λ 与 Bockstein 运算 Δ，Whitehead 运算 μ 和特征上同调运算 T_n 可交换。由此可以得出结论：当 X 和 Y 都是维数 $\leqslant n+1$ 的 CW 复形时，X 和 Y 有相同的同伦型当且仅当 X 与 Y 的上同调系统是 $\Delta - \mu - T_n$ 同构的。这一结果统一了 Posnitkov 和 J. H. C. Whitehead 关于 A_n^r 多面体的伦型问题的结论。在"上同调运算与同伦型（Ⅱ）"中，周具体计算出了 $n-1$ 维连通空间 X 的特征上同调运算 T_{n+1} 和 T_{n+2} 并证明：

① $n \geqslant 3$ 时，T_{n+1} 是 $\Delta - \mu - Sq^2$ 同态。$n = 2$ 时，T_{n+1} 是 $\Delta - \mu - P - U$ 同态，其中 P 是 Pontrjagin 运算。

② $n > 3$ 时，T_{n+2} 是 $\Delta - \mu - Sq^2 - \varphi_1 - \varphi_2$ 同态。$n = 3$ 时，T_{n+2} 是 $\Delta - \mu - Sq^2 - \varphi_1 - \varphi_2 - U$ 同态。

由此得出了关于 A_n^2 多面体伦型的 Whitehead 定理和关于 A_n^3 多面体伦型的 Shiraiwa 定理（周改正过的形式）的一个简单证明，并从形式上统一了关于 A_n^r 多面体伦型的两种理论。周学光建立的特征上同调运算 T_n 涵盖了多种上同调运算。对许多单连通空间 X，它的特征上同调运算有很好的可算性。因此它成为解决多种同伦论问题，特别是几何实现问题的重要工具。20 多年后，周学光与他的学生合作，利用这个特征上同调运算给出了 $2k$ 连通 $4k+2$ 维闭法架流形的一个完全同伦等价分类。

进入 20 世纪 80 年代中期，在周学光的倡导和带领下，南开数学系开始从事球面稳定同伦群特别是 Adams 谱序列和 Adamss-Novikov 谱序列的研究。研究球面的稳定同伦群是同伦论的一个中心课题，也是几十年来众多拓扑学家为之奋斗的经典难题。而利用经典 Adams 谱序列研究球面的稳定同伦群时首先遇到的问题是：如何计算 Adams 谱序列的 E_2 项，即计算 Steenrod 代数 A_* 的 cobar 复形 $(C^{s,t}(A_*),d)$ 的上同调 $H(C^{s,t}(A_*),d) = Ext_{A_*}^{s,t}(Z/p,Z/p)$。1966 年，J. P. May 对 A_* 的 cobar 复形 $C^{s,t}(A_*)$ 做了分次

$$0 \to F^{M-1}C^{s,t}(A_*) \to F^M C^{s,t}(A_*) \to F^{s,t,M}(A_*) \to 0,$$

并由此导出谱序列 $\{E^{s,t,M}(A_*),d_r\} \Rightarrow Ext_{A_*}^{s,t}(Z/p,Z/p)$（被称为 May 谱序列），这个谱序列的 E_2 项是 $E^{s,t,M}(A_*)$ 的上同调。但是，此时的 $E^{s,t,M}(A_*)$ 并不简单，只是由于代数结构改变使 $E^{s,t,M}(A_*)$ 上同调同构于微分分次代数

$$E_1^{s,t,M} = E[h_{i,j} \,|\, i>0, j \geqslant 0] \otimes P[a_i \,|\, i \geqslant 0] \otimes P[b_{i,j} \,|\, i>0, j \geqslant 0]$$

的上同调。这虽然简化了 May 谱序列 E_2 项的计算，但当需要考虑高阶 May 微分时还需要返回到 cobar 复形 $C^{s,t}(A_*)$ 中计算。

1986 年周学光在"发现同伦类的高阶上同调运算"一文中，在 cobar 复形的 Z/p 生成元中引进了序的概念，因此 $C^{s,t}(A_*)$ 变成了有序链复形。通过这个序周找到了 $C^{s,t}(A_*)$ 的一个零调子复形 $B(\infty)$，使

$$C^{s,t}(A_*)/B(\infty) = E[h_{i,j} \,|\, i>0, j \geqslant 0] \otimes P[a_i \,|\, i \geqslant 0] \otimes P[b_{i,j} \,|\, i>0, j \geqslant 0],$$

由于 $B(\infty)$ 的各阶上同调都是零，因此自然投射 $C^{s,t}(A_*) \to C^{s,t}(A_*)/B(\infty)$ 导出上同调的同构。这样同样是从微分分次代数

$$E[h_{i,j} \,|\, i>0, j \geqslant 0] \otimes P[a_i \,|\, i \geqslant 0] \otimes P[b_{i,j} \,|\, i>0, j \geqslant 0]$$

的上同调出发计算 $Ext_{A_*}^{s,t}(Z/p,Z/p)$。用 May 谱序列得到的是 May 谱序列的 E_2 项，要想得到 $Ext_{A_*}^{s,t}(Z/p,Z/p)$ 还需要考虑高阶 May 微分。而用有序链复形的方法可以直接得到 $Ext_{A_*}^{s,t}(Z/p,Z/p)$。这大大简化了 $Ext_{A_*}^{s,t}(Z/p,Z/p)$ 的计算。同行专家 P. Selick 评论此方法为周首创。作为周的有序链复形方法的应用：

①周在这篇论文中还证明了 $Ext_{A_*}^{s,t}(Z/p,Z/p)$ 中某些 α_0，h_0，b_0，β_2，h_0b_0 之间的乘积或 Massey 积是非零的。再利用 Adams 谱序列的有关结果，得出球面稳定同伦群中 p，α_1，β_1，β_2 及由 h_0b_n 表示的 Cohen 元素 η_n 之间的某些乘积或 Toda 积是非平凡的。

②周的学生证明了：May 谱序列 E_1 项中的 $E[h_{i,j}|i>0,j\geqslant0]\otimes P[a_i|i\geqslant0]$ 部分在同调维数小于 p 时只有 1 阶微分。

③在周的指导下，周的两个研究生分别对 $p\geqslant5$ 和 $p=2$ 时的 $Ext_{A_*}^{s,t}(Z/p,Z/p)$ 做了尝试性计算（论文未发表）。

作为同伦论的应用，周学光还曾在微分拓扑方面做出过重要贡献。他关于"差不多闭的流形的嵌入定理"等成果获 1985 年国家教委优秀成果奖。

周学光的主要论著

[1] 周学光. 关于 Borsuk 的绝对同伦扩张性质的讨论 [J]. 数学学报，1956，6（2）：233-241.

[2] 周学光. 同伦群和同调群的关系及其应用 [J]. 数学学报，1958，7（2）：346-370.

[3] 周学光. 同伦群和同调群的上乘积 [J]. 数学学报，1958，8（2）：200-209.

[4] 周学光. Steenrod 运算与同伦群（（Ⅰ）（Ⅱ））[J]. 科学记录，1958，新 2（11）：355-357，358-363.

[5] 周学光. Steenrod 运算与同伦群（（Ⅰ）（Ⅱ））（英文）[J]. 中国科学，1960，9（2）：155-171，172-196.

[6] 周学光. 同伦群与连续映射（（Ⅰ）（Ⅱ））[J]. 科学记录，1960，新 4（3）：139-144，145-152.

[7] 周学光. 关于"Steenrod 运算与同伦群（Ⅱ）"一文的一点声明 [J]. 数学学报，1963，13（4）：544-547.

[8] 周学光. 上同调运算与同伦群 [J]. 数学学报，1964，14（6）：849-860.

[9] 周学光. 上同调运算与伦型（（Ⅰ）（Ⅱ））（英文稿）[J]. 中国科学，1964，12（7）：1019-1031，1032-1043.

[10] 周学光. 关于上同调运算的基底（英文稿）[J]. 中国科学，1965，13（7）.

[11] 周学光. Pontrjagin-Thomas 幂和对称群的同调群 [J]. 中国科学（通信），1966，14（2）：297-299.

[12] 周学光. 差不多闭流形的嵌入定理 [J]. 数学学报，1981，24（8）：920-928.

[13] 周学光. 广义同调群及其系数群的关系（英文稿）[J]. 中国科学，1983，A24（9）：909-918.

[14] 周学光. 广义上同调群和 Postnikov 不变量 [J]. 数学学报，1984，27（5）：684-693.

[15] 周学光. 纤维空间和纤维丛 [J]. 科学通报，1984，24（6）：95-96.

[16] 周学光. 连通 K 谱的 Postnikov 不变量 [G] //天津市数学会. 天津市 1984 年数学成果汇编，1984：104-112.

[17] 周学光. 发现同伦类的高阶上同调运算（英文稿）[J]. Lecture Notes in Math，1988，1370：416-436.

（原载于《20世纪中国知名科学家学术成就概览：数学卷（第二分册）》第 288~294 页，科学出版社，2011 年）

撰写人：林金坤（南开大学数学学院），王向军（南开大学数学学院）

张 同

张同（1932—），重庆人，微分方程学家。1956年毕业于四川大学数学系，此后一直在中国科学院数学研究所工作。1986年升任研究员、博士生导师。自1962年以来专门从事气体动力学中 Euler 方程 Riemann 问题的理论研究，取得了一系列原创性的重要成果。在国内外发表论文六十余篇。1989年、1998年和1999年，与学生合作在英国的朗文出版社的 Pitman 丛书与美国数学会的 Memoirs 系列中先后出版了三本专著。1978年获全国科学大会重大科技成果奖（与丁夏畦等），1983年获中国科学院科技成果奖二等奖（与肖玲），1996年获中国科学院自然科学奖二等奖（与杨树礼），2004年获北京市科学技术奖一等奖（与李杰权、张朋）。

一、求学之路

张同，原名张学樵。1932年12月9日出生于重庆兴隆巷。20世纪20年代，其父张晓溪在重庆税务局任职期间与徐德清结婚，育有一子四女。张同五岁时其母因肺结核故去。他和两姐两妹均由外祖母照看，生活窘困，五人中先后有三人患过肺结核。抗日战争爆发后，在其母生前好友罗震川夫人和晏翔鸣夫人的资助下，迁居市郊沙坪坝，并进入私立树人学校上完小学及初中。1948年考入重庆私立清华中学。从初一起，一直住校并享受清贫奖学金。1949年12月重庆解放后，张同及其两个姐姐先后参军，次年他因体检时被误诊为肺结核未痊愈而复员。尔后入重庆市一中，于1952年毕业。为响应青年团报考本区学校的号召，他以名列榜首的成绩考入重庆大学数学系。1953年因院系调整而转入四川大学，于1956年毕业。

1952—1956 年，正值国家开展第一个五年计划建设，全国掀起了向科学进军的热潮。因为国家为全部大学生都提供了全额助学金待遇，张同所在年级的同学猛增至 124 人。在大学期间对他影响最大的是柯召和周雪鸥两位教授。周雪鸥讲授了微积分及常微分方程的全部课程，讲课深入浅出、生动诱人、富有启发性。柯召从一到四年级共开设了高等代数、线性代数、矩阵论和数论导引四门课，讲课如行云流水，展示出数学的无限魅力。在老师们的精心培育下，张同对数学产生了强烈的兴趣。1956 年春，柯召指导他顺利地完成了毕业论文"矩阵代数的反自同构"，在他毕业前夕由柯召和他联名发表于《四川大学学报》。

张同从初中起就表现出歌唱及表演才能，常活跃于学校舞台之上。但体质较差，参军复员后始认真锻炼身体，加之大学时代伙食条件大为改善，体质逐渐增强，后被选入校田径队并获得过成都市大学生运动会 200 米跑第四名。大学时代他曾任年级学生会副主席，分管文娱体育。在他精心策划和组织下，他们年级屡获校文艺会演大奖，校运动会数学系获团体总分冠军，其中过半分数均系他们年级所贡献。这些丰富多彩的文娱体育活动启迪了他的智慧、陶冶了他的情操、开阔了他的心胸、磨炼了他的意志。大学毕业时他已成为一个德、智、体、美全面发展的青年，但由于家庭原因，他从未被评为"三好"学生。

张同 28 岁时与沈阳医学院大夫钱雪丽（后为北京大学医学部教授、第一附属医院小儿外科主任）结婚，婚后两地生活十六年，有一子张前。

二、黎曼问题　中国初值

大学毕业后，张同被分配到中国科学院数学所研究偏微分方程。偏微分方程是当时国内基础十分薄弱而需重点发展的学科。一年后，张同响应全国干部下放劳动的号召，于 1957 年 12 月下放农村劳动。八个半月后，在"大跃进"形势下，由于劳动表现好奉调提前回所。1960 年，因两位党员教师来所进修期满回校之需，吴新谋组织丁夏畦、张同与他们合作完成了关于常系数方程组椭圆性定义的论文。不无遗憾的是，这却是张同从 1956 至 1962 年间参加的唯一一项数学研究工作。

"大跃进"之后进入了困难时期，一切政治运动暂停。此前，原子弹及三峡大坝工程的研究部门分别向数学研究所提出了有关冲击波及涌波的问题，这些问题都可以归结为非线性双曲型守恒律间断解的研究。按照领导的安排，政审不能参加国防任务的张同和郭於法等四人组成一个小组，由张同任组长，自行研读文献、各自选题从事有关基础理论研究。在调研中，张同被 I. M.

Gelfand 的文章"拟线性方程理论中的某些问题"中有关 Riemann 问题的论述所深深打动。

　　描写气体运动的基本方程是 Euler 方程，它由质量、动量和能量三个守恒律组成，它的最大特点和困难在于解会出现间断现象，冲击波就是一种压缩性的间断。1858 年，Riemann 紧紧抓住了间断现象这一特点，提出并解决了 Euler 方程的一种最简单的间断初值问题（即初值为含有一个任意间断的阶梯函数），被后人称之为 Riemann 问题。Riemann 构造出了它的四类解，它们分别由前、后向疏散波（记为 $\overleftarrow{R}$ 和 $\overrightarrow{R}$）和前、后向冲击波（记为 $\overleftarrow{S}$ 和 $\overrightarrow{S}$）组装而成，即（$\overleftarrow{R}$ 或 $\overleftarrow{S}$）+（$\overrightarrow{R}$ 或 $\overrightarrow{S}$），并利用相平面分析方法给出了此四类解的判别条件。Riemann 的这一工作开创了微分方程"广义解"概念及"相平面分析"方法之先河，具有极大的超前性。Riemann 用他敏锐的洞察力和巨大的原创力为非线性双曲型守恒律的数学理论奠定了第一块基石。但由于 Riemann 所研究的是一个简化模型（一维等熵流）而不为力学家所接受。直到第二次世界大战期间，在原子弹及超音速飞行研究的推动下，应用数学权威 R. Courant 和 K. O. Friedrichs 才研究了一维非等熵流，在前向波及后向波之间添加了一道接触间断（记为 J，它是不同密度气体的界面）。Riemann 解被推广为（$\overleftarrow{R}$ 或 $\overleftarrow{S}$）+J+（$\overrightarrow{R}$ 或 $\overrightarrow{S}$）。R，S 和 J 统称为 Euler 方程的基本波。1962 年，张同被这一工作的简洁、优美和深刻所深深打动，毅然将 Riemann 问题选定为自己的研究方向，希望把 Riemann 的工作推广到更一般的方程，甚至高维的情形。他在几乎不被周围人们所理解和接受的情况下，兴致盎然地走上了一条充满挑战的探索之路。

　　几个月后，张同对 Gelfand 上述文中提出的公开问题悟出了一个富有几何直观的想法：用构造凸包的方法将 Euler 方程中的凸函数推广至非凸函数，从而巧妙地将 Riemann 的结果推广至非凸方程的情形，并澄清了有关的熵条件。1963 年张同在指导中国科学技术大学数学系首届毕业论文时，将这一想法演化成李才中、肖玲等四人的毕业论文。该工作进一步推广后，由张同和肖玲联名于 1963 年底投稿《数学学报》。遗憾的是由于"文化大革命"的影响，该文直到 1977 年才以三页的摘要在《数学学报》发表，而全文直到 1981 年才在美国 Journal of Math. Anal. Appl. 发表。当 1984 年张同首次出访德国的海德堡大学时，听众对凸包方法仍感到十分新鲜有趣。

　　与此同时，吴新谋指导的毕业论文小组曾试图将 Riemann 的结果推广至初值含有两个间断的情形，其实质是研究两个 Riemann 解中所含的四道基本波的相互作用。该情形可划分为 16 种子情形，其中只有（$\overleftarrow{S}$ + $\overrightarrow{R}$）+（$\overleftarrow{S}$

$+\vec{R}$ ）一种子情形获得解决。在此基础上，张同和郭於法找出了前向疏散、后向压缩的一般初值，并用相平面分析方法，证明了整体解的存在性以及初值所具有的性质对时间的不变性。这是关于 Euler 方程整体间断解存在性证明的第一个结果。1965 年在《数学学报》上发表后，当年就被美籍华裔数学家程毓淮翻译成英文刊登在美国的 Chinese Mathematics（71（1965），90-101）。1967 年至 1975 年间，后续性研究在美国、苏联和我国先后出现，其中包括对方程和对初值的推广以及唯一性的证明三个方面。

1963 年的大好工作形势在 1964 年再次被政治运动所打断，直至 1972 年才逐步恢复。1973 年，在张同和郭於法上述工作的基础上，利用 Glimm 格式，丁夏畦和张同、王靖华、肖玲、李才中解决了等熵流中著名的同向冲击波和疏散波的追赶问题。在 1972 年至 1979 年间，张同和肖玲还合作完成了论文五篇，内容涉及凸与非凸的 Riemann 问题及波的相互作用。在这些工作中，他们以硬分析为工具，在相平面上深入地研究了 R 线和 S 线的几何性质，发展了相平面分析方法，形成了自己的风格。

三、改革开放　中国春天

1978 年终于迎来了改革开放的新时代。中国科学院数学研究所 45 岁以下的助理研究员大批被公派出国进修，而时年 46 岁的副研究员张同留在国内继续研究 Riemann 问题，并致力于培养更年轻的一代。他曾去中科院研究生院讲授数理方程，颇受欢迎。为了帮助青年学者尽快走向研究前沿，1983 年张同和北大姜礼尚完全自发地在北京香山植物园联合主办了"偏微分方程暑期讲习班"。当时国家基金委尚未成立，经费十分困难，幸好得到中国科学院数学研究所微分方程研究室主任王光寅的大力支持，使得当时国内偏微分方程学科的青年教师和绝大多数研究生得以参加，学员达 80 人之多。王光寅、姜礼尚和吴兰成以及张同和肖玲分别开设了三门课程，传授自己的专长。结业考试后，选出了陈贵强、辛周平、吉敏和胡钡四名优秀学员，分别在中国科学院数学研究所和北大免费培训。他们后来大都取得了十分优异的成就，成为国际知名学者。在办班期间，张同既任负责人又自始至终授课，因劳累过度，致十二指肠溃疡出血。但他仍坚持工作，直到讲习班圆满结束。由于讲习班成效显著，在许多高校的要求下，连续办了五届。从第四届起复旦大学李大潜也参加合办。最后一届在苏州大学（姜礼尚时任苏州大学校长），为期一学期，共开设了八门课。这五届学员中不少人已活跃于国内外的学术圈中。其中有五位学员先后成了张同的学生，在他的热情带领下共同开创了对二维 Riemann 问题的研究。

在对一维问题进行深入研究的基础上，1984 年张同开始考虑二维 Riemann 问题。和学生陈贵强合作完成了两篇论文，一篇澄清了二维非线性双曲型守恒律的一些基本概念，另一篇给出了二维冲击波反射问题中出现正规反射的充要条件（它是对 J. von Neumann 提出的有关判别法在数学上的精确化，冲击波反射问题可以看成是二维 Riemann 问题的一个特例）。

Euler 方程的二维 Riemann 问题是一个著名难题，在 20 世纪 80 年代甚至它的提法都有待澄清。1985 年，张同和学生郑玉玺研究了以下最简二维模型（单个守恒律）的 Riemann 问题：

方程：$u_t + f_x(u) + g_y(u) = 0$，$f''(u) > 0$，$g''(u) > 0$，$(f''(u)/g''(u))' > 0$，

初值：当 $t = 0$ 时，在 (x, y) 平面的一至四象限初值 u 分别为四个任意常数。

当 $t > 0$ 时，初值在原点发出的四条射线上的间断，将生成四道平面基本波 R 或 S。此问题的实质是研究这四道平面基本波如何相互作用，即要研究初值在原点的奇性当 $t > 0$ 时如何演化。通过深入分析原点所引起的 R 和 S 的奇性，构造出了上述问题的五类解。它是二维 Riemann 问题研究的一个实质性的突破，1989 年发表于 *Transaction of AMS*。

张同将与学生和同事 1963 年至 1986 年间合作的有关工作进行汇集后，与肖玲联名于 1989 年在英国朗文出版社著名的 Pitman 丛书中出版了专著《气体动力学中的 Riemann 问题和波的相互作用》。两年后，美、荷、德的数学家和力学家在《美国数学会公告》等杂志上发表了四篇书评。J. Smoller 在书评中写道："乍一看，人们可能会感到惊讶，整本书就贡献给这样一个很特殊的问题（指 Riemann 问题）？回答是：这个问题是整个非线性双曲型守恒律领域中迄今最重要的问题。"其他书评还称该专著可以认为是 R. Courant 和 K. O. Friedrichs 1948 年出版的经典名著《超音速流和冲击波》的"有价值的补充"或"续篇"。

国门打开后，国际同行对张同的工作予以高度评价。春天终于来临，1978 年丁夏畦与张同等同获"全国科学大会重大科技成果奖"，1983 年张同与肖玲同获"中国科学院科技成果奖二等奖"。

四、二维问题　中国学派

在 1985 年对单个守恒律的二维 Riemann 问题取得突破性的进展后，张同就转向了 Euler 方程的二维 Riemann 问题：

$$
方程:\begin{cases} \rho_t + \nabla\cdot(\rho U) = 0, & 质量守恒 \\ (\rho U)_t + \nabla\cdot(\rho U)\otimes U + pI = 0, & 动量守恒 \\ (\rho E)_t + \nabla(\rho U(E + p/\rho)) = 0, & 能量守恒 \end{cases}
$$

其中，ρ，U，p，E 分别表示密度、速度、压强和总能量。

初值：当 $t=0$ 时，在 (x, y) 平面一至四象限 (ρ, U, p) 分别为常状态。

1986 年 9 月根据中国科学院与美国国家基金会的有关协定，由美方提名，张同赴马里兰大学刘太平教授处访问半年。期间，密歇根大学、布朗大学、加利福尼亚大学洛杉矶分校、休斯敦大学及加利福尼亚大学伯克利分校曾分别邀请张同前往做学术演讲，与众多同行的频繁交流，大大激活了张同的思维。当访问伯克利结束时，适逢春假，张同住到了学生郑玉玺的研究生宿舍中，经过八天八夜的热烈讨论，一起对解决上述问题提出了以下的分析和猜想：

（1）初值在原点发出的四条射线上间断，每条初始间断线在 $t>0$ 时发射出三道平面基本波（$\overrightarrow{R}$ 或 $\overleftarrow{S}$）$+ J +$（$\overrightarrow{R}$ 或 $\overleftarrow{S}$）。这 12 道波在 (x, y, t) 空间中将在以原点为顶点的锥体中相互作用。为了使问题简化而又不失实质，他们引进了假设：每条初始间断线在 $t>0$ 时只发射出一道平面基本波。于是，问题就被简化成四道基本波的相互作用。

（2）根据四道波的不同组合，将问题分成 16 类。

（3）利用他们自创的广义特征分析方法，对每类都找出了相互作用锥的边界，它们由若干固定边界（特征面、音速面）和（或）自由边界（冲击波面）组装而成。锥外的解为超音流动，由初值的四个常状态和四道平面基本波构成；锥内为待求的跨音流动。

（4）对锥内的解的结构（冲击波、滑移面、音速面和漩涡如何分布与组装）提出了一套猜想，它包括了气体的膨胀、冲击波的反射及漩涡的形成等结构。猜想中提出了跨音流动中若干新的定解问题。

简而言之，一维 Riemann 问题澄清了守恒律的基本波，而二维 Riemann 问题则揭示出这些基本波在跨音流场中相互作用所形成的基本流场结构。

此套猜想于 1987 年 5 月在伯克利举行的有关会议上宣布后引起强烈反响。会议主持人美国国家科学院院士 J. Glimm 在次年发表的关于该会议的综述性文章中称："一套完整的猜想已经形成"。1990 年"猜想"以 38 页的篇幅在美国发表。后续性的工作有以下三方面：

（1）完善分类：在 Schulz-Rinne、P. Lax 和刘旭东的基础上，张同、陈贵强和杨树礼根据漩度的符号将滑移面分为两类（$J+$，$J-$），最终将分类完善为 19 类。其中主要的 6 类（四道 R、四道 S 和四道 J 各两类）都包含在最初的分类中。

（2）数值实验：从 1993 年到 2002 年，Sehulz-Rinne，Collins 和 Glaz，Lax 和刘旭东，张同、陈贵强和杨树礼，Kurganov 和 Tadmor 分别用四种完全不同的计算格式对猜想进行了数值实验，计算结果完全相同，与猜想基本相符。

（3）严格证明：严格证明极其困难。从 1986 年起，张同先后带领他的八位学生从简化模型入手，逐步向 Euler 方程逼近，主要进展如下：

①最简模型：已完全解决。除前述与郑玉玺合作的工作外，1999 年，张同与张朋在进一步考查初值为三片常数的情形时，发展了广义特征分析方法。2007 年，张同与盛万成进一步利用此方法研究了冲击波爬坡问题。

19 世纪 Mach 在实验室中对真实气体研究了此问题，发现了正规反射和 Mach 反射。关于出现此二类反射的判别规则，von Neumann 提出了著名的悖论。1990 年，P. Collela 和 L. F. Henderson 在 JFM 发表的论文中，通过数值实验又发现了一类新的反射（von Neumann 反射），但均无严格的数学论证。

2007 年，张同与盛万成对一类最简模型的冲击波爬坡问题构造性地证明了共有三类解，且得到了它们的判别公式，将该问题彻底解决。此最简模型与 Euler 方程的最大差别在于后者会出现亚音流，而前者不会。最有趣的是，当把真实气体的三类解的亚音区域分别收缩到坡的起点时，恰好就是张同、盛万成所得之解。

②零压流方程和压差流方程：根据力学的启示，李荫藩和曹亦明于 1985 年在进行计算方法研究时，曾将 Euler 方程拆分为零压流方程（反映惯性效应）和压差流方程（反映压差效应）：

$$\begin{cases} \rho_t + \nabla \cdot (\rho U) = 0, \\ (\rho U)_t + \nabla \cdot (\rho U \otimes U) = 0 \end{cases} \quad \text{和} \quad \begin{cases} \rho_t = 0, \\ (\rho U)_t + \nabla p = 0, \\ (\rho E)_t + \nabla \cdot (\rho U) = 0. \end{cases}$$

十分有趣的现象是，Euler 方程的三类基本波 $J^{\pm}$, $R^{\pm}$, $S^{\pm}$ 刚好被拆分开，前者的基本波为 $J^{\pm}$，后者的基本波为 $R^{\pm}$ 和 $S^{\pm}$。前者的 Riemann 问题已由张同、盛万成、李杰权和陈绍仲解决。其中主要结果发表于 *Memoirs of AMS*。有意义的是一类新的非线性波——Delta 波出现在 $J+$ 和 $J-$ 的相互作用中，它由密度的 Delta 函数支撑在间断面上而构成，描述了质量在低维流形上的集中现象。最有趣的是，此一新现象在 Euler 方程的数值实验中也有所反映，Delta 波在亚音流中被磨光成一道振幅很高的密度波（我们称其为 Smoothed Delta 波）。此前，Delta 波由张同、谭得春和杨树礼在研究一个非物理的守恒律组时发现，除澄清了它出现的数学机制及传播规律外，谭得春、张同和郑玉玺还证明了它对黏性扰动的稳定性。关于 Delta 波的研究至今不断。

压差流为跨音流，共分 12 类。在超音光滑解的范围内，张同和戴自换发现了方程的一种"特征分解"形式，进而证明了静止气体向真空的膨胀（第一类情形的极端情况）存在超音解，它不含间断，波的相互作用锥的边界由特征和真空构成。

③Euler 方程：从 20 世纪 50 年代开始，苏美学者曾考虑过静止气体向真空的膨胀，提出了漂亮的广义速度图变换，但问题远未解决。1999 年，李杰权经过数年的探索，在相空间中，十分巧妙地找到了一组 Riemann 不变量，将非线性双曲型方程组变换成相空间里的线性退化双曲型方程组，从而得到了相空间的解。2006 年，他进一步与郑玉玺合作，从相空间变回到物理空间。此问题前后经过半个多世纪的努力才得到圆满解决，终于跨出了严格证明"猜想"的第一步。

还应该提及的是，张同和郑玉玺曾将四片常状态的初值推广为无穷多片常状态，而考虑 Euler 方程的轴对称解，将问题归结为一个三维动力体系的奇点连接问题。不同于有关经典理论，此时轨道可通过间断（冲击波）来过渡。他们经过精细分析将问题完全解决，共构造出五类解，其中包含了漩涡、真空、冲击波、疏散波及常状态的不同组合，并找到了一个漩涡的精确解。

1996 年，张同与杨树礼联名申报中国科学院自然科学奖时，所长龙瑞麟写信征集美国国家科学院院士 J. Glimm（2004 年美国国家科学奖章得主、美国数学会会长）的评议意见。J. Glimm 在回信中写道："张教授关于气体动力学中二维 Riemann 问题的工作，在国际学术圈中定义和领导了一个极其重要的研究方向。我认为二维 Riemann 问题是非线性守恒律研究中最重要的理论问题。张教授对此问题已经做出了最明确的贡献（the most definitive contributions）。他的工作是原创性的纯理论的，之后被补充以数值计算的研究。""张教授的主要成就是对全部二维 Riemann 解给出了一套内容丰富的图像，这些图像远远超过了人们过去的认识，并引发出广为传播的兴趣。"

是年，张同和杨树礼同获中国科学院自然科学奖二等奖。1984 年以来张同曾多次应邀赴美、德、法、日等国家以及中国台湾、香港和澳门地区开展合作研究，进行学术访问，参加国际会议。1989 年 8 月在日本召开的"非线性偏微分方程及其应用研讨会"上做 90 分钟邀请报告。1998 年 12 月在北京召开的"第一届世界华人数学家大会"上做 45 分钟邀请报告。

张同和他的八位学生在 1986 年至 1998 年间的有关工作汇集成一本专著《气体动力学中的二维 Riemann 问题》，它也被收入了英国朗文出版社著名的 Pitman 丛书中，于 1998 年出版，两年后 P. LeFloch 在美国《数学评论》中称我们为"中国学派"。

2004 年，李杰权、张朋和张同同获北京市科学技术奖一等奖。

五、结束语

张同性格开朗，待人真诚；坚持探索，独创一派。他曾说："我喜欢数学就像我喜欢音乐一样，都是为了追求世上的真和美。"他总是陶醉于数学和音乐的神奇而美妙的境界之中，快乐地与我们一起做着自己的数学，也品味着人生。他还说："我只是很偶然地选择了数学，很幸运地来到了数学所这块宝地，并自选了一个好题目，把精力都集中到了这个小小的领域中，形成了一点特色而已。这个题目的攻坚战才刚开始，我最大的愿望是能有青年人把我们找到的这条路坚持走下去，这条路虽然很崎岖，但沿途的风景很迷人，胜利正在向他们招手。"

张同的主要论著

[1] 柯召，张同. 矩阵代数的反自同构 [J]. 四川大学学报，1956（2）：41-48.

[2] 丁夏畦，张同，马汝念，等. 二阶常系数偏微分方程椭圆性的定义 [J]. 科学记录，1960（4）：126-128.

[3] 张同，郭於法. 空气动力学方程的一类初值问题 [J]. 数学学报，1965（15）：386-396.

[4] DING X Q，ZHANG T，Wang C H，et al. A study of a global solutions for quasilinear hyperbolic system of conservation laws [J]. Sci Sinica，1973（16）：317-335.

[5] 张同，肖玲. 非凸典型拟线性双曲型守恒律的黎曼问题和间断初值问题 [J]. 数学学报，1977（20）：229-231.

[6] HSIAO L，ZHANG T. Perturbation of the Riemann problem in gas dynamics [J]. J. Math Anal. Appl.，1981（79）：436-460.

[7] 张同，陈贵强. 平面激波沿压缩角的绕射 [J]. 数学物理学报，1986（6）：241-258.

[8] ZHANG T, ZHENG Y X. Two-dimensional Riemann problem of scalar conservation law [J]. Trans. AMS, 1989 (312): 589-619.

[9] ZHANG T, HSIAO L. The Riemann problem and interaction of waves in gas dynamics [M]. England: Longman, 1989.

[10] ZHANG T, ZHENG Y X. Conjecture on the structure of solutions of the Riemann problem for two-dimensionalin gas dynamics [J]. SIAM J. Math Anal., 1990 (3): 593-630.

[11] TAN D, ZHANG T. Two-dimensional Riemann problem for 2×2 hyperbolic system of nonlinear conservation laws (I, II) [J]. J. Diff. Equat, 1994 (111): 203-282.

[12] TAN D, ZHANG T, ZHENG Y X. Delta shock as limits of vanishing viscocity for hyperbolic system of conservation laws [J]. J. Diff. Equat, 1994 (112): 1-32.

[13] ZHANG T, ZHENG Y X. Exact spiral solutions of two-dimensional Euler equatons [J]. Disc. Cont. Dynam Syst., 1997 (3): 117-133.

[14] ZHENG Y X, ZHANG T. Axisymmetric solutions of the Euler equations for polytropic gases [J]. Arch. Rat. Mech. Anal., 1998 (142): 253-279.

[15] LI J Q, ZHANG T, YANG S L. The two-dimensional Riemann problem in gas dynamics [M]. England: Longman, 1998.

[16] ZHANG P, ZHANG T. Generalized characteristic analysis and Guckenheimer structer [J]. J. Diff. Equat, 1999 (125): 409-430.

[17] SHENG W C, ZHANG T. The Riemann problem for the transportation equations in gas dynamics [M]. Memoirs of AMS, 1999 (645). Providence: American Mathematical Society: 77.

[18] DAI Z H, ZHANG T. Existence of a global smooth solution for a degenerate Coursat problem of gas dynamics [J]. Arch. Bat. Mech. Anal., 2000 (155): 277-298.

[19] LI J Q, ZHANG T, Zheng Y X. Simple waves and characteric decomposition of two dimensional compresible Euler equations [J]. Commun Math Phys., 2006 (267): 1-12.

[20] SHENG W C, ZHANG T. A cartoon for the climbing ramp problem of a shock and von Neumann paradox [J]. Arch. Rat. Mech. Anal.,

2007，84（2）：243-255.

参考文献

［1］SMOLLER J A. Book Reviews［J］. Bulletin of AMS，1991（24）：228-233.

［2］AMES W F. Book Reviews［J］. SIAM Reviews，1991（33）：129.

［3］ZANDERGEN P. 荷兰语数学会通讯，1991（1）：44-45.

［4］KRAUSE E. 书评. 德国数学家年鉴. 1991：21-22.

［5］LEFLOCH P. Math Review. 2000：76106.

［6］郑玉玺，张朋. 张同［M］//王元. 中国科学技术专家传略·理学编·数学卷2. 北京：中国科学技术出版社，2006.

（原载于《20世纪中国知名科学家学术成就概览：数学卷（第三分册）》第200～208页，科学出版社，2012年）

撰写人：郑玉玺（美国宾州大学数学系），盛万成（上海大学数学系），李杰权（首都师范大学数学学院），张朋（首都师范大学数学学院）

张景中

张景中（1936—），河南开封人。数学家，中国科学院院士。曾任中国科普作家协会理事长、中国高等教育学会教育数学学会理事长、中国科学院成都分院数理室主任、中国科学院成都计算机应用研究所副所长、广州大学教育软件研究所所长等职。现任电子科技大学计算机推理与可信计算实验室主任、教育部教育信息技术工程研究中心（华中师范大学）学术委员会主任、广州大学计算机学院名誉院长、中国科学院成都计算机应用研究所名誉所长、四川省计算机学会理事长、成都市科协主席、《计算机应用》主编等。1979年任教于中国科学技术大学，1986年任中国科学院研究员，1995年10月当选为中国科学院院士。

张景中主要从事机器证明、距离几何、动力系统及教育数学等领域的研究。发表学术论著150多篇（部）。1982年获国家发明二等奖；1995年获中国科学院自然科学奖一等奖、第九届中国图书奖；1997年获国家自然科学奖二等奖；2003年获第五届全国优秀科普作品一等奖、第六届国家图书奖和"五个一工程奖"；2005年获国家科技进步二等奖。

一、学术生涯

（一）从汝南到北大

张景中1936年12月30日出生于河南省开封市。父亲张乐群，文史教师；母亲邱慧敏，美术教师；兄景生，音乐工作者。三岁时母亲去世，父亲常年在外教书，两兄弟由祖母抚育。童年对他影响最大的人是祖母。祖母叫李凤彩，是汝南一个名门望族的女儿，读过私塾，信佛。在兵荒马乱的抗日战争年代，她常教张景中兄弟读《古文观止》，对张景中的人生产生了深远的影响。1954年夏，张景中从河南汝南高中考入了北京大学数学力学系，攻读数学专业。

20世纪50年代，北大数学力学系很重视基础课程，程民德讲微积分，江泽涵讲解析几何，周培源讲普通物理，丁石孙讲高等代数。

在学习函数的微分法时，《数学学报》发表了一个用十进小数构造处处连续但处处不可微函数的例子。但大家很快发现这个例子有误，试图补救。张景中想出用二进小数构造这样的函数，并与同年级的杨路一起给出论证。这个例子后来发表在武汉的《数学通讯》杂志上。这也是他和杨路近半个世纪合作的开端。

当时北大数学系学生课外学术活动很活跃。张景中参加了丁石孙所指导的代数课外小组。先是研究矩阵的无穷乘积，后来他又对函数的迭代问题产生了很大兴趣。此外，他爱下象棋、打乒乓球，还参加了北大诗社。回首北大岁月，他满怀感慨地说，那可真是个"黄金时代"。

（二）告别未名湖

许多人说，自1957年起，中国进入了一个多灾多难的时期。对张景中来说也是如此。1957年他被错划为"右派"，命运突变，1958年2月被开除学籍，劳动教养。同窗好友杨路也受到了同样的处理。在北京半步桥收容所经过半个月"学习"后，张景中被送到天津附近的茶淀站，分配到清河农场劳动。

"大跃进"年代，劳教农场里劳动之紧张沉重不难想象。白天劳动，晚上开会。张景中随身有一本《数论基础》，他常常把书中的一些问题记在心中，在出工收工的途中找寻解答。对于数学问题的思考使他精神上觉得充实。

经历了三年自然灾害的严酷磨炼后，1962年张景中被解除了劳动教养，留在农场当"就业人员"。好友杨路仍然在北京劳动教养。他们二人常常通信交流关于数学问题的思考心得。这样的书信交流，张景中视其为"一种精神上的享受"。他们身各一方，两点一线，依然构成了一个数学研究的"阵线"。

张景中和杨路异地联袂攻关，在迭代函数方程和距离几何领域得到一系列结果。部分工作十几年后仍有发表价值。

然而好景不长，"文化大革命"时期，张杨二人的学术通信被管教人员视为反改造活动被迫中止。

（三）西域13年

1966年8月，张景中和许多就业人员被集体调往新疆生产建设兵团，在新疆度过了 12 年零 4 个月。

这支由北京几个劳改劳教农场的就业人员构成的队伍，组建了新疆生产建设兵团工二师的一个工程支队，任务是修一条从新疆库尔勒到若羌的公路，公路全长 400 公里。

这时期张景中每天挖土、抬土、浇灌水泥、制砖、建桥铺路；因为有"右派"帽子，星期天还要为连队生活义务劳动；劳动之外，除了吃饭、睡觉，就是开会、读报、学"红宝书"，数学只能在心里想一想了。5 年后即 1971 年，公路完工。工程支队各连分别调到兵团农二师各团场。张景中所在的 7 连到了巴州 21 团场，所在的连被定名为基建连，任务是房建和农田水利工程。

1971 年，张景中被摘了"右派"帽子，与以前相比，有了更多的权利和生活空间，也有了更多进行数学研究的时间和自由。他打听到杨路的下落，终止了近 6 年的学术通信恢复了。他们关于几何算法的讨论，成为 20 世纪 80 年代发表的许多论文的基本内容。1972 年张景中到成都看望杨路，遇见了周碧如女士，他们于 1977 年结婚，膝下有一女儿名叫张福宇，现在广州大学工作。

1974 年，张景中意外得知中学同学郭秀华就在 21 团组织部工作。在四届人大召开的大气候下，加上老同学的帮助，他迎来苦难命运中的一个转折点，当上了 21 团子女中学初中代课教师，教平面几何。1975 年，他在"反击右倾翻案风"政治运动中被迫走下讲台；"四人帮"垮台后又重返学校。这段教学经历，使他与数学教育结下不解之缘。为了帮学生克服几何解题的困难，他总结出了系统的面积方法，并开始了教育数学的探索。18 年后，他从面积方法里提炼出消点思想，突破了几何定理可读证明自动生成的难题。

（四）迟来的春天

1978 年，科学的春天来了，张景中的春天也来了。

科学大会的召开带来了新形势。中国科学技术大学的北大校友寻访到张景中的下落，分别邀他和杨路到合肥进行学术交流。1978 年 12 月，张景中和杨路这两位历尽磨难的同窗挚友，20 年来第一次在大学校园里相会。

此后的 6 年，张景中先后（含与杨路等人合作）写了几十部论著。论著内容除了几何算法（距离几何）和动力系统中的泛函方程外，还涉及数值分析、组合几何、计算几何和非线性振动等多个领域。另外，他与曹培生在新疆开始合作研制的安全节能的木工电磁振动刨床，获 1982 年国家发明二等奖。

在中国科大期间，他和杨路小试牛刀，做了几个零星趣题，如正方形内 6 点的 Heilbronn 问题、"生锈圆规"的 Pedoe 问题、"穿糖葫芦"的 Erdös 问题。这些结果在国内仅见于讨论班上或科普作品中，后来才在国外学术期刊发表。

1985 年，张景中和杨路同时被调往中国科学院成都数理科学研究室。次年，同时被聘为中国科学院研究员，分别任研究室正、副主任。此后张景中的学术研究逐渐转入机器证明的新领域。1988 年，由吴文俊和廖山涛推荐，张景中到意大利 ICTP 访问 11 个月，为他在新领域的突破作了准备。

1992 年 5 月，应周咸青的邀请，他前往美国维奇塔大学进行合作研究。1994 年，张景中与合作者撰写的以消点法为主题的英文专著《几何中的机器证明》（Machine Proofs in Geometry）出版。书中收集了近 500 条由计算机自动生成可读证明的几何定理。这项进展得到自动推理领域一些著名科学家的好评。

1995 年，张景中当选为中国科学院院士。

（五）科普作家

张景中幼年爱看科普书，特别喜爱 Ilin 和 Fabre 的作品。1979 年少年儿童出版社的老编辑文赞阳在成都向他约稿时，他欣然答应一试，写成《数学传奇》，于 1982 年出版。

在中国科大工作的 6 年中，张景中为数学系和少年班讲数学分析。他总结教学经验，提出了非 ε 语言的极限定义方法以及连续归纳法，以克服学生对极限概念理解的困难。加上他在 1974 年开始研究的面积方法，就形成了"教育数学"的思想基础，这构成了其著作《从数学教育到教育数学》（1989 年出版）一书的主要内容。

1996 年后，他将更多的精力用于科普创作和数学教育研究，并应聘担任广州师范学院（现为广州大学）教育软件研究所所长，致力于将数学机械化的思想、成果和方法应用于教育软件的研发。

1999 年，他当选为中国科普作家协会理事长。2005 年，应聘任华中师大的"教育部教育信息技术工程研究中心"学术委员会主任。

二、学术成就

张景中的学术活动领域涉及计算机科学、数学和教育数学。在几何定理机器证明、距离几何的算法与不等式、动力系统中的函数方程、教育数学和教育信息技术等方向有所贡献。

他在国内外学术刊物上发表的论文有一百多篇，出版专著和科普著作 24 部。这些工作主要是 1979 年以后完成的。他是数学、计算机科学和教育信息技术诸方向的博士生导师，培养了硕士和博士 30 余人。

张景中的学术贡献主要有以下几个方面。

（一）定理机器证明

1979 年，张景中读到了吴文俊 1977 年在《中国科学》上发表的论文"初等几何判定问题与机械化证明"。受吴文俊学术思想的影响，他决定改变研究方向，在 1985 年进入机器证明领域。

1987 年，张景中、杨路（与学生邓米克合作，基本思想是张、杨提出的）提出了定理机器证明的数值并行方法，用计算机实现了有严密理论依据的几何定理例证法，于 1990 年在国际期刊上发表。该方法占用内存小，可用袖珍计算机证明非平凡几何定理，是机器证明中唯一可高度并行的算法。在国外文献中称此法为"张杨定理"。用此法发现的一些新定理引起国外专文讨论。国际《理论计算机科学》杂志审稿意见称："这是一项杰作，并是重大创新。"美国《数学评论》人工智能专栏评论称："该法创造性地提出了用有限次数学实验来证明数学定理的新原理和新算法，原则和方法极为新颖。"

1988—1992 年，张景中、杨路深入学习了机器证明的吴法，并进行了改进和发展，创立了含参结式法和升列组的 WR 分解算法，彻底解决了可约升列相对分解问题。早于国外几年提出正则升列的重要概念，获得了弱非退化条件，这些工作至今仍被引用和发展。张、杨提出的新算法，使定理机器证明效率显著提高。如对著名难题 Thebaut 定理的处理，国外在专用的符号推理计算机 SYMBOLICS-3600 上曾用 44 小时；采用 WR 通用程序，在微机 486/33 上只需 10 多秒钟。他们的学生符红光应用新算法的思想，彻底解决了被有关专家认为难度极大的 6 关节机器人反解问题。

机器证明代数方法的发展，需要多项式的完全判别系统作为工具。在杨路等提出实系数多项式完全判别系统的机器生成的算法后，张景中（与学生梁松新合作，基本思想是张、杨提出的）完全解决了复系数多项式完全判别系统的自动生成问题，此结果在 1999 年发表。

吴法的出现，使几何定理机器证明领域在国际上空前活跃起来。国外也提出了其他的代数方法。但直到 1992 年初，所有这些方法都只能判定命题是否成立，而不能给出容易理解和检验的证明，即所谓可读证明。该领域的流行看法认为，机器证明的本质是用量的复杂代替质的困难，因而要计算机用统一的方法对千变万化的几何命题给出可读的证明是不可能的。

对此，张景中想，如能实现几何定理机器可读证明，数学机械化就能够在教育中发挥更大作用，更能得到大众的理解，就可以在人类文化的发展中扮演更重要的角色。基于对面积方法的深入研究，他准备向这个方向寻求突破。

1992 年 5 月，应周咸青的邀请，张景中到美国维奇塔大学进行合作研究。他在面积方法基础上提出消点法，论证了算法的原理，并动手编写程序进行实验，一举成功。新方法理论上对等式型可构造几何命题类有效，能够根据命题条件和结论形式预先估计证明的长度，命题成立时常能自动生成简短优美的可读证明。大量常见的几何定理，只用纸笔也能用消点法解决。

按传统的几何解题思路，题目做不出时就往图上加点什么，或者添加辅助图形，或者添加坐标系。消点法却相反，要从图上去掉些东西，使图逐步简化，直到水落石出。代数方法也是立足于消，即消去变元。但在消去之前还是要添上坐标。消点法却要就地消去，不添什么，这是难点。张景中提出的面积方法的基本工具——共边定理，恰好能搬掉这块石头！

不久，高小山也来到维奇塔大学，投入这一课题的研究。他们进一步完善算法和程序，把消点法推广到立体几何，又发展了全角方法、向量方法、前推搜索方法，在几何定理可读证明这个新的领域获得了丰富的成果，1994 年写成英文专著，在新加坡世界科学出版社出版。

不久，杨路访问维奇塔大学参加合作，他们根据杨路的想法，将消点法用于非欧几何，在计算机上生成一批非欧几何新定理的可读证明。

几何定理可读证明自动生成的实现，获得国际同行的高度评价。图灵奖获得者 E. W. Dijkstra 评价说：“这一工作有着深远的教育学上的意义，在这里证明以一个学生可以用笔和纸来设计的那种形式产生。一般地讲这对数学的方法学也有重大意义。”

美国机器证明新成就奖和麦卡西程序检验奖获得者 R. Boyer 评价，“这一成果是自动推理领域 30 年来最重要的进展”，“是计算机处理几何问题道路上的里程碑”。

1996 年，美国科学基金委员会在芝加哥组织了一次关于自动推理的学术讨论会。该会的主题报告中 6 次提到几何定理可读证明自动生成的实现，并把它列为近年来自动推理的几项重要进展之一。

以此成果为主的项目获中国科学院 1995 年自然科学奖一等奖，1997 年国家自然科学奖二等奖。

定理机器证明的算法几乎都是符号计算，由于符号计算中间结果膨胀问题，使得处理问题的规模不会很大。为了利用近似计算的优势，张景中提出了采用近似方法获得准确值的思想。他与冯勇以及其研究生先后解决了采用近似方法获得准确的有理数、代数数的问题。目前正在研究将这些成果应用来解决定理机器证明中所遇到的中间结果膨胀问题。

（二）距离几何与几何不等式

从 20 世纪 60 年代开始，张景中和杨路合作进行距离几何的研究。他们在艰苦环境下独立地建立了距离几何基本理论，并获得一系列有意义的成果。这些工作在 1978 年后得到进一步的深化和发展。在国内外学术期刊和国际会议论文集上被引用近 400 篇次，其中《科学引文索引》收录 100 多篇次，并被国外有些专著整段整页地引用。

张景中和杨路发现并证明了一批优美的几何不等式。例如，平面上任意 n 个点，两两连成的线段的平方和记作 D，三三组成的三角形的面积的平方和记作 S，则必有 $D^2 \geqslant 16nS$，等式成立的充要条件从物理上看是这 n 个点的惯量椭球为圆，从几何上看是这 n 个点为 $n-1$ 维空间正单形的投影。他们找出了高维空间的对应的不等式，确定了相应的常数，并进一步推广到质点组情形。这一结果被许多文献称为"杨张不等式"，其结果和方法都在同行中有广泛影响。

在这段时间，他们解决或推广了一系列国内外同行提出的问题，发展了距离几何、几何算法和几何不等式的理论和应用。例如，和常庚哲合作证明了高维单形上 Bernstein 多项式凸性定理的逆定理；解决了关于空间曲线的 Johnson 猜想；确定了某些紧凸空间的平均距离常数；解决了 Alexander 的一个猜想；发展了度量和与 Alexander 对称化的思想；给出了有限点集在伪欧空间的等长嵌入的充分必要条件和预给二面角的单形嵌入 E^n 的充要条件；导出了一般度量方程并用于解决 Sallee 猜想；回答了 Stolarsky 的一个问题；发现了双曲型空间紧致集的复盖半径的一般性质等。

有些问题的提出和解决颇为有趣。中国科大少年班入学面试时有一个问题："单位正方形内有 9 个点，求证其中必有 3 个点，所构成的三角形面积不超过 1/2。"一个学生经过自己努力证明 9 个点可以减少到 7 个点，并问老师能不能减少到 6 个点？张景中、杨路 1978 年年底到中国科大时，听说这个问题一年多没人做，便用了几天给出正面回答。十年之后，他们知道这是所谓古德堡猜想中尚未落实的几个海尔布朗数的计算问题之一，才整理发表。

另一个值得一提的是 Erdös 的"串糖葫芦"问题：平面上有许多单位圆，使得任意一条直线都和其中至少一个圆相交。问对任意大的 n，是否必有直线和 n 个圆相交？陈希孺用测度理论给予肯定回答；殷涌泉后来给了较初等的证明。但进一步把单位圆减弱为任意圆，却得不到解答。张、杨用初等方法给出了正面回答。近 20 年后，此结果经张伟年整理后在国际期刊发表。

1992 年，两人根据自己建立的几何算法（与学生杨晓春合作，基本思想是张、杨提出的），解决了预给度量的初等图形（由有限个点、超平面和超球组成的图形）在欧氏空间嵌入的充要条件的问题。对于这一工作，美国著名离散数学家和计算机科学家 L. Kelly 在《数学评论》上评论说："这是一个正在发展中的纲领的一章。这个纲领肇始于维也纳的 Menger 和中国的吴文俊，在西方由 Blumenthal 及其学派，在东方则由杨、张等所推进。……除了理论和基础的意义和重要性之外，该纲领的倡导者并顾及其在计算机辅助几何推理、定理机器证明、近似数据嵌入等各不同领域的应用。"

（三）离散动力系统中的函数方程

如果映射 f 迭代 n 次等于 F，则称前者是后者的 n 次迭代根。迭代根的存在问题和映射产生的离散动力系统能否嵌入流或半流有密切关系。张景中和杨路在北大读书时期，对函数迭代根产生了兴趣，并获得了一类映射在不动点领域嵌入半流的充要条件和唯一性。在农场劳动期间，找出了逐段单调连续函数 n 次迭代根存在的充分必要条件。对于单调连续函数，相应的问题早已被英国数学家 Hardy 解决。但在非单调情形，即使是 2 次函数的简单情形也长期未决。这些成果十多年后在《北京大学学报》《数学学报》发表，引起同行的关注和后续研究。

在中国科大工作期间，他们发展了自己的工作。例如，解决了一类高维映射嵌入多参数流与渐近嵌入的问题（和学生武河合作，基本思想是张、杨提出的）；得到了线段上连续自映射嵌入半流的充分必要条件和逐段单调连续自映射嵌入拟半流的充分必要条件；提出区间上的动力系统周期轨道间蕴涵关系的判定算法；确定了第二类 Feigenbaum 方程的连续解等。

他们这方面的工作，收集在与张伟年合作的专著《迭代方程与嵌入流》中。

（四）数学教育与科普创作

张景中从 1974 年开始研究数学教育并从事科普创作。他的第一本科普书是中国少年儿童出版社出版的《数学传奇》。他为青少年所写的《数学家的眼光》和《数学与哲学》，受到广泛好评。数学家陈省身在给他的一封信中，对《数学家的眼光》表示了赞赏，建议译成英文。这些书籍，后来都以繁体字重版。

张景中的科普作品力求推陈出新，有自己独创的东西。例如，李政道访问中国科大少年班时谈到"5 猴分桃"问题，著名数学家 Whitehead 曾经用高阶线性方程给出一个简单的解法。而张景中在《数学传奇》中，则给出一个初中生能理解的非常简单的回答。华罗庚曾用丢番图理论证明，要得到比 355/113 更接近 π 的分数，分母必须大于 336；夏道行用连分数理论将此结果改进为 8000；在《数学家的眼光》中，用初中数学知识简单地推出此分母必须大于 16500，并指出略加计算可得最好结果 16614。

《数学家的眼光》中提到的生锈圆规问题，用一个固定半径的圆规能作出哪些几何图形？这是从 Da Vinci 时代就开始研究但进展很小的几何问题。美国著名几何学家 D. Pedoe 在国际期刊上公开征解：已知两点 A，B，能否只用一只生锈的圆规（即固定半径的圆规）找出点 C，使 ABC 成正三角形？此问题几年无人给出解答。张景中和杨路得知后，很快给 Pedoe 以满意的解法。Pedoe 十分高兴，亲自撰文介绍这个解答。他进一步提出，能不能只用一支锈规作出两点的中点（两点间没有画出线段）？国外有本关于限制规尺作图的书中曾断言：这是不可能的，但并没有给出证明。

张景中、杨路和一位名叫侯晓荣的年轻人对此展开研究，攻克了这个难题，并发现了一个意外的事实：用圆规直尺从两点出发能作的点，用一支锈规也能做出来。张景中将这一成果写入科普作品，后来英文稿刊登在国际期刊《几何学报》上。审稿评论称："该结果如此惊人，如此重要，其方法又引人入胜。我无条件推荐它发表。"Pedoe 对此印象极深。他在《美国数学月刊》上发表的一篇评论文章中说："杨、张是中国几何学界的阿尔法和欧米加。"

他的《数学与哲学》《新概念几何》等科普著作，在观点和方法上都有许多创新之处。这些科普著作曾获国家图书奖、"五个一工程奖"、全国科普创作一等奖。其中《数学家的眼光》获 2005 年国家科技进步二等奖。

张景中经过从 1974 年到 1988 年的教学实践和思考，在《从数学教育到教育数学》一书中，提出了"教育数学"的新观点：为了数学教育，要从事数学上的再创造。他通俗地把学习数学比作吃核桃。数学教育研究如何砸核桃，教育数学则研究如何改良核桃的品种，使核桃更容易砸、更好吃、更便于吸收。

张景中提出"把数学变容易"。在 35 年间，他常常想如何让数学教学内容化繁为简。结果发现，微积分入门部分的数学是可以优化的，几何三角部分的数学也是可以优化的，这基本上涵盖了数学教育的两个重要阶段，是国内外数学教育领域讨论的热点，也是两个最大的难点。

在历史上，Newton 和 Lagrange 都曾尝试不用无穷小概念建立微积分，最后未能成功。后来大家都认为极限或无穷小是建立微积分的必要基础。在林群提出的"新概念微积分"的启发下，张景中反思了自己原来这方面工作的局限。他从"平均速度应当在两个瞬时速度之间"这个最平常的想法出发，完全不用极限也不用无穷小，建立了微积分的新系统。本来两个星期还讲不清楚的东西，在新系统中，一节课就能给出严谨的证明。

在中学数学教学中，几何、代数、三角彼此孤立，缺少贯穿全局的主线。张景中前期的努力方向是改革几何，并因此得到几何定理可读证明自动生成的算法。后来认识到要从三角入手。

他给三角中的正弦函数下了一个新定义：把边长为 1，有一个角为 A 的菱形面积记作 $\sin(A)$，正方形变菱形，面积要打折扣，这折扣率就是菱形角的正弦（和角度有关）。他说："这样，小学生都能懂。这样定义比传统的定义更简易，更严谨，更普遍，更有效。从新的定义出发，三角和几何都更容易了，它们和代数的关系更密切了。"这方面已有教师开始做教学实验并获初步成功。

张景中所著《教育数学丛书》曾获 1995 年中国图书奖。

张景中还关注信息技术在数学教育中的应用。从 1996 年开始，他致力于主持研发"Z+Z 智能教育平台——超级画板"软件。该软件将自动推理、符号演算和动态几何有机集成起来，成为目前国内外功能最强并且最好用的中学数学教学软件。该软件曾获 2000 年香港国际发明博览会金奖，也是 2008 年世界数学教育大会上被推荐展示的唯一的中国教学软件。多所中学的教学实践表明，通过教师演示超级画板和学生动手操作，激发了学习兴趣，确实能够大面积地显著提高学习成绩。目前，部分师范大学以超级画板为基础开设了"动态几何"选修课程，并初步取得良好效果。

三、学术风格

从最简单的事实出发，发现出新的学术成果是张景中的创新风格，无论面积法、数值并行法，还是 WR 方法的提出，微积分新系统的建立都体现出这一风格。他的学术报告常常浅显易懂，但包含着深刻的学术思想。报告完后，年轻人按照这些思想做下去，都做出一系列的成果。最近十几年，张景中将这一学术风格带到了数学教育的研究领域。他主张把数学变容易一些，认为学生"要在短短的 12 年里把几千年积累的数学知识学会，本来就难"。他还说："评价一个科学家，往往是看他会做什么。评价一个学生则是看他不会做什么……"他对"难"有一个通俗的解释。他说，"难"和"容易"的关键是熟悉和不熟悉。为了化难为易，他提供了一条十分宝贵的经验，他说："我的基本想法是，要讲一个新东西，先要仔细分析一下学生在学习新知识之前，他掌握了哪些东西，一定要从他掌握的东西出发，加进最少的新东西让他进入一个新的领域。"这话说得何等好啊！比如讲到"鸡兔同笼"问题：鸡兔共 15 个头，40 只脚，问有多少鸡，多少兔？书上用的是假设法，假定鸡都是兔或假定兔都是鸡，学生很不理解。张景中却不这么讲。他说鸡有 2 只脚，兔子有 4 只脚，出现了不平等。实际上，也是平等的，本来鸡也有 4 "脚"，只是翅膀不算脚。15 个头本应有 60 只脚，为什么有 40 只脚呢？因为翅膀不算脚，有 20 个翅膀（因 60−40=20），有多少鸡呢？20 个翅膀正好是 10 只鸡。这是讲这类题的最精彩的方法。

张景中一贯主张科学的本质是创新。他在科普创作中展现的思维形式不是再造性思维而是创造性思维。在介绍《数学家的眼光》时，他说："书中不少地方的推导方法、叙述方式是自己思考所得，有些与自己的科研题目有关。有自己的东西便不会与别人雷同；与科研同步就会使高水平读者也会从中看到新鲜的东西。"

四、教书育人

张景中不仅是著名的数学家、计算机科学家，而且是 20 世纪 80 年代崛起的著名的科普作家。在中国少年儿童出版社，他出版了第一本数学科普书，从此一发而不可收，写了不少科普精品。他在书中总是挖掘学生的想象空间，让学生尝到深入探索的乐趣。他在科普创作中展现的思维形式不仅是再造性思维，也含有创造性思维。2002 年，他的《帮你学数学》《数学家的眼光》《新概念几何》再版，是他献给世界数学家大会的礼物，也是送给青少年最好的礼物。这 3 本书获 2003 年国家图书奖。其中《数学家的眼光》获 2005 年国家科技进步二等奖。1999 年他当选为中国科普作家协会理事长。

张景中出版的著作，有不少是面对初级学习者的普及性书籍，1997 年他获得中国十大科普金奖作者称号，1999 年当选为中国科普作家协会理事长，他的一些著作被台湾九章出版社作为系列重新刊印。

张景中的主要论著

[1] 张景中. 求解超越方程的 $N+1$ 信息的 $2N$ 阶迭代 [J]. 计算数学，1980，2（4）：350-355.

[2] 张景中，杨路. 有限点集在伪欧空间的等长嵌入 [J]. 数学学报，1981，24（4）：481-487.

[3] 张景中，杨路. 求多项式根的 $2n$ 阶劈因子法 [J]. 计算数学，1982（4）：417-426.

[4] 张景中，杨路. 单变元实迭代半群的存在唯一准则 [J]. 北京大学学报

（自然科学版），1982（6）：23-45.

[5] 张景中，杨路. 论逐段单调连续函数的迭代根 [J]. 数学学报，1983
（4）：398-412.

[6] 张景中，杨路. 同胚嵌入流和渐近嵌入流问题 [J]. 中国科学，1985
（Al）：32-43.

[7] 张景中，杨路. 计算复根的 $N+1$ 信息 $2N$ 阶迭代 [J]. 中国科技大学学
报，1985，15（3）.

[8] 张景中，杨路. 度量嵌入的几何判准与歪曲映象 [J]. 数学学报，1986，
29（5）：670-677.

[9] 井中，沛生. 从数学教育到教育数学 [M]. 成都：四川教育出版
社，1989.

[10] 张景中，曹培生. 从数学教育到教育数学 [M]. 北京：中国少年儿童出
版社，2005.

[11] 张景中，常庚哲，杨路. 高维单形上 Bernstein 多项式凸性定理的逆定理
[J]. 中国科学，1989（A6）：588-599.

[12] 张景中. 数学与哲学 [M]. 长沙：湖南教育出版社，1990；台北：台湾
九章出版社，1995；北京：中国少年儿童出版社，2003；大连：大连理
工大学出版社，2008.

[13] 张景中. 数学家的眼光 [M]. 北京：中国少年儿童出版社，1990.

[14] ZHANG J Z, YANG L, DENG M. The parallel numerical method of
mechanical theorem proving [J]. Theoretical Computer Science，1990，
74（3）：253-271.

[15] 张景中，杨路，侯晓荣. What can we do with only a pair of rusty compasses
[J]. Geometriae Dedicata，1991（38）：137-150.

[16] 张景中，杨路，杨晓春. 初等图形在欧氏空间的实现问题 [J]. 中国科
学，1992，A22（9）：933-941.

[17] 张景中，杨路，侯晓荣. 代数方程组相关性的一个判准及其在定理机器
证明中的应用 [J]. 中国科学，1993（A10）：1036-1042.

[18] CHOU S C, GAO X S, ZHANG J Z. Automated production of
traditional proofs for constructive geometry theorems [M]. LICS，
1993：48-56.

[19] 周咸青，高小山，张景中. Machine Proofs in Geometry [M]. Singapore：
World Scientific，1994.

[20] ZHANG J Z, CHOU S C, GAO X S. Automated production of traditional proofs for theorems in Euclidean geometry [J]. Ann Math Artif Intell, 1995, 13 (1-2): 109-138.

[21] ZHANG J Z, FENG Y. Obtaining exact value by approximate computations [J]. Science in China, 2007, A50 (9): 1361-1368.

（原载于《20世纪中国知名科学家学术成就概览：数学卷（第三分册）》第 396~403 页，科学出版社，2012 年）

撰写人：冯勇（中国科学院成都计算机应用研究所）

刘应明

刘应明，1940 年 10 月出生在福州市郊洪山桥。1963 年毕业于北京大学数学力学系，毕业后到四川大学工作至今。

刘应明 1995 年当选为中国科学院院士。曾担任第六、七届全国人大代表（1983—1992），第八届全国政协常委，第九届全国人大常委，第十届全国人大常委兼全国人大教科文卫委员会副主任，第十一届全国政协常委，九三学社中央副主席，中国数学会第七、八届副理事长，中国工业与应用数学会副理事长，国务院学位委员会委员（1985 年起，连续多届兼任学位评议组成员），国家博士后专家委员会"数学与系统科学"专家组召集人，国家基础科学人才培养基金会第三届管委会委员，教育部高校数学研究与人才培养中心主任（之一），国家自然科学基金委员会杰出青年基金评委会成员与天元数学学术领导小组副组长，中国模糊数学与模糊系统协会副理事长兼秘书长（1983—1985）、理事长（1986—1998）、名誉理事长（1998—），国际模糊系统协会副主席（第五届）、历届理事兼中国分会主席。

刘应明在四川担任过的主要学术职务和社会职务有：四川省政协副主席，九三学社四川省主任委员，四川大学副校长（1989—2005）兼研究生院院长，四川大学研究生院名誉院长，教育部"985 工程"平台项目——四川大学长江数学中心首席科学家，中国学位与研究生教育学会常务理事兼四川省学会会长，四川省科协副主席。现任四川省数学会、四川系统工程学会及四川省工业与应用数学学会理事长等职。

刘应明在不确定性的数学处理（主要是模糊性数学）与拓扑学方面有不少

开创性成果，在不分明拓扑有点化流派形成方面有奠基性工作。他的著作 *Fuzzy Topology*（与罗懋康合作，World Scientific Publishing Company，新加坡，1997），是世界首部格上拓扑学的专著。

一、简 历

1940 年 10 月，刘应明出生在福州市郊洪山桥的一个平民家庭。父亲刘贞汉，高中文化，早期在国民党十九路军担任过参谋等职。父亲抗战后返乡，不久便失业在家，靠卖苦力的微薄收入养家糊口。母亲胡玉金，小学文化，是勤俭持家的贤妻良母。母亲除了当好家庭主妇之外，也做一些摆摊之类的小买卖或杂活，挣一点钱以补贴家用。刘应明是家中的长子，下有两个弟弟。

刘应明老家在福州西郊洪山桥。当年的洪山桥不通公共汽车，百年前水陆码头的繁华也不复存在，只是闽江上小汽轮靠岸时会上下一些旅客。处于这闭塞的小镇，他在小学时代几乎没有见到什么课外读物。不过，横跨闽江历经百年的洪山石桥，屋后山脚下长满龙眼、荔枝、橄榄、杧果的果林，给他的童年带来无穷乐趣。荒山远眺、清江横渡、石桥凭栏、林野徜徉，大自然的灵气陶冶了他的开阔胸怀。

刘应明年少时多病，染过伤寒、肺结核、白喉诸疾。1951 年，他虽是以第一名的成绩在洪桥小学毕业，但进入市区报考福州一中时却名落孙山，他考取了福州三中。又因格致中学接收成绩第一名的保送生，家里大概考虑到他年仅十岁，离家寄宿有熟人照顾更放心一些，就选择了有邻居在读高中的格致中学。他家境清寒，幸有人民助学金制度，支持他从初中读到大学毕业。这 12 年求学期间，家中没有能力在经济上给他什么支持。零用钱可说是接近于零，但伙食已较家中为好，到了大学还偶有衣服补助，无饥寒之苦而能安心读书，他对这些已很满足。从初一起，他即住宿在校。当时学校规定家庭困难且假期留校的学生可继续享有助学金。十岁出头的他，连假期也不过回家两三天。少小独立在外，他不感到烦忧，校内丰富的书刊及集体生活反倒使他感到十分充实。连小学时患的肺病也在初一时不知不觉地好了。回顾起来，他认为："少年清贫是一种难得的财富；清贫能够养志，而且在以后生活挫折乃至身处逆境时，都能处之泰然，没有过多的心理负担，而集中精力于事业。"

1954 年刘应明从福州格致中学初中毕业，成绩是班上第一名。虑及家庭经济困难，他升学的第一志愿报的是福州高工这所知名中专。不知为何，他没被录取，而进了福州一中这所名校。福州一中紧邻福建省图书馆，他是馆内常客。少年刘应明的兴趣主要是广泛的阅读，这培养了他对文学的喜爱。一直到高三毕业，他都是班上的语文课代表，他的作文与文章时常在校内展示或登在墙报上。然而数学的解题更具挑战性，使他很早就迷恋上数学。他还与几位同学组织了兴趣小组，参加当时《数学通讯》等刊物的问题征解活动。他认为，知识是重要的，但更重要的是对所学知识的深入理解及分析与解决问题的能力。他说："这犹如赛跑，起跑在前当然是有优势的，但较高的速度、合理的节奏却会使你后来居上。"

1957年，他以优异成绩从福州一中毕业升入了北大数学力学系。

北大江泽涵、廖山涛、姜伯驹等老师的立身行事，不仅在学问上，也在做人上给了他很大的影响。这6年，国内政治运动迭起，经济生活上又历经了三年困难时期。在北大这个风口浪尖中，他认识到了人生的方方面面，也陶冶了他北大人的风骨。

1963年，他从北大数学力学系拓扑学专门化毕业，成绩优异。本来他已被录取为廖山涛院士的研究生，但横生枝节，他被株连到一些政治事件中，没有读成研究生，去了四川大学。开始，他被安排在四川大学科研处做些收收发发的杂务，几个月后，由于教学辅导人员缺乏，他才开始担任解析几何习题课之类的教学辅导工作。这样直到"文化大革命"结束，他在数学系基础课与数学公共课（主要是辅导）的岗位上呆了近15年。当时教学任务颇重，但教学相长，与充满朝气的学生讨论数学问题，他颇感乐趣。可惜这种生活又时时被各种各样的政治运动所冲击。然而无论如何，他总是在本职工作之余抓紧时间刻苦钻研。

1965年，刘应明在Fields奖得主米尔诺（Milnor）工作的基础上，解决了拓扑学中有名的怀特海德（Whitehead）问题。这是他的第一项重要的研究成果。由于当时即使发表数学论文也需要单位政审证明，当时这对他是个难题，加上随后的"文化大革命"的耽搁，这个结果在15年后才在《数学学报》上面世，但仍然在国际上引出众多的后继工作。

"文化大革命"中，刘应明因北大的事屡受批判，但他在被批判之余，仍然乱中求静，潜心于自己手边的数学专著。他发现当时川大数学系大楼的屋顶阁楼早已闲置，就常常躲到这斗室里，独自遨游于数海之中。对于未来，他也不甚了了，但数学这无声的音乐、无色的图画却使他忘却了眼前的烦恼，自有一番苦中之乐。当"文化大革命"结束后，首次进入四川大学数学系的大学生、研究生们在图书资料室中查阅文献时，发现拓扑学方面的文献和数学名著的借阅卡上几乎都有刘应明的名字。借阅的时间，正是风雨如磐的"文化大革命"年代。

在刘应明潜心于经典拓扑学研究期间，国际上萌生了一个新的数学研究领域，那就是模糊数学。刘应明等人在当时美国《数学评论》（这是"文化大革命"中没有断档的极少数影印外刊之一）中读到了关于模糊拓扑学的评论。1972年底，著名控制论专家关肇直院士出差西昌卫星基地路过成都，顺道到四川大学访友，并与校领导座谈。座谈中，关肇直谈到国际上关于模糊数学研究的新动向。系主任蒲保明教授趁机向校领导提出要开展这方面的研究。鉴于关肇直当时的影响，学校当局便默许了数学系这个仅有三四人的模糊数学讨论班的活动。从此，模糊数学就成了刘应明的又一个研究方向。

1978年起，刘应明的成果逐步得到外界的肯定。他与川大的拓扑学同行的工作获得了1978年全国科学大会奖与1979年四川省重大科技成果奖。他的工作在国外也有了反响。1980年3月，美国《数学评论》聘请他为评论员，这大概是"文化大革命"后该刊在中国聘请的首批评论员。

在柯召院士与许琦之副校长的大力支持下，刘应明继1980年越级晋升为副教授之后，又于1983年破格晋升为教授。从那时起，刘应明的学术工作进入了新的境界。这一年，他当选为第六届全国人大代表。年底，经国务院学位评议组审定，他成为当时我国最年轻的博士导师之一。这年初，中国模糊数学与模糊系统协会在武汉成立，他任副理事长兼秘书长（1983—1985），以后又担任该会的理事长（1986—1998）、名誉理事长（1998—）。这一学会隶属于中国系统工程学会。

刘应明是首批（1984年）国家级有突出贡献专家和首批（1989年）全国优秀教师。个人或以他为主，曾十余次荣获国家、省、部级奖励（包括国家自然科学奖）。1995年当选为中国科学院院士。2005年，国际模糊系统协会推选刘应明为"Fuzzy fellow"。这是该协会对在国际模糊系统领域内做出重大贡献的学者的一种表彰。同年，刘应明荣获何梁何利科技进步奖。2015年11月，刘应明荣获第十二届华罗庚数学奖。

刘应明多次担任有关国际学术会议的主席、副主席或分会主席。曾任第六、七届全国人大代表（1983—1992），第八届全国政协常委，第九届全国人大常委，第十届全国人大常委兼全国人大教科文卫委员会副主任，四川省政协副主席，九三学社中央副主席，四川大学副校长（1989—2005）兼首届研究生院院长，中国数学会第七、八届副理事长，中国工业与应用数学会副理事长，第十一届全国政协常委，国务院学位委员会委员（1985年起，连续多届兼任学位评议组成员），国家博士后专家委员会"数学与系统科学"专家组召集人，国际模糊系统协会副主席（第五届）、历届理事兼中国分会主席，国内外多种学术刊物主编、副主编、编委或评论员，教育部"985 工程"平台项目——四川大学长江数学中心首席科学家，四川大学研究生院名誉院长。

他还担任过国家自然科学基金委杰出青年基金评委会成员与天元数学基金学术领导小组副组长，国家基础科学人才培养基金第三届管理委员会委员，教育部高校科学研究与人才培养中心主任（之一），国家教委理科"数学与力学"教学指导委员会副主任，高校教学研究会数学学科委员会主任委员，中国学位与研究生教育学会常务理事兼四川省学会会长，四川省科协副主席，四川省数学会、四川系统工程学会及四川省工业与应用数学学会理事长，四川省高校职称评审委员会副主任等。

二、主要研究领域和贡献

刘应明主要从事数学与系统科学方面的研究，特别是在不确定性的数学处理（主要是模糊性数学）与拓扑学方面有颇为国际同行称道之工作。在不分明拓扑有点化流派形成方面有奠基性工作。论著过百，散见于国内外重要学术出版物。其中，*Fuzzy Topology*（与罗懋康合作，World Scientific Publishing Company，新加坡，1997）一书是世界首部格上拓扑学的专著。

（一）模糊数学方面

模糊数学又称不分明数学，确切地说，是指在自然界和人们社会生活中广泛存在的一类不确定性的数学处理。众所周知，经典数学对自然和社会现象及其规律的研究是以严谨而著称的，遵循排中律，非此即彼，黑白分明；同时，又遵循因果律，有因才有果。这都属于确定性数学的处理范围。到了 18 世纪，数学才开始研究随机性现象，突破了传统因果律的严格限制，产生了概率统计这门数学分支。但对于突破"非此即彼"逻辑关系的模糊性现象，却迟迟无人去研究它。自 20 世纪 60 年代起，以研究复杂系统及其控制为契机，美国加州大学贝克莱分校计算机系主任查德（L. A. Zadeh）教授提出了模糊集的理论。这样，数学在经历了确定性与随机性两个阶段之后，开始进入过去的人们未曾涉足的新领域——模糊性的研究。

1975 年到 1977 年，刘应明完成了一篇二万余字的论文，在模糊集的框架上提出了一种崭新的邻近构造理论。文章经蒲保明审阅后，在 1977 年复刊的《四川大学学报》上联名发表；继后，英文版又在美国发表，迄今已被国内外同行引用二百余次，认为这个工作奠定了不分明拓扑学（即模糊拓扑学）有点化流派的基础。从此，刘应明在不分明拓扑学及其应用领域进行了系统深入的研究工作，取得不少开创性成果。最突出的是以下成果。

1. 多元函数的"简单逼近"问题

处理模糊性问题首先要把多因素的复杂问题表示为若干单因素的较简单问题的复合。这是降维问题。在数学上就是把多元函数用一元函数的复合来表示，即著名的 Hilbert 第十三问题。20 世纪 50 年代，经过大数学家 Kolmogorov，Arnold 等人的工作，这个表示问题已经解决了，并成为当今神经网络理论的基础。不过，这种表示式相当复杂且仅是存在性的，而在图像数据处理、神经网络以及物理学中的多体问题等方面，寻求简单表示问题是十分重要的（见《数学译林》1992 年 1 期）。由于大数学家 Arnold 进一步证明了可简单表成 $f(g(x)+h(y))$（这里 f，g，h 为连续函数）的二元连续函数是"很少的"，这就导致了一个困难的局面。北大数学系名誉教授、国际模糊系统协会首任理事长、模式识别权威、美国 Purdue 大学教授傅京荪（K. S. Fu）生前对这类问题就很关注。

刘应明与合作者李中夫教授另辟蹊径，用"简单逼近"的思想来代替"简单表示"，结果相当简洁实用。他们证明了一大类可结合（相当于半群中运算）连续函数可用单个的单调函数 f 近似表作 $f^{-1}(f(x)+f(y))$，这里的逼近可达任意事先指定的精度。这种十分简单的表示式在专家系统的"组合证据"处理以及模糊隶属函数的确定等问题中都有重要的应用。在人工智能与专家系统中，从过去拼凑建立公式的方法，现在可以从专家经验导出组合公式，这方法不仅在理论上很有创新，在应用上也是更有效的。而从纯数学上看，结合 Arnold 的工作，刘、李的结果就是说 Archimedean 三角模（一类二元函数）在全体连续三角模空间中是稠密的。

此工作在国家自然科学基金重大项目"模糊信息处理与机器智能"的结题评审会上被评为最好的结果，在有关国际会议上报告后评价很高。部分结果已收入《机器智能与模式识别》丛书（Machine Intelligence & Pattern Recognition，1992，Elsevier）等处，数学部分刊于《中国科学》（1994）。同时，对根据具体问题确定模糊集的合适基本算子方面，也找到了途径，算是对这一理论与实践上的基本问题的一个回答。

2. 序结构与 Dieudonne 插入问题

序结构问题。"概念"中所谓模糊性就是指概念中含有非平凡的层次结构（平凡的层次结构是指非此即彼、非好即坏的二元结构），从数学上看就是一个序结构问题。事实上，一个模糊集就是从一个通常集合至格（一种序结构）的一个映射。模糊数学的一个特点就是注重数学三个基本结构（拓扑结构、代数结构与序结构）之一的序结构的研究。这一趋势在计算机科学中也是明显的。

不分明拓扑恰是拓扑结构、序结构与代数结构三种结构有机结合成的一个载体，其中关于一致性结构以至度量化、嵌入理论等讨论中涉及到保并映射类、极小族、连续格以及范畴论等多方面的代数或序结构问题，在这些方面刘应明都有很好的工作。

刘应明关于保并映射类的代数运算研究曾引起国外很大兴趣。1982 年，刘应明应法国政府的邀请，以专家身份赴巴黎、里昂、图鲁兹等地讲学，并参加多值逻辑国际会议，得到很高的评价。1982 年，法国政府〈驻华使馆〉致函我教育部的邀请函称刘"因在不分明空间及其代数性质方面工作而成为国际知名专家"；美国 Oklahoma 大学教授 S. Lee（第 11 届国际多值逻辑会议主席）来函称赞刘关于保并映射类的交运算研究，刘关于准范畴的工作被认为有"基本重要性"。专家们认为不分明拓扑中有一种"代数化流派"，刘是这方面的代表人物，认为刘为这方面工作"开阔了崭新的研究方向"，"赋予不分明拓扑以新的生命"。刘应明有关序结构成果还引起人工智能、多值逻辑专家的高度兴趣。后面还要介绍的是，他还解决了 Domain 拓扑结构的 Lawson-Mislove问题。

Dieudonne 插入问题：由模糊集的各个层次可以得出模糊集的本身，而且模糊集各层次拓扑结构之间还有深刻的关系。正因为刘应明把握了这种关系，从而成功地解决了格值 Dieudonne 插入问题。众所周知，经典的 Hahn-Dieudonne 的关于半连续函数中连续函数插入的问题，本质上是反映了空间的拓扑性质。当函数值是格值时，古典分析方法自然失效。取代逐点确立函数值，刘应明逐层地定出函数 f 的层次 $\{x：f(x) \geqslant \alpha\}$，然后得出函数本身。由于对各层次之间拓扑结构关系有深入的结果，他终于成功地把 Dieudonne 插入定理这一经典结果格值化了。同时，这个工作提供了一种确定映射（函数）的路子。由于这项工作，他在 1990 年国际数学家大会的卫星会议——日本筑波国际拓扑会议上作 50 分钟报告，全文刊于美刊《拓扑学及其应用 (Topology Appl.)》。1991 年 9 月俄国科学院举行纪念维诺格拉多夫百年诞辰国际会议时，刘曾应邀出席，也介绍过这方面的工作。

由上述成果可以看出，这方面的工作不仅有新的思想，而且还有新的方法，并且与经典数学有着深刻的关系，因而具体地丰富了经典性成果。

（二）拓扑学方面

1. 经典拓扑学

（1）代数拓扑方面。刘应明继 Fields 奖得主 Milnor 的工作之后，在连续统假设之下，给出 CW 复形可乘的充要条件，解决了关于 CW 复形可乘的有名的 Whitehead 问题；他还对无限复形的仿紧性与同调群的同伦不变性给出了十分简洁的证明。

（2）一般拓扑方面。在仿紧空间研究中，刘提出了拟仿紧空间与 σ-集体正规等概念，统一了次仿紧空间与弱仿紧空间中的基本成果，引起了广泛注意。后继工作有 10 余篇论文，分别发表于《数学学报》《太平洋数学杂志（美刊）》《数学年刊》等处。

（3）Domain 理论的拓扑结构方面。与他人合作解决了两个长期未决的 Lawson-Mislove 问题。Domain 一词，在《数学百科全书》卷 1 中译作"范围"，是计算机科学大奖 Turing 奖得主 Scott 提出的序结构。它为高级程序语言提供语义模型，以解决函数运算导致出现不可计算函数的毛病，在计算机科学中是基本的。其拓扑结构也引人关注，所以这两个问题在名著 *Open Problems in Topology*（1990，Elsevier）内"拓扑与代数构造"一栏作为公开问题列出。

2. Ehresmann 格上拓扑学的新方向——不分明拓扑学方面

（1）奠定有点化流派的工作（建立崭新的邻近构造，完成收敛性理论等）。

所有的模糊集全体自然地形成一个格，在这种格上研究拓扑也是很自然的。事实上，在 20 世纪 50 年代末，法国大数学家 Ehresmann 早就倡导，把具有某种分配性的格当作广义拓扑空间来研究。这导致了 Locale 理论的形成（我们更形象地称作格上拓扑学）。这方面的一个阶段总结可见剑桥近代数学丛书卷 3 *Stone Spaces*（1982）。这些工作以"无点化"（Pointless）为特征。以模糊性处理为直观背景，刘应明研究了一种有点式的格上拓扑学——Fuzzy 拓扑学（不分明拓扑学）。不分明拓扑学是一种格上拓扑学，它却有类似点的构造，但这种"点"又不是最小组成成分。特别地，十分基本的集合论中"择一原则"（一个点邻属于若干集合之并集则必邻属于其中某个集合，即必需择一而属）不再保持，以致拓扑学（或者说分析学）中传统的邻域系结构的作用此时显出了相当大的局限性。在这方面刘应明有开创性乃至被称作奠基性的工作。邻近结构是拓扑学的基本结构，传统观点认为，点属于其邻近结构是天经地义的。然而，循此思路，沿用传统邻域系结构，不分明拓扑早期发展却步履维艰。刘应明证明了决定邻属关系更本质之属性是集合论的"择一原则"。由此他推导出一种崭新的邻属结构——重域系，重域以古典的邻域概念为特例，然而，点一般未必属于其重。这正如苏联《数学进展》长达 60 多页的综述——《不分明拓扑二十年》（Vol. 44：6，1989）中所说：传统邻域系结构不再满足集合论中"择一原则"，是学科发展的"严重障碍"。文章还说刘等建立的重域系理论"克服了这个困难"。英国伦敦数学会丛书〈蓝皮书〉93 卷：
Aspects of Topology（1985）也高度评价了这个工作，认为"克服了传统的
邻域系的严重障碍，是目前为止最成功的成果，这个方面研究将沿着这个路线
发展"。英国伦敦城市大学 Warner 教授还来函说，在刘的一个定理的基础上，
她的学生完成了博士论文；认为刘的工作奠定了这个方向的"坚实根基"。《中
国百科年鉴》〈1981〉在"中国数学研究新进展"一栏中，曾把这个工作中的
一部分作为为数不多的几项成果加以介绍。日本东京工业大学营野道夫教授在
北京讲学时，曾把这个工作归属于这方面"世界最高水平"工作之列。美国
《数学评论》曾有长篇评论，认为该工作"非常引人注目且十分有用"。专家普
遍认为，此工作深化了我们对数学基本概念（指邻近构造）的认识，奠定了不
分明拓扑有点化流派基础，是有国际水平的工作。

（2）综取格上拓扑学有点化流派与无点化流派两家之长，解决高层次
问题。

如上所述，刘应明的工作奠定了格上拓扑学有点化流派基础。另一方面，
"无点化流派"源远流长，成果丰硕。刘应明综取两家之长，在高层次问题，
如嵌入理论、度量化理论与紧致化理论等方面有一系列突破。

他在《中国科学》发表了嵌入理论工作之后，法国著名的 Dubois 教授来
函，要求刘作为 Leading Contributor 为一专集撰文。刘在其文章中推广了著
名的 Urysohn 度量化定理，被审定为"十分重要"，属"重要进展"，编为
《模糊信息分析》一书第 14 章（美国 CRC 出版社，1987）。

在紧致化理论中他与他的学生罗懋康解决了一系列难题，其中包括困惑德
国 Hohle 教授（JMAA 编委）的 Stone-Cech 紧化极大性问题，整个工作系统
且深刻，其中关于格值半连续映射形成空间的拓扑性质研究，就是限于古典情
形也很有新意的。在这里，刘应明还揭示了代数分配律的分析特征与拓扑特
征，引起广泛兴趣。这方面工作曾多次在国际会议（包括世界数学家大会）上
报告。在有的会议（如 1986 年，美国，新奥尔良）上还被审定为"十分优秀"
的工作。美国《数学评论》盛赞这些工作，认为"解答了十分重要问题"，"证
明了重要结果"等。

正如国家科委《科技研究成果公报》（1988 年 10 期）所说：上述工作
"达到国际先进水平，为国内外工作者所公认，为我国不分明拓扑在国际上争
得地位"。在 1985 年全国科技工作会议有关基金制工作汇报文件中，也把这些
工作（确切说当时还仅是一部分工作）列入"研究水平处于世界前沿"的为数
不多的几项成果之一。

不分明凸集是与图形识别密切相关的课题，模糊数学奠基人贝克莱大学 Zadeh 教授曾在关于模糊集的奠基性的论文中花近半篇幅加以讨论。刘发现其中一个重要成果的缺陷，他应用不分明拓扑成果加以完善。Zadeh 来函表示赞赏，并主动推荐于美刊 *JMAA* 上发表。而 Duke 大学 P. P. Wang 教授则认为：结果"十分重要"，来函要求将其收入他主编的专集《模糊集理论与应用的进展》（Plenum 出版社，1983）。

综上可知，从经典数学角度审视刘应明关于不分明拓扑学工作，其研究具体地丰富了关于邻近结构这个基本的经典成果，解决了相关的问题。也可以说，刘应明凭借他的出色工作，在经典拓扑学与新兴的模糊性数学这两个领域之间构架起一座桥梁。刘应明把 Ehresmann 倡导的格上拓扑学推向新的阶段。有关论文引用次数逾百，为国际同行所瞩目。

三、模糊技术的应用及产业化方面

模糊数学问世不久，人们便发现其产业化的前景相当可观。在日本，1989 年即由通产省组织了三菱、日立等 48 个大公司，资助成立了国际模糊工程技术研究所。从地铁运行至家电生产等领域，都成功地使用了模糊工程技术，形成了很大的产业。美国（如宇航局 NASA）、欧洲（如西门子公司）等也很注意模糊芯片与软件的市场占有以及模糊控制在军事与工业方面的应用。我国在国家科技促进经济基金会的主持下，于 1994 年 5 月底在北京举行了"模糊技术产业化"专家咨询会，刘应明任专家组组长。会上对家电生产与工业控制两方面的模糊技术的应用作了深入探讨，并把产业化任务落实到几家大企业。1995 年 3 月，刘应明还在钓鱼台国宾馆主持了"迎接 21 世纪挑战，推进中国模糊技术产业化"研讨会。中国科学院前院长卢嘉锡，国家计委、国家经贸委、国家科委等部门的有关负责同志与多位专家出席，《科技日报》1996 年 3 月 9 日在"高技术产业专栏"对此作了详细报告。与之同时，在全国政协会上，刘应明等 5 位教授还就我国模糊技术产业化问题提出了积极的建议。1996 年 6 月，他主持了有关模糊技术的"九五"攻关项目成果鉴定会，该会是由国家科委组织召开的。1997 年，他作为鉴定组组长，参加了冶金部与国家科委联合举行的模糊技术应用现场会。2002 年，刘应明与自动化界的院士合作，参与我国自动化领域首项"973"项目的申报与答辩获得通过。他负责其数学理论基础的子项目。这是数学工作者在数学以外领域取得重大项目的又一成功例子。

2004 年，四川大学获得教育部"985 工程"（二期）的平台项目：现代物理与信息科学中数学理论及其应用；与之相应，四川大学数学学院组建了"长江数学中心"，刘应明任首席科学家。

2005年4月，刘应明在四川大学组建了一个跨学科的研究机构"不确定性信息处理研究中心"。该研究中心依托数学学院，融合了制造学院、经济学院、工商管理学院等相关研究方向，其主要任务是开拓新兴交叉学科科学研究，用数学基础理论解决金融风险、复杂机电系统制造、管理决策等领域的不确定信息处理技术、理论问题。

国际学术界对中国学者及刘应明本人在模糊数学方面的工作是非常肯定的。1993年7月，他当选为国际模糊系统协会副理事长。1993年10月底，在香港中文大学30周年校庆国际学术论坛大会上，模糊数学奠基人、美加州贝克莱大学Zadeh教授称刘应明是对模糊数学理论研究贡献突出的几位学者之一。2005年7月，模糊系统协会世界大会（IFSA）在北京召开，刘应明任大会主席。大会还推选刘应明为"Fuzzy fellow"，这是协会对该领域内做出重大贡献的学者的一种表彰。刘应明是第一位获得此奖的中国学者，也是发展中国家首位获此殊荣的学者。

在国际上，我国也因以刘应明为代表的一批中国学者的杰出成就，与美、日、西欧合称为模糊数学的国际四强。

2005年2月，刘应明入选为科学中国人（2004）年度人物。同年，刘应明荣获何梁何利科技进步奖。该奖是由香港4位著名实业家捐助成立的一个全国性科技成果的重奖，用以奖励在科技领域做出系列杰出贡献的优秀学者。我国西部地区的数学家中，仅有柯召院士曾获得过该项奖励。

四、对川大数学学科建设的贡献

在学科建设方面，作为一个在川大校内外颇有影响的学术领导人，刘应明与数学学院的同事亲密合作，出主意，想办法，推荐优秀人才，重要事项必亲自参与。这样经30余年的努力，使四川大学数学学院这个历经百年的老系（学院）的整体水平有了一个大的进步。这方面的每一个进展，都体现在川大数学学院近30多年的发展历程中：

1985年以前，拥有基础数学博士点、应用数学硕士点，博士导师共3人（柯召、蒲保明、刘应明）。1986年，新增应用数学博士点与计算数学硕士点。本校博士导师增至4人（增加魏万迪），另新增兼职博导2人。

1991年，建立数学博士后流动站，同时数学专业本科列为首批"国家基础科学研究与教学人才培养基地"。

1992 年，基础数学与应用数学列为四川省级重点学科。

1995 年，新增运筹学与控制论、概率论与数理统计两个硕士点，至此，川大数学系（学院）拥有数学一级学科的全部硕士点（共 5 个）。

1997 年，"数学与模糊系统"列为 211 工程重点建设学科。

1998 年，获得数学一级学科博士点；获得两个教育部长江学者特聘教授岗位。

2000 年，川大数学学院继北大、复旦、南开之后，成为教育部高校数学研究与人才培养中心的主任单位。

2003 年，获得基础数学与应用数学两个国家级重点学科，它们在通讯评议中分别位居全国第四名和第三名。

2004 年，获得教育部"985 工程"（二期）的平台项目：现代物理与信息科学中数学理论及其应用；数学人才培养基地评为全国优秀理科基地（当年，数学方面全国仅评出 4 个优秀理科基地）；运筹学与控制论评为四川省重点学科。

2005 年，教育部"985 工程"平台项目——四川大学长江数学中心正式启动，刘应明与阮勇斌（密执安大学教授）任首席科学家。

2007 年，四川大学数学学院被评为国家首批数学一级重点学科单位。

毫无疑问，川大数学学院已成为我国为数不多的专业齐全、层次完整的数学高等教育基地与数学研究基地，成为我国西部的数学学科研究中心。

刘应明与柯召

五、教育与人才培养成果

刘应明作为一名优秀的教师，培养了一批博士硕士生，特别是为拓扑学与模糊数学领域培养了多位很有影响的才俊之士。他的博士生罗懋康从事不分明数学研究的成就突出，现为四川大学数学学院的长江学者特聘教授，并首批入选国家百千万人才工程与国家教委（数学方面）跨世纪人才，是国家杰出青年基金获得者，教育部2007年创新团队项目"不确定性处理与信息理论及技术中数学问题"的带头人。他的另一位博士生徐晓泉，是2007年中国百篇优秀博士论文获得者。他的1983级研究生阮勇斌，历任美国威斯康星大学讲座教授、密执安大学教授，从事低维拓扑研究成果显著，1989年在南开大学召开的"21世纪中国数学展望"会上，阮是受邀作大会报告的二位青年学者之一。继后，阮勇斌又因在辛拓扑研究上卓有成效，1995年获美国Sloan研究奖，1998年应邀在世界数学家大会上作45分钟报告，他还获得了杰出青年基金（B类，即对在国外工作的学者设立的基金），被教育部聘为长江学者讲座教授。阮勇斌还受聘为四川大学"985工程"平台——长江数学研究中心首席科学家。刘应明还培养了一批优秀的国内访问学者。其中，现任清华大学教授的应明生是1998年国家杰出青年基金获得者（计算机科学类），长江学者特聘教授，"973项目"负责人。在刘应明辞去已担任多届的理事长之后，2002年，应明生当选为中国模糊数学与模糊系统协会理事长。

1989年刘应明被评为首批全国优秀教师。1993年个人项目获全国普通高校优秀教学成果奖。1998年刘应明获宝钢教育基金会优秀教师特等奖。1997年和2005年，以刘应明为首的教改项目组两度获得国家级教学成果奖。

刘应明的主要论著

[1] LIU Y M. Polyhedra with weak topology Ⅰ：The coverings by the vertex star and the paracompactness ［J］. 四川大学学报（自然科学版），1978 （2）：37-44.

[2] LIU Y M. A necessary and sufficient condition for the producibility of CW complexes ［J］. 数学学报，1978（21）：171-175.

[3] LIU Y M, PU B. Fuzzy topology Ⅰ：Neighborhood structure of a fuzzy point and Moore Smith convergence ［J］. J. Math. Anal. Appl. ，1980 （76）：571-599.

[4] LIU Y M, PU B. Fuzzy topology Ⅱ：Product and quotient spaces ［J］.

ibid, 1980 (77): 20-39.

[5] LIU Y M. Pointwise characterization of complete regularity and imbedding theorem in fuzzy topological spaces [J]. Scientia Sinica (中国科学), Series A, 1983 (26): 138-147.

[6] LIU Y M. An analysis on fuzzy membership relation in fuzzy set theory [M] //Sanchez E. Ed, Fuzzy Information, Knowledge Representation and Decision Analysis. Pergamon, 1984: 115-122.

[7] LIU Y M, LUO M, PEN Q. Analytic and topological characterizations of completely distributive law [J]. Chinese Sci. Bull, 1990 (35): 1237-1240.

[8] LIU Y M, LI Z. An approach to the management of uncertainty in expert systems [M] //AYYUB B M. Analysis and Management of Uncertainty: Theory and Applications, Eds. Amsterdam: Elsevier, 1991: 133-140.

[9] LIU Y M, LUO M. Lattice-valued Hahn-Dieudonne-Tong insertion Theorem and stratification structure [J]. Topoology Appl. , 1992 (45): 173-189.

[10] LIU Y M. Fuzzy topology, stratifications and category theory [M] // Between Mind and Computer. World Sci. Publ, 1993: 183-224.

[11] LIU Y M, LI Z. Approximate representation of a class of associative functions by a monotone 1-place function and addition [J]. Science in China, Ser. A, 1994 (37): 7, 769-779.

[12] LIU Y M, ZHANG D. L-fuzzy modification of completely distributive lattices [J]. Math. Nachr, 1994 (168): 79-95.

[13] LIU Y M, LIANG J H. Solutions to two problems of J. D. Lawson and M. Mislove [J]. Topology and Appl. , 1996 (69): 153-164.

[14] LIU Y M, LUO M K. Fuzzy Topology [M]. Singapore: World Scientific Publication, 1997.

[15] LIU Y M, HE W. Steenrod's theorem for locales [J]. Math. Proc. Cambridge Phil. Soc. , Part II , 1998 (124): 305-307.

[16] 刘应明, 梁基华. Domain 理论与拓扑 [J]. 数学进展, 1999, 28 (2): 97-104.

[17] 刘应明, 任平. 模糊性—精确性的另一半 (院士科普书系) [M]. 北京:

清华大学出版社，2000.

[18] LIU Y M，LUO M. Structure of lattice characterized by validities of lattice-valued topological proposition［J］. Top. Appl.，2002（222）：321-335.

[19] LIU Y M，ZHANG G Q. Domain Theory，Logic and Computation，Ed ［M］. Kluwer Acad. Publishers，2003.

[20] LIU Y M，XU X. Regular relations and strictly completely regular ordered spaces［J］. Top. Appl.，2004（135）：1-12.

参考文献

[1] 刘应明，任平. 模糊性处理理论与应用［M］//周光召. 科技进步与学科发展. 北京：中国科学技术出版社，1998：222-227.

[2] 刘应明. Fuzzy 拓扑在中国［M］//杨乐. 中国数学会 60 年. 长沙：湖南教育出版社，1996：192-206.

[3] 罗懋康. 刘应明与模糊数学及拓扑学（中国当代科技精华：数学与信息科学卷）［M］. 哈尔滨：黑龙江教育出版社，1994：130-143.

[4] 刘应明，任平. 模糊性——精确性的另一半［M］. 北京：清华大学出版社，2000.

[5] 白苏华. 刘应明传，《中国现代数学家传》（第四卷）［M］. 南京：江苏教育出版社，2000：560-577.

（原载于《20 世纪中国知名科学家学术成就概览：数学卷（第四分册）》第 167～176 页，科学出版社，2012 年，本文为修改稿）

撰写人：白苏华（四川大学数学学院）

李安民

李安民（1946—），四川大竹人。中国科学院院士。1963年9月考入北京大学数学力学系学习，1969年7月大学毕业后分配到四川省阿坝藏族自治州汶川县的草坡公社劳动锻炼，2年后调至汶川造纸厂工作。改革开放恢复高考制度后，于1978年9月考取北京大学数学系基础数学专业微分几何方向的研究生，1981年7月硕士研究生毕业后分配到四川大学数学系工作。1986年获得德国洪堡基金赴德国柏林技术大学数学系访问并合作研究。在1986—1991年德国洪堡基金项目执行期间，多次赴德，并于1991年10月获得德国柏林技术大学博士学位。李安民主要从事整体微分几何、辛几何与辛拓扑领域的研究，先后发表论文40余篇，出版专著2部，曾获国家教委科技进步奖一等奖、国家自然科学奖三等奖、首届香港求是科技基金会杰出青年学者奖、教育部提名国家自然科学奖一等奖等省部级以上奖励多项。现为四川大学数学学院博士生导师、四川大学国家"985"科技创新平台——长江数学中心学术带头人，教育部长江学者特聘教授，中国数学会副理事长。

一、学术生涯

（一）师从吴光磊，迈出微分几何研究的第一步

1978年，改革开放恢复高考和研究生招生制度，也为李安民的学术生涯带来转机。在母校老师的鼓励下，李安民决定报考北京大学的研究生，其间得到了北京大学吴光磊及其夫人的大力相助，经过多方努力，将李安民从汶川县造纸厂借调到北京大学复习应考。更是吴光磊敞开宽阔的胸怀，接纳了这位被

耽误了 9 年的学生。从此，李安民跟着吴光磊学习微分几何，完成了人生的一大转折。吴光磊对学生要求很严，进校就告诫李安民，读文章不是读懂就行，也不是当高级校对员，要读出自己的东西。到李安民自己招收研究生时，李安民常常用它来要求学生。所谓"自己的东西"就是要发展和创新，是吴光磊带领李安民进入微分几何研究的大门。

（二）陈省身的影响和赏识奠定了李安民现代微分几何研究之路

陈省身是国际数学大师，是 20 世纪最伟大的几何学家之一。李安民第一次见到陈省身是 1978 年夏季，陈省身应邀到中国科学院数学研究所做关于活动标架法方面的系列演讲，当时李安民刚被北京大学数学系录取为研究生。听说陈省身要到科学院数学研究所做系列演讲，李安民兴奋不已，每次都早早地赶到中国科学院。陈省身首先介绍了 Cartan 的活动标架法，进一步介绍了用活动标架法研究子流形、Sine-Gorden 方程和 Backlund 变换以及仿射微分几何。陈省身的报告深入浅出，并一直强调原始思想的简明性以及活动标架法的强大力量，不时地还幽默一两句。陈省身的报告给李安民留下了深刻的印象，并激起李安民浓厚的兴趣。可以说是陈省身讲的活动标架法将李安民引进了现代微分几何研究的大门，至今李安民还珍藏着这份油印的讲稿。

李安民第二次见到陈省身是 1980 年春季，陈省身应邀为北京大学数学系的研究生开设微分几何基础课程。当时由于李安民和陈维桓都是微分几何专业的研究生，被安排做课程的辅导工作。这门课的听者甚多，包括当时来自全国各地的许多优秀青年数学工作者，大家都渴望借此机会掌握现代数学研究的基本工具，了解国际数学研究的动态。"文化大革命"十年的动乱使中国的数学研究与世界研究前沿产生了很大的差距，大家对连络、纤维丛、流形等概念都感到陌生。由于担任陈省身课程辅导的工作以及李安民自己的努力学习，李安民的才华和能力渐渐受到陈省身的赏识。

1981 年 7 月，李安民硕士研究生毕业后分配到四川大学数学系工作。1985 年李安民从四川大学申请德国的洪堡基金到德国研究、访问，等李安民成行到达德国柏林技术大学后，才得知此次成行得到了陈省身的竭力推荐。德国柏林技术大学的数学家 Udo Simon 告诉李安民，当时他正在伯克利访问，在和陈省身谈话时提到李安民申请洪堡基金的事，陈省身称他很了解李安民，随即竭力推荐，并亲自写了一封推荐信给基金会，介绍李安民的工作，使李安民能够顺利成行。

陈省身虚怀若谷的胸怀拉近了李安民和他的距离，以后李安民每次到美国访问，都到伯克利拜访陈省身。与大师的对话与交流，使得李安民的研究思路与方向逐步成形，在陈省身提出的整体仿射微分几何及 Finsler 几何中，李安民着重开展了整体仿射微分几何的研究。每次拜访，陈省身都让陈师母亲自来接李安民。陈师母年事已高，视力又不好，还亲自下厨，设家宴招待李安民。有一件让李安民终生难忘的事：那一次陈省身邀请李安民到休斯敦大学去做报告（陈省身的女婿当时在休斯敦大学工作），其间，陈省身请李安民出去吃烧烤，当时陈师母刚在医院做完白内障手术，听说李安民来了，也要来看他。李安民请休斯敦大学的一位中国籍教授送，阴错阳差把地点搞错，他们和陈省身去了不同的地方。两位年迈的老人，行动很不便，折腾了几小时，虽然没能见到面，但这样盛情款待李安民的心意，让李安民一直难忘。

1993 年，李安民在陈省身的安排下到伯克利访问半年，和陈省身见面聊天的机会比较多。陈省身一再提醒李安民，做研究要有自己的想法，不能一味地跟着别人后面做，要选择基本的问题，开辟自己的研究领域，做原创性的工作。李安民也正是遵照陈省身的谆谆教诲，踏踏实实地开展自己的研究工作。此后，在李安民的成长道路上，一直受到陈省身的支持。1995 年，在陈省身的推荐下，李安民获得香港求是科技基金会首届杰出青年学者奖；1999 年，同样是在陈省身的推荐下，李安民当选教育部长江学者特聘教授。陈省身在推荐信中写道：他（指李安民）选取基本的问题，他的工作原入而高创见，代表了我们（指整仿射微分几何、辛拓扑）的确实的进步，他自然有国际地位。

二、主要学术成就

李安民主要从事整体微分几何、辛几何与辛拓扑领域的研究，在两个领域都取得优异的成绩。1988 年获国家教委科技进步奖一等奖；1993 年获国家自然科学奖三等奖；1995 年获香港求是科技基金会首届杰出青年学者奖；2006 年获教育部提名国家自然科学奖一等奖。1990 年评为国家有突出贡献的中青年专家；1993 年评为全国优秀教师；1999 年当选教育部长江学者特聘教授。

（一）在辛拓扑领域的工作

量子上同调是近 20 年来国际数学研究领域非常热点的研究方向之一，涉及面广，包括理论物理中的场论与弦理论、代数几何、辛拓扑、可积系统、表示论等。其核心是著名的 Gromov-Witten 不变量的研究。它的物理背景是"拓扑 Sigma 模型"，具体地说是研究 Riemann 面到辛流形的全纯映射的模空间理论。该数学理论的建立始于阮勇斌和田刚在 20 世纪 90 年代的一系列关于半正定辛流形的量子上同调的开创性工作。1996 年阮勇斌、田刚与其他数学家一起完成了一般辛流形上的 Gromov-Witten（以下简称 GW）不变量的定义。此后，该理论的核心问题是发展计算 GW 不变量的方法以及找出它更多的应用。计算 GW 不变量本身就非常具有挑战性。

1993 年，李安民在陈省身的安排下到伯克利访问。当时李安民正在考虑选择新的研究方向，非常巧的是碰到了四川大学的校友、美国威斯康星大学的阮勇斌（现为美国密歇根大学的教授、四川大学长江数学中心首席科学家、教育部长江学者讲座教授、国家杰出青年基金（外籍）获得者），两人经过交流讨论后，一拍即合，决定合作发展计算 GW 不变量的方法以及找出它更多的应用。多年的合作让他们取得了丰硕的成果。

1994 年田刚考虑了半正定辛流形的退化。随后，李安民与阮勇斌考虑了一般辛流形的退化，率先提出并建立了相对 GW 不变量理论：引进了相对稳定映射的模空间，证明了紧性定理，从而引进了相对 GW 不变量，证明了 GW 不变量在辛 Cutting 手术下的粘合公式（退化公式）。全文于 1998 年 3 月在 arXiv 网上刊登，文章于 2001 年在 Invent. Math. 上发表。

所谓辛手术，是指辛截断（symplectic cutting）和辛法连通和（symplectic normal sum）。辛截断是指将一个辛流形 M 沿其上的一个 S^1 不变的局部 Hamilton 函数 $H:M \to R$ 的一个正则值 0 对应的正则点集 $H^{-1}(0)$ 割开，得到一对带边辛流形 M^+, M^-，然后利用 S^1 作用"塌缩"这两个带边流形的边界，得到两个有相同的余维为 2 的辛子流形 $Z = H^{-1}(0)/S^1$ 而具有反向法丛的闭辛流形 M^+, M^-。辛法连通和是指将具有上述性质的两个闭辛流形利用辛邻域定理粘合起来。辛截断和辛法连通和是一对互逆变换。粘合理论描述了拟全纯曲线在拉伸"颈口"（即辛超曲面 Z 的一个充分小的开邻域）时的行为。在极限状态下，拟全纯曲线被拉断成可能有多个分支的拟全纯曲线，而且这些曲线可以和 Z 有较高的相切性条件，甚至有些分支可能完全落在 Z 中。为了提取这些新现象的本质，李安民和阮勇斌引进了相对 GW 不变量的概念。假设 (M, Z) 是一对辛流形，其中 Z 是辛流形 M 的一个余维为 2 的辛子流形。选择 M 上与 Z 相容的 tamed 的近复结构，那么可以定义在 Z 上具有给定相切性条件的相对稳定映射。这些相对稳定映射的全体（模去规范群作用后）构成了相对映射模空间。李安民和阮勇斌证明了这个模空间有一个自然的紧化，称为相对稳定紧化。在此基础上，李安民和阮勇斌定义了一般辛流形上的相对 GW 不变量。

这套辛手术理论在代数几何中有着特别重要的应用，代数几何中的许多手术如 Flop，Extremal transitions 都可以用辛 Cutting 来解释。

粘合公式是指辛流形 M 上的 GW 不变量（或相对 GW 不变量）可以用闭

辛流形 M^+, M^- 上的相对 GW 不变量表达出来。一般性的表达公式可以用一个非常复杂的组合形式来描述，而在具体问题的研究中，许多组合形式是不出现的，这样在很大程度上可以简化 M 上的 GW 不变量的表达形式。

除此之外，李安民与阮勇斌还利用该理论完成了 Witten 穿墙公式的数学证明，证明了任何两个三维光滑极小模型有同构的量子上同调环，证明了量子上同调在逆 conifold 变换下是自然的，这些工作揭示了量子上同调与双有理几何之间的深刻关系。

稍后，李俊从代数几何角度发展了代数流形上 GW 不变量的粘合理论，Ionel-Parker 也用不同的方法发展了辛流形上的粘合理论。

目前国际上计算 GW 不变量的方法主要有二大类及其结合：一是局部化方法，二是李安民和阮勇斌发展的辛手术及相对 GW 不变量理论（或称退化方法）。

李安民和阮勇斌的论文发表以来，在国际数学界得到了广泛的引用和应用，如 2006 年 Fields 奖得主 A. Okounkov 有 6 篇论文引用李安民和阮勇斌的论文，在 Felder 介绍 A. Okounkov 获 Fields 奖的工作时提到的 Okounkov 的论文中有 3 篇引用李安民和阮勇斌的工作。美国科学院院士、著名辛拓扑专家 McDuff 最近写了一篇关于绝对不变量与相对不变量比较的文章，在摘要中写道他们的"主要工具是李-阮发展的退化公式"。

李安民、赵国松、郑泉还率先将 Riemann 面的分歧覆盖的 Hurwitz 数的研究与相对 GW 不变量联系起来。Riemann 面的分歧覆盖的 Hurwitz 数研究已有百余年历史。近年来由于弦理论，尤其是关于模空间上的 Hodge 积分理论的发展，该问题引起了重视，但长期以来，经典的研究都是将 Hurwitz 数联系到置换群的分解，李安民、赵国松、郑泉通过把 Hurwitz 数解释为相对 GW 不变量，导出了计算 Hurwitz 数的递推公式和 Cut-Join 方程，为该问题的研究提出了新的观念，引起了国内外同行的重视，受到广泛的引用。

（二）在整体仿射微分几何领域的工作

李安民在整体仿射微分几何领域的系列工作，引起国际同行的重视。在这方面，李安民的代表性工作有：

（1）欧氏完备的具有常数仿射 G-K 曲率的仿射超曲面的分类是整体仿射微分几何中的一个重要问题，它可以转化为一类完全非线性的 4 阶偏微分方程的研究。李安民、U. Simon、陈柏辉证明了任给一个有界的光滑凸域和光滑边值，该方程的解的存在性，并利用方程的解构造出局部强凸、欧氏完备、具有常数 G-K 曲率的双曲型仿射超曲面。此外，李安民证明了仿射完备的双曲型仿射球一定是欧氏完备的，把这个结果与前人的结果结合起来，就完成了完备的双曲型仿射球的分类，从而为完备仿射球的研究画上了句号。当完备的仿射球分类工作完成之后，一个重要的问题是分类仿射平均曲率为常数的完备超曲面。李安民、贾方分类了欧氏完备仿射平均曲率为常数的二维超曲面。对负常数仿射平均曲率的完备超曲面，长期以来除了完备的双曲型仿射球外人们还没有发现别的完备的例子，李安民、王宝富构造出一大类具负常数仿射平均曲率且非双曲型仿射球的欧氏完备超曲面。

（2）仿射 Bernshtein 问题的研究。1987 年 Calabi 提出了一个关于仿射极大曲面的猜想，涉及复杂的 4 阶非线性偏微分方程。李安民、贾方利用 Blow up 分析技巧解决了 Calabi 这一猜想（Wang X J 和 Trudinger 用完全不同的方法也独立地解决了这个猜想，他们发表在 Invent. Math. 上的论文以及 Wang X J 在 2002 年国际数学家大会 45 分钟报告中都引用了李安民、贾方的工作）。目前高维仿射 Bernshtein 问题是整体仿射微分几何中最重要的尚未解决的问题之一。李安民、贾方证明了 A^4 中的仿射极大超曲面，如果关于 Calabi 度量完备，则一定是椭圆抛物面。这是目前仅有的关于高维仿射 Bernshtein 问题的结果。

（3）A^{n+1} 中一个卵形面，若它的第 r 阶仿射平均曲率是常数，它是否一定是椭球？这是一个古老的问题。该问题 2 维情形在 20 世纪 20 年代由 Blaschke 解决，自此之后，Suss Simon 以及 C. C. Hsiung 等开始研究高维的情形，但一直只在很强的附加条件下解决该问题。李安民利用积分公式和不等式，去掉这些假定，彻底解决了这一问题。

（三）在子流形方面的工作

（1）具常数 Gauss-Kronecker 曲率的类空超曲面的研究。李安民将问题归结为单位球上边界处有奇性的 Monge-Ampere 方程的研究，并对主曲率有下界、完备类空的、具常数 Gauss-Kronecker 曲率凸超曲面进行了完全分类。

（2）关于 S^{n+p} 中紧致极小子流形第二基本形式长度的空隙现象，陈省身-Do Carmo-Kobayshi 有一个著名结果。国内外许多从事子流形研究的学者都力图改进这一结果。李安民等对他们的 Pinching 常数作了一个比较大的改进，在内蕴意义下，这是目前最好的结果。特别是该文中建立的矩阵不等式，被很多子流形研究者引用。

李安民的主要论著

[1] LI A M. An extrinsic rigidity theorem for minimal surfaces in S^3 [J].

Math Z, 1985 (190): 221-224.

[2] LI A M. Some theorems on Codazzi tenssors and their applications to hypersurfaces in Riemannian manifold of constant curvature [J]. Geom Dedicata, 1987 (23): 103-113.

[3] LI A M. Uniqueness theorems in affine differential geometry (Part 1) [J]. Results in Math, 1988 (13): 281-307.

[4] LI A M, PENN G. Uniqueness theorems in affine differential geometry (Part 2) [J]. Results in Math, 1988 (13): 308-317.

[5] LI A M. Calabi conjecture on hyperbolic affine hyperspheres [J]. Math Z, 1990 (203): 483-491.

[6] LI A M, WANG C P. Canonical centroaffine hypersurfaces in R^{n+1} [J]. Results in Math, 1991 (20): 660-681.

[7] LI A M, NOMIZU K, WANG C P. A generalization of Lelieuvre's formula [J]. Results in Math, 1991 (20): 682-690.

[8] LI A M. A characterization of ellipsoids [J]. Results in Math, 1991 (20): 657-659.

[9] LI A M. Calabi conjecture on hyperbolic affine hyperspheres (2) [J]. Math Annalen, 1992 (293): 485-493.

[10] LI A M, LI J M. An intrinsic rigidity theorem for minimal submanifolds in a sphere [J]. Arch Math, 1992 (58): 582-594.

[11] LI A M, UDO SIMON E, ZHAO G S. Global Affine Differential Geometry of Hypersurfaces [M]. Berlin & New York: Walter de Gruyter, 1993.

[12] LI A M. Spacelike hypersurfaces with constant Gauss-Kronecker curvature in the Minkowski space [J]. Arch Math, 1995 (64): 534-551.

[13] LI A M, UDO SIMON E, CHEN B H. A two-step Monge-Ampere procedure for solving a fourth order PDE for affine hypersurfaces with constant curvature [J]. J. Reine Ang. Math, 1997 (487): 179-200.

[14] LI A M, ZHAO G S, ZHENG Q. The number of ramified covering of a Riemann surface by Riemann surface [J]. Commun Math Phys, 2000 (213): 685-696.

[15] LI A M, JIA F. The Calabi conjecture on affine maximal surfaces [J].

Results in Math，2001（40）：265-272.

［16］LI A M，RUAN Y B. Symplectic surgery and Gromov-Witten invariants of Calabi-Yau 3-folds［J］. Invent Math，2001（145）：151-218.

［17］LI A M，JIA F. A Bernstein property of affine maximal hypersurfaces ［J］. Annals of Global Analysis and Geometry，2003（23）：359-372.

［18］LI A M，JIA F. Euclidean complete affine surfaces with constant affine mean curvature［J］. Annals of Global Analysis and Geometry，2003（23）：283-304.

［19］LUC VRANCKEN，LI A M，UDO SIMON E. Affine spheres with constant sectional curvature［J］. Math Z，2007（206）：651-658.

［20］WANG B F，LI A M. Euclidean complete hypersurfaces with negative constant affine mean Curvature［J］. Results in Math，2008（52）：383-398.

参考文献

［1］NOMIZU K，SASAKI T. Affine differential geometry. Differential Geometry：Geometry of Affine Immersions（Cambridge Tracts in Mathematics，III）［M］. Cambridge：Cambridge University Press，1994.

［2］OKOUNKOV A，PANDHARIPANDE R. Virasoro constraints for target curves［J］. Invent Math，2006，163（1）：47-108.

［3］OKOUNKOV A，PANDHARIPANDE R. Gromov-Witten theory，Hurwitz theory，and completed cycles［J］. Ann of Math，2006，162（2）：517-560.

［4］OKOUNKOV A，PANDHARIPANDE R. Gromov-Witten theory and Donaldson-Thomas theory［J］. Compos Math，2006，142（5）：1286-1304.

［5］吴文俊，葛墨林. 陈省身与中国数学［M］. Singapore：World Scientific，2007.

（原载于《20世纪中国知名科学家学术成就概览：数学卷（第四分册）》第258~264页，科学出版社，2012年）

撰写人：王宝富（四川大学数学学院）

马志明

马志明（1948—），山西交城人。概率论学家。1948 年 1 月生于四川省成都市。1978 年毕业于重庆师范学院数学系，1981 年获中国科学技术大学研究生院硕士学位，从 1981 年至今在中国科学院应用数学研究所从事研究工作，在此期间于 1984 年获中国科学院理学博士学位。1987—1988 年曾获洪堡奖学金在德国 BiBoS 随机研究中心从事合作研究，1992 年 4—6 月在德国波恩大学欧洲共同体科研项目中任国际专家，1992 年 7—12 月在意大利国际理论物理中心任访问数学家。1994 年 10 月—1996 年 7 月在英国华威大学工作。2000 年 4—6 月应邀在美国西北大学作访问教授。1995 年当选为中国科学院院士，1998 年当选为第三世界科学院院士。2004 年被授予英国拉夫堡大学荣誉博士学位。2007 年当选为 IMS（Institute of Mathematical Statistics）Fellow。曾任中国科学院数学与系统科学研究院应用数学研究所所长，数学天元基金学术领导小组组长。2000 年 1 月—2003 年 12 月任中国数学会第八届理事长，其间担任 2002 年国际数学家大会组委会主席。2003 年 1 月—2006 年 12 月任国际数学联盟执委会委员。2007 年 1 月—2010 年 12 月任国际数学联盟执委会副主席。2008 年 1 月—2011 年 12 月任中国数学会第十届理事长。1994 年在国际数学家大会上作邀请报告。2008 年应邀在国际概率统计大会作 Medallion Lecture。曾获 Max-Planck 研究奖、中国科学院自然科学奖一等奖、国家自然科学奖二等奖、陈省身数学奖、求是杰出青年学者奖、何梁何利基金奖科技进步奖、华罗庚数学奖等。

一、学术成就

马志明主要从事概率论与随机分析方面的科学研究，主要科研成果如下。

（一）拟正则狄氏型

狄氏型（Dirichlet Form）源于数学物理中的经典位势论。1971 年日本学者 Fukushima 由局部紧距离空间的正则狄氏型构造出与之相联系的强马氏过程，从此该理论发展为结合解析位势论与随机分析的数学分支。但该理论的应用在无穷维分析、奇异位势领域受到限制。1989 年以来，马志明与他人合作在一系列文章中突破了"局部紧"及"正则"两个限制，创建了拟正则狄氏型新框架。该框架建立了狄氏型与右连续马氏过程的一一对应关系，圆满地解决了该领域存在 20 年之久的难题。1992 年马志明与 Röckner 在施普林格出版了详细介绍拟正则狄氏型框架的英文专著 *Introduction to the Theory of（Non-Symmetric）Dirichlet Forms*。此书已成为该领域的基本文献，被经常引用（据 Science Citation Search 检索 1995—1998 年被引用 120 次）。美国《数学评论》评价此书为继 Fukushima 著作之后"第二部联系狄氏型与马氏过程的主要著作"。1997—1998 年伯克利随机分析学术年把"有穷维和无穷维分析的狄氏型"作为 6 个专题之一。专题负责人在公开发表的论文中评价："Albeverio、马志明、Röckner 关于拟正则狄氏型的工作满足了这种需求，即满足了适用于无穷维情形的一般理论的需求。"目前拟正则狄氏型已在无穷维分析、量子场论、马氏过程理论等领域获得应用，其应用范围还在扩大。

（二）Wiener 空间的容度理论

给定一可分 Hilbert 空间，可以选取不同的 Gross 可测范数而得到不同的抽象 Wiener 空间。因此，Milliavin 算法在不同的抽象维纳空间是否具有不变性成为一个基本问题，P. Malliavin（法国科学院院士）与 K. Ito（Wolf 数学奖获得者，Ito 积分的创始人）从不同角度都关心这一问题。马志明与他的合作者证明 Wiener 空间的容度与选取的 Gross 可测范数无关，从而基于同一 Hilbert 空间的 Milliavin 算法在不同抽象 Wiener 空间相互等价。此结果解答了 Milliavin 与 Ito 关心的问题，是 Milliavin 算法不变性的基础。

（三）环空间的对数 Sobolev 不等式

Riemann 流形上的环空间（loop space）是具有物理背景的典型的非平坦无穷维流形。环空间上的对数 Sobolev 不等式是此研究方向引人注目的难点问题之一。马志明与巩馥洲证明了环空间上一类带位势项的对数 Sobolev 不等式。其位势项有简洁的表达式，只依赖于底流形的 Ricci 曲率和热核的 Hessiano。此结果是至今为止该方向最好的结果。

（四）Schrödinger 方程和 Feynman-Kac 半群

马志明在 Schrödinger 方程和 Feynman-Kac 半群的研究中引入了靱方法，从而解决了钟开莱提出的两个公开问题。他与人合作首次用可加泛函工具获得了用 Wiener 泛函表示的 Feynman-Kac 半群的最广泛条件，首次获得 Feynman-Kac 半群泛函成为 L^2 强连续半群的充要条件，并在最大范围 Kato 条件的情况研究了 Feynman-Kac 半群的 L^1 光滑性、热核估计、热核的逐点一致有界性以及其他问题。

（五）Charatheodory-Finsler 流形

为研究无穷维流形的向量场及与之相联系的扩散过程，马志明与他的合作人引入了 Charatheodory-Finsler 流形（简称 C-F 流形）的概念。完备 Riemann 流形和映射空间（通常 Riemann 流形上的环空间与路径空间是映射空间的特例）都是 C-F 流形。利用 C-F 流形的性质和拟正则狄氏型理论，可以构造一大类与映射空间向量场相联系的扩散过程，此结果在无穷维随机分析中有重要意义。

（六）其他科研成果

马志明首次发现无处 Radon 光滑测度，用无处 Radon 光滑测度构造出首例不包含任何非零连续函数的狄氏型。与巩馥洲合作证明了 Ito 空间与抽象 Wiener 空间的 Malliavin 算法可以相互转化。与人合作研究了抽象调和空间被无界位势扰动的本征值问题。与人合作在构型空间中得到用拟正则狄氏型构造扩散过程的一般方法。在随机线性泛函的研究中得到一般状态空间线性泛函的积分表示。对可分可测空间情形给出了正则条件概率存在的充要条件，与人合作给出了独立随机变量和的分布函数为连续函数的充要条件，在随机整值测度的研究中解决了法国概率学家 Jacod 提出的两个问题，在跳过程研究中给出了随机测度相互奇异的充要条件。

马志明的研究成果被经常引用。多年来，他应邀在国际学术会议作邀请报告 30 余次，在国内外大学及科研机构作邀请报告 50 余次，其足迹遍及美、英、法、德、意、日、波兰、葡萄牙、瑞士、加拿大等十多个国家和中国香港、中国台湾等地区。1994 年马志明应邀在四年一届的国际数学家大会作 45 分钟邀请报告。他曾获得 Max-Planck 研究奖，中国科学院自然科学奖一等奖，国家自然科学奖二等奖，陈省身数学奖，求是杰出青年学者奖，何梁何利基金奖科技进步奖。

二、要紧的是执着（求学经历）

1969 年初春的一天，21 岁的马志明来到四川省渡口市（今攀枝花市），得到了他生平的第一份职业——市商业局攀枝花商店炊事员。这个夜晚，他辗转反侧，难以入眠。过去与未来，在他脑海中翻腾。

他忘却不了自己童年的梦想：长大后做一名科学家。确实，由于在初中时学习成绩名列前茅，马志明于 1963 年考入了成都四中（今成都石室中学）读高中。成都四中古称文翁石室，始建于公元前 141 年。由汉景帝末年蜀都郡守文翁兴办，据传是中国第一所由地方政府兴办的历史名校。学风卓荦，人才辈出，中国文化巨匠郭沫若曾就读于此校。人们常说，考入成都四中，就意味着一只脚已跨进了大学的校门。然而，就在他踌躇满志、准备进入高等学府深造之时，"文化大革命"开始了，他的大学梦也随之破灭。命运之舟竟将他载到了锅碗瓢勺交响曲之中，而这里离他梦想中的科学殿堂是那样的遥远。

在这人生的十字路口，选择是困难的。那是一个"读书无用论"盛行的时代。但是马志明怎么也割舍不下对科学知识的迷恋，经过痛苦的思索，他终于做出了一个一生中最为重要的决定：自学。一个朴素的信念支持着他：国家以后总会需要科学技术的。

所幸的是，他的一位中学同学方平的母亲张芳是四川师范学院的数学教师。这位大学数学教师正为学生不爱读书而寒心，她让马志明在她的书籍中随意挑选。马志明如获至宝，选了满满一书包的数学书。更幸运的是，马志明经人介绍认识了四川大学的白苏华，白苏华为他指点了一条学习的道路。甚至先看什么，后看什么，也为他讲得明明白白。就这样，马志明在白老师的点拨下踏上了自修数学的道路。

自学的道路是艰难的，但也伴随着愉快。有时一道题要想上几天几夜，为它沉醉，为它着迷。马志明为这种奇妙的感觉所吸引——这在过去，他是从未体验过的。多年以后，马志明回顾他自学阶段的历程，仍是深有感触。他说："自学遇到的难题要自己想，这比老师手把手教要印象深刻。而且，自己苦思冥想得到答案，实际上也是培养了一种独立探究的精神。"

1975 年，对于马志明来说，是人生道路的转折点。精诚所至，金石为开。曾经认为他"不安心本职工作"的单位领导，被他的刻苦学习精神所感动，主动推荐他到重庆师范学院数学系学习。此时，他已自学完了大学教学课程。重师老师破例同意他不必随堂听课，可以继续按照自己的学习计划安排学业，特别是教概率论的金纯德很欣赏马志明的刻苦勤奋，常常为他"开小灶"，指点他学习关肇直的《泛函分析》、Loeye 的《概率论》等数学教材。

三年过后的 1978 年，马志明成了我国恢复高考制度的第一批研究生之一，进了中国科学院数学研究所，他完全被这里潜心学业的气氛所陶醉。

马志明进入中国科学院时，正值"文化大革命"结束不久，老一代数学家对这批时隔十余年首次招收的研究生寄予厚望，倾注了大量心血。在王寿仁、严加安等的指导下，马志明勤奋攻读国内外概率论著名专家的著作，从中吸收知识的养分。

1981 年，马志明在严加安的帮助下，解决了法国概率论学者 Jacod 在专著中提出的两个有关随机整测度的问题，写出了科研生涯中的第一篇论文，发表在《数学学报》上。初试身手，就解决了外国学者未曾弄清的问题，使他高兴异常。

1985 年 5 月，美国斯坦福大学的钟开莱来华讲学时，提出了有关 Schrödinger 方程的混合边值问题的若干问题，其中第一个问题（如何用概率方法处理具有非负本征值 Schrödinger 方程）在当时被认为是难度相当大的问题。几个月后，马志明就想出了解决这一问题的方法。

1985 年，在法国访问的严加安写信请马志明等人组织学生在讨论班上报告狄氏型理论，从此马志明开始涉足狄氏型这个很有发展前途的领域。

狄氏型是由经典位势论的研究建立起来的一个数学模型。近 20 年来，狄氏型理论迅速发展，成为一门结合解析位势论与随机分析的新兴数学分支。1971 年，日本概率论专家 Fukushima 证明了可以从有穷维空间的正则狄氏型构造出性质较好的马氏过程。随着狄氏型理论在数学和物理特别是量子物理中的广泛应用和不断发展，寻求解决一般狄氏型与马氏过程的联系，已成为这一领域中令人瞩目的问题。

1989 年秋，马志明第二次赴德，与 Albeverio 再次合作。不久，他们得到了从一般狄氏型构造右连续马氏过程的充分必要条件，从而圆满解决了狄氏型与马氏过程之间一一对应问题。这些成果很快在国际同行中引起反响。狄氏型理论专家 Fukushima 获知消息后，立即打电报给马志明，称赞"这一成果必将成为马氏过程理论研究中经常要被引用的基本结果"，法国科学院通讯院士 Meyer 评价这一成果是"狄氏型空间理论的一个大进展"，美国数学家 Fitzsimons 则称这是"最撩人心弦的结果"。

当马志明和他的德国合作者 Röckner 合著的《狄氏型引论》完稿之际，Röckner 在扉页上写道："献给我的父亲"，而马志明则别有一番深意地写道：

"献给我的夫人"。这的确是一份深情的答谢。马志明的夫人叫杨新华，1979年，他们结婚不久，马志明就回到北京，继续他的研究生生活，他夫人留在成都，两人多年过着牛郎织女的生活。应用数学所为解决马志明夫妻两地分居，做了多方努力，其中的辛苦简直不亚于马志明攻克一道数学难题。1985年，中国科学院根据马志明的科研成绩，给予特殊照顾，他们终于结束了两地分居的生活。谁知，团聚刚一年多，马志明又两次赴德。结婚这些年来，杨新华为了支持丈夫潜心研究数学，独自挑起工作和家庭两副重担。尽管她读不懂马志明那些高深的数学论文，但谁能说那里没有她的心血和汗水呢？

三、附　记

此篇既不是自传，也不是他传。事实上，我既无写传记的文才，也不到写传记的年龄。经不住编委的再三再四的邀请，只好把现成的一些材料经过简单加工拼凑在一起，成为目前的杂品。其中，第一部分主要依据1999年度何梁何利基金评委会收录的获奖人小传，而第二部分则根据李尚靖记者在中国科学报海外版1991年7月10日发表的文章《要紧的是执着》修改而成。

像这样的杂品，自然不能算作是完整的传记。

又，我现在正担任中国数学会理事长和2002年国际数学家大会地方组委会主席的勤务工作。而中国数学会和全国数学界同仁正在积极筹办即将在北京召开的新世纪第一次国际数学家大会，为我国数学的发展而努力工作。本篇对此未着笔墨，不为此事不重要，盖事情正在进行之中，必须假以时日，才能有客观的评说也。

马志明谨识于2001年元旦

四、2010年8月补记

前面的一、二、三部分，内容照录2002年出版的《中国现代数学家传》第五卷最后一篇文章，标题为现在所加。我坚持要《概览》的编委如是处理，是希望保留一份真实。

还是那句老话，我既无写传记的文才，也不到写传记的年龄。经不住编委的再三再四的邀请，只好把现成的一些材料经过简单加工拼凑在一起。

2001年至今，已过去了将近十年，编委建议，应该补充一些内容。

诚然，前面的一些数据，应该有所更新。例如，我被邀请在国际学术会议和国内外大学科研机构做报告的次数，早已不止30余次和50余次。尔后被邀请的次数太多，也就没有再作统计，或许可用"不计其数"来形容吧。又如，对于我和 Röckner 合写的英文专著 *Introduction to the Theory of（Non-Symmetric）Dirichlet Forms*，其引用数绝不止 1999 年检索的 120 次。事实上，我们提出的拟正则狄氏型框架，以及后来与陈振庆合作的有关拟正则狄氏型与正则狄氏型相互转化的拟同胚方法（quasi-homeomorphism），已成为本领域常用的框架和方法。许宝騄常说："一篇文章的价值不是在他发表时得到了承认，而是在后来不断被人引用的时候才得到证实。"我作为许宝騄的孙辈学生（我的导师王寿仁是许宝騄的学生），自惭学业平平，常有"高山仰止，景行行止，虽不能至，然心向往之"的感慨。今偶有一所得，能在业内流传于世，亦稍感欣慰。

除此之外，还可以有哪些补充呢？梳理一下，也许能补充如下几条。

A. 国际数学家大会

毋庸置疑，2002 年 8 月在北京召开的国际数学家大会（ICM 2002），取得了巨大的成功，将永远载入中国数学发展的史册。2002 年的北京国际数学家大会，凝聚了数辈华人数学家的愿望和心血。ICM 2002 的成功，是全国数学界，包括政府各部门和海外华人齐心努力的结果。我常想，假设换成另外一位同仁来做组委会主席，ICM 2002 一定会照样成功，或许还会办得更好。当然历史是不能假设的。由于种种原因，中国数学界选择了我来做 ICM 2002 组委会后期（2000 年元月以后）的主席。于是我只好全力以赴地投入了 ICM 2002 的组织工作。但面对头绪繁多的组织工作，以及当时中国数学界存在很多不确定的因素，ICM 2002 能办成功吗？当时的心理路程，最恰当地反映在 2001 年写的附记（见前面第（三）部分）中："不为此事不重要，盖事情正在进行之中，必须假以时日，才能有客观的评说也。"

在 2000 年 9 月 9 日的秘书处扩大会议和 9 月 26 日的组委会暨数学会常务理事会上，我们达成了共识，要"群策群力，集思广益，分工协作，全力办好国际数学家大会，提高中国数学的国际地位"（见《中国数学会通讯》2000 年第 3 期）。当时没有别的考虑，只有一个想法，ICM 2002 只能成功，不能失败。这不仅是我个人的想法，也是全国数学界的想法。全国数学界团结一致，克服了主办过程中的许多困难。如今，ICM 2002 已成功地落下了帷幕多年，ICM 2002 对中国数学发展的深远影响已经展现并将继续展现。笔者每每回忆至此，常常心潮澎湃。对全国数学界和政府各部门的由衷感谢，似乎不必由我来表达，因为这本身就是中国数学界的共同事业。行笔至此，我愿借此机会感谢 ICM 2002 组委会和秘书处的同事，我和这些性格相互迥异的伙伴们，在想尽办法为 ICM 2002 的成功而朝夕相处的日日夜夜中，在设计 ICM 2002 的每一个细节中，曾经有许多的争吵，曾经有许多的担忧和不眠之夜。如今这些担忧和争吵都已成了过去，但中国数学界将永远不会忘记所有人为成功举办ICM 2002 所做的默默奉献。

B. 国际数学联盟执委会

2002 年 8 月在上海召开的国际数学联盟会员代表大会上，我被选为国际数学联盟执委会（Executive Committee of the International Mathematical Union）委员，任期 2003 年 1 月至 2006 年 12 月。2006 年 8 月在西班牙召开的国际数学联盟会员代表大会上，我被选为国际数学联盟执委会副主席，任期 2007 年 1 月至 2010 年 12 月。这两次都是中国数学家首次在国际数学联盟执委会担任相应职务。正如我经常对媒体所说："这不是我个人的荣誉，这是整个中国数学界的荣誉。当然也有我个人的因素，但最根本的是因为中国数学界强大了，是一支值得重视的力量，是应该倾听的声音。因为国际数学界也想知道中国的数学家们在想什么、做什么。"

国际数学联盟是一个重要的国际学术组织。国际数学联盟执委会的职责包括（但不限于）确定国际数学家大会程序委员会（Program Committee），确定 Fields 奖评委会和 Nevanlinna 奖评委会，推荐下一届国际数学家大会主办城市，负责处理国际数学联盟的日常事务，指导每一届的国际数学家大会等。

在国际数学联盟执委会担任职务的这几年，我对国际数学联盟的运作方式，包括国际数学家大会邀请报告人的确定程序等都有了更具体的感性认识。在逐渐熟悉和学习的过程中，我体会到中国数学界应该更主动地参与国际学术活动，我们应该以不卑不亢的方式平等地、积极地与国际同行交流。我在国际数学联盟执委会参与了一些有意义的活动，其中包括：参与修改《程序委员会与组织委员会条例》，参与 ICM 2010 选址委员会（Site Committee），参与 ICM 2014 选址委员会。在新修改的《程序委员会与组织委员会条例》（PC/OC Guidelines）中，明确指出"每一届 ICM 应反映世界当前的数学活动，展现所有数学分支及世界不同地区进行的最好的工作"，并明确规定在每届 ICM 程序委员会的委员构成中，必须有发展中国家的数学家和女性数学家。经过 ICM 2010 选址委员会的考察和推荐，执委会决定推荐印度举办 ICM 2010。经过 ICM 2014 选址委员会的考察和推荐，执委会决定推荐首尔举办 ICM 2014。

C. 科研工作

我在组织 2002 国际数学家大会期间，无暇顾及数学研究。国际数学家大会落下帷幕以后才又逐渐恢复了科研工作。兹补记若干 2002 年以后的科研成果如下：

（1）半狄氏型的 Beurling-Deny 分解。

20 世纪 50 年代，Beurling 和 Deny 发现正则对称狄氏型可以表示成强局部、跳跃和死亡（killing）三部分。由于这三部分给出了与正则狄氏相联系过程之轨道的解析性质，所以 Beurling-Deny 定理在狄氏型和马氏过程理论中非常重要。Beurling-Deny 定理后来被推广到拟正则狄氏型框架，使得它可应用于所有的对称马氏过程，但对非对称狄氏型是否有类似的表示一直是一个未解决的问题。马志明与胡泽春、孙伟合作给出了非对称狄氏型类似于 Beurling-Deny 公式的一种表示。这一结果事实上对所有半狄氏型都成立，并且它还可以看成 Levy-Khinchine 公式在半狄氏型框架下的推广。为了得到这一公式，他们发展了一种新的积分表示定理和关于半狄氏型拟距离的新结构。这两个结果对进一步研究非对称狄氏型和半狄氏型也将有用。泛函分析杂志（JFA）主编、法国科学院院士 P. Malliavin 在收到他们的稿件后，在给马志明的回复邮件中称赞说"一个新的理论开始了"。

（2）在随机图和随机复杂网络方面的研究工作。

2003 年以来，马志明和他的同事对随机图和随机复杂网络的研究方向产生了兴趣。马志明曾经与巩馥洲、阎桂英、王建芳等教授在中科院联合举办了随机图方向的讨论班，2004 年马志明在威海暑期学校讲了"随机图选讲"的小课程。在组织随机图与随机复杂网络讨论班的过程中，与微软亚洲研究院（MSRA）建立了联系。马志明曾被邀请在 MSRA 做报告，MRSA 的相关研究人员也多次访问中科院，与马志明的研究小组相互交流。马志明的一些研究生加盟到 MSRA 作为实习研究生，双方联合培养。在此期间，与微软亚洲研究院合作，在因特网信息检索领域做出了一些有意义的研究工作。其中，关于 Browse Rank 的研究工作（第一作者刘玉婷，当时为 MSRA 实习生，马志明的博士生）在 2008 年第 31 届国际信息检索研究与发展会议（Annual International ACM SIGIR）上被评选为唯一的 Best Student Paper，引起同行关注。该项研究工作利用用户上网的真实数据来建立 Browsing Process（浏览过程），设计了可实现的算法来计算 Browsing Process 的平稳分布，以此作为网页排序的依据，该算法被称为 Browse Rank。Browsing Process（浏览过程）是第一个刻画真实的用户上网行为的数学框架。今后人们在研究用户上网行为时，必将进一步应用并发展 Browsing Process 的理论和实践。在这一方向还有许多课题需要进一步研究。

（3）其他研究工作。

与陈传钟、孙伟合作，研究了对称马氏过程的广义 Faynman-Kac 变换和

Girsanov 变换，给出了广义 Faynman-Kac 变换成为强连续的充分必要条件。与蓝国列、孙苏勇合作，在相当一般的条件下证明了广义分支过程积分核的谱半径是一个临界参数，相当于通常 CMJ 过程的基本再生数。与胡泽春、孙伟合作，在半狄氏型框架下研究了非线性滤波问题，利用 Wiener 混沌展开证明滤波方程的唯一性。其中关于非有界观测函数的 Wiener 混沌展开用到新的技巧，这一结果自身也有意义。

马志明的主要论著

[1] 马志明. 关于随机整值测度的一点注记 [J]. 数学学报，1983（26）：65-69.

[2] MA Z M. Some results on regular conditional probabilities [J]. Acta Mathematicae Sinica（New Series），1985，Ⅰ（4）.

[3] MA Z M. Probabilistic treatment of Schrödinger equation with infinite gauge [J]. Scientia Sinica（A），1987，ⅩⅩⅩ（7）.

[4] HANSEN W, MA Z M. Perturbation by unbounded potentials [J]. Math Ann.，1990（287）：553-569.

[5] ALBEVERIO S, MA Z M. Perturbations of Dirichlet forms，lower semiboundedness，closability and form cores [J]. J. Functional Analysis，1991（99）：332-356.

[6] ALBEVERIO S, MA Z M. A note on quasi-continuous kernels representing quasi-linear positive maps [J]. Forum Math，1991（3）：389-400.

[7] ALBEVERIO S, MA Z M. A general correspondence between Dirichlet forms and right processes [J]. Bulletin Of the American Math Society（New series），1992（26）：245-252.

[8] ALBEVERIO S, MA Z M. Additive functionals，nowhere Radon and Kato class smooth measures [J]. Osaka J. Math，1992（29）：247-265.

[9] ALBEVERIO S, FUKUSHIMA M, MA Z M, et al. An invariance result for capacities on Wiener space [J]. J. Functional Analysis，1992（106）：35-49.

[10] MA Z M, RÖCKNER M. An Introduction to the Theory of（Non-Symmetric）Dirichlet Forms [M]. Berlin：Springer-Verlag，1992.

[11] CHEN Z, RÖCKNER M, MA Z M. Quasi-homeomorphism of Dirichlet

forms [J]. Nagoya J. Math, 1994 (136): 1-15.

[12] MA Z M. Quasi-regular Dirichlet forms and applications [M]. Basel: Birkhäuser Verlag: Proc ICM94, 1995: 1006-1016.

[13] MA Z M, RÖCKNER M. Markov processes associated with positive preserving coercive forms [J]. Canandian J. Math, 1995 (47): 817-840.

[14] ELWORTHY K D, MA Z M. Vector fields on mapping spaces and relates Dirichlet forms and diffusions [J]. Osaka J. Math, 1997 (34): 629-651.

[15] GONG F Z, MA Z M. Log-Sobolev inequality on loop space over a compact Riemannian manifold [J]. J. Functional Analysis, 1998 (157): 599-621.

[16] MA Z M, XIANG K N. Superprosesses of stochastic flows [J]. Annals of Probability, 2001 (298): 317-343.

[17] HU Z C, MA Z M, SUN W. Extensions of Levy-Khintchine formula and Beurling-Deny formula in semi Dirichlet forms setting [J]. J. of Functional Analysis, 2006 (239): 179-213.

[18] CHEN C Z, MA Z M, SUN W. On Girsanov and generalized Feynman-Kac transformations for symmetric Markov processes [J]. Infinite Dimensional Analysis, Quantum Probability and Related Topics, 2007, 10 (2): 141-163.

[19] LIU Y T, MA Z M. Browse Rank: Letting Web Users Vote for Page Importance [M]. Singapore: SIGIR, 2008.

[20] HU Z C, MA Z M, SUN W. Nonlinear filtering of Semi-Dirchlet processes [J]. Stochastic Processes and their Applications, 2009 (199): 3890-3913.

（原载于《20 世纪中国知名科学家学术成就概览：数学卷（第四分册）》第 275~283 页，科学出版社，2012 年）

撰写人：马志明（中国科学院应用数学研究所）

后　记

　　《四川数学史话文集》是由四川省数学会倡议并获得四川省科协大力支持编写的。

　　编写本书的目的是梳理四川数学发展的历史，并开辟让外界了解四川省数学水平的窗口。四川省近代数学科学发展已有百年以上的历史，每个时代都拥有国内外知名的专家和优秀成果。虽然四川数学学科的发展已进入国内先进水平，但因地域限制，外界对此不够了解。因此，有必要开辟让外界了解四川省数学水平的窗口。

　　2016 年，四川大学即将迎来 120 周年的校庆，需要一套系统介绍川大数学系（学院）历史的资料。鉴于四川数学史和川大数学史是密不可分的，这与本书的目的非常吻合，因而，这本书也可以视为川大数学系（学院）的系统的史料。本书的编写工作由四川大学数学学院承担，并且书中的文稿大都是四川大学数学学院的教师撰写的，所以由四川省数学会和四川大学数学学院合作，主持编写本书。执行编纂人为白苏华、周德学、杨亚岚。

　　近年来，国内已有不少文献介绍了四川省的数学工作，四川省也有人从事这方面的研究，但比较分散，难窥全豹。因此，我们组织人力收集能反映四川数学水平的史料汇总成册，形成一份能勾画出四川数学发展全景的文献，供关心四川数学史和川大数学系（学院）历史的读者使用，也供外界了解四川之用。

　　《四川数学史话文集》收集了近 30 年来在国内重要出版社正式出版的研究或涉及四川数学史的有代表性的文献，并加以补充，辑成本书。书中的概览篇是研究四川数学教育与科研历史的综述性文献；人物篇则选用了各个时期代表人物的传记。其中有三位四川数学界的元老，十三位入选"十一五"国家重点图书规划出版项目《二十世纪中国知名科学家学术成就概览：数学卷》的四川数学家。

在编写本书的过程中，让我们感到遗憾的是，在已出版的数学史文献中，涉及四川数学史的文献明显不足，特别是一些优秀的四川数学家尚未出版传记。加之我们掌握的文献不全，有些重要的史料未能找到，这造成了本书的局限。当然，本书只是系统整理四川数学史料的第一步。今后，随着四川数学的进一步发展，随着四川数学史研究的进一步发展，系统整理四川数学史料的工作也将继续下去。

限于编者水平，不当之处尚希读者批评指正。

四川省数学会

四川大学数学学院

2015 年 12 月